全栈数据之门

任柳江◎著

電子工業出版社
Publishing House of Electronics Industry
北京•BEIJING

内容简介

本书以数据分析领域最热的Python语言为主要线索，介绍了数据分析库numpy、Pandas与机器学习库scikit-learn，使用了可视化环境Orange 3来理解算法的一些细节。对于机器学习，既有常用算法kNN与Kmeans的应用，决策树与随机森林的实战，还涉及常用特征工程与深度学习中的自动编程器。在大数据Hadoop与Hive环境的基础之上，使用Spark的ML/MLlib库集成了前面的各部分内容，让分布式机器学习更容易。大量的工具与技能实战的介绍将各部分融合成一个全栈的数据科学内容。

本书不是从入门到精通地介绍某一种技术，可以把本书当成一本技术文集，内容定位于数据科学的全栈基础入门，全部内容来自当前业界最实用的技能，有非常基础的，也有比较深入的，有些甚至需要深入领悟才能理解。

本书适用于任何想在数据领域有所作为的人，包括学生、爱好者、在职人员与科研工作者。无论想从事数据分析、数据工程、数据挖掘或者机器学习，或许都能在书中找到一些之前没有接触过的内容。

图书在版编目（CIP）数据

全栈数据之门/任柳江著. —北京：电子工业出版社，2017.4
ISBN 978-7-121-30905-2

Ⅰ. ①全… Ⅱ. ①任… Ⅲ. ①软件工具－程序设计 Ⅳ. ①TP311.561

中国版本图书馆CIP数据核字（2017）第022361号

策划编辑：张春雨
责任编辑：刘　舫
印　　刷：北京季蜂印刷有限公司
装　　订：北京季蜂印刷有限公司
出版发行：电子工业出版社
　　　　　北京市海淀区万寿路173信箱　　邮编：100036
开　　本：720×1000　1/16　　印张：24.75　　字数：445千字
版　　次：2017年4月第1版
印　　次：2017年4月第1次印刷
定　　价：79.00元

凡所购买电子工业出版社图书有缺损问题，请向购买书店调换。若书店售缺，请与本社发行部联系，联系及邮购电话：（010）88254888，88258888
质量投诉请发邮件至zlts@phei.com.cn，盗版侵权举报请发邮件至dbqq@phei.com.cn。
本书咨询联系方式：010-51260888-819　faq@phei.com.cn。

0x00 自序

慈悲为怀大数据，云中仙游戒为师。

这是自己从几年前一直沿用到现在的签名，几年之后的今天，再来体会这句话，不一样的处境，不一样的心境，却依然有着同样的追求。

曾想出世修行，渴望每日有高山流水相伴，能过着青灯古佛的生活。终因现实残酷只得入世而求存，在多少次碌碌无为中坚定了技术这条路。

技术之路，注定会一波三折。在下也经历了从安全测试、安全分析，到大数据分析，再到 APP 后端开发，直至数据分析、机器学习与深度学习之后，技术之栈才得以完全确立。技术之路漫长而曲折，需要不断修行，目前我也仅仅是入得门内，自此方有机会窥探神秘数据世界之一二而已。

少年不识愁滋味，为赋新词强说愁。而今识尽愁滋味，却道天凉好个秋。

学无止境。曾经以为学会 Linux 便够了，殊不知，这仅仅是系统的基础；后来学了 Python，以为这便是编程的全部；殊不知，Python 最强大的领域在数据科学；直到接触大数据与机器学习，才发现，原来种种际遇，都只是为数据科学而铺设的“套路”。

本书并非从入门到精通的讲解，只是想通过浅显易懂的语言让读者了解全栈数据的全貌。阅读本书时，如果其中某个知识点，让你入了门，我甚感欣慰；如果其中某节内容，让你得到了提高，我备受鼓舞。另外，入门之路千千万，用时下流行的话来说，只希望本书不会导致你“从入门到放弃”。

全栈数据，主要想尽可能多地涉及数据科学中的主题。任何复杂的技术，都是一点点积累起来的，数据科学也不例外。如果能将本书中涉及的全栈数据技术，如 Linux、Python、SQL、Hadoop、Hive、Spark、数据挖掘、机器学习与深度学习进行系统性整合，则全栈数据之技可成也。

诗词歌赋，是诗人与词人对人生的情感寄托；技术写作，也是技术人员对技术的情感寄托。

然术业有专攻，每个人的知识都是有限的，写书的目的，并非要证明自己，而是把自己所知所想记录下来，让读者能有哪怕一小点的收获即可。

全栈并非全能，钱都不是万能的，何况技术乎？在数据领域，都懂一点，生活会更美好。

全栈是一种修行，数据技术如此，人生亦如是：

> 哲人的智慧，诗人的优雅，佛徒的慈悲；
> 开源的思想，安全的思路，数据的思维；
> 程序员的逻辑，测试员的严谨，分析员的远见。

阅读本书，不能让你立刻走上人生巅峰、出任 CEO……但至少可以达到以下几点：

- 使用 Linux 工具或者 MySQL 进行数据统计分析。
- 使用 Orange 进行机器学习实验。
- 使用 Python 或者 PySpark 进行项目实战。
- 使用 Hadoop 环境，如 HDP2 的集成环境，进行大数据研究。
- 使用 scikit-learn，并且可以阅读 Spark 的机器学习库文档。
- 熟练构建自己的数据科学技能。
- 从事数据领域相关的职位。

本书是一本无固定主题的技术文集合体，围绕“数据”这个主线，进行了大量的展开，从不同的侧面去靠近全栈数据技能，去靠近数据科学这个大主题。因内容宽泛，且作者水平有限，不足之处甚多，若读者发现书中的问题，还望不吝指正。可以通过我的微信公众号 yunjie-talk 反馈问题，我将不胜感激。

最后，本书得以成册出版，必须要感谢电子工业出版社计算机出版分社的张春雨老师，伯乐张老师于杂乱文字中，发现了闪光之处，促成了本书的问世。世人皆说本书体裁太乱，无章法可言，唯张伯乐以无招胜有招接下，众皆信服。

本书在写作过程中，得益于爱妻梁玉霞女士的大力支持，常于深夜端茶倒水，询问进度，并且照顾家庭与小孩，让我可以抽出大量时间来书写，感激之情在心，在此道谢。与此同时，也感谢全力支持我写作的父母，他们帮忙照顾小孩与生活，对我学业、事业与写作的支持，让我感恩。

另外，本书在写作过程中，得到好友司旭鹏的很多支持与建议，在初稿审校过程中，得到好友尹高峰、卢西、彭玺锦的很多建议与修改，在此一并感谢。因为你们的付出，让本书质量得到了提升，非常感谢。

在写作本书的约一年时间之内，还得到了其他很多朋友、同事的大量建议，在此虽不一一提名，但必须要感谢你们的支持。

云戒

2016.11.11 于成都

目　　录

前言　自强不息，厚德载物

本书共有 8 个章节的内容，涉及数据科学中的相关基础知识与内容，但内容的编排并非完全从易到难，有部分章节的内容，是需要用到其他章节的知识的。

相对来说，第 1、2、3 章，内容比较单一，涉及基础的 Linux、Python 与 Hadoop 知识。如果对这三章中的某些知识不熟悉，建议先阅读。第 4 章比较特殊，其内容也是数据科学中比较重要的，不仅需要前 3 章的知识，也需要部分 Spark 的知识，因为 Spark 的特殊性，单独放到机器学习之后了。

第 5、6 章，涉及数据科学中最重要的主题：机器学习与算法，介绍了机器学习的常用环境、概念、方法以及几个典型的算法应用。这两章是本书的难点，如果不熟悉，必须单独攻克。

第 7 章，Spark 本身就是一个全栈框架，无论是在分布式计算还是在机器学习领域，都大有用处。因此最好有前面章节的基础知识，方能更好地理解本章的内容，尤其是 MLlib/ML 库，必须有机器学习算法的知识。

最后一章，反而是最简单的，因为基本不涉及技术细节，但对整个数据科学的理解，以及技术积累都是非常重要的。

本书章节的编排，在一定程度上参考了知识的由易到难，另外一个方面，也参考了《易经》的乾坤两个卦象。不需要读者熟悉乾坤两个卦象，下面会将其中乾坤两个卦的爻辞进行粗略的解释。不需要读者完全理解，只求有个概念上的认识即可。

全栈数据，其中的数据既指数据技术，也指业务数据。只有将技术应用到业务中，才能在实际的生产环境中发挥作用。

介绍卦象的时候，是由低层次向高层次渐渐提升的，对应的技能与业务也一样。

从 Linux 走向数据科学，就是一个技能提升的过程，类似的，从数据采集到数据应用也是对业务从入门到应用的一个过程。

01 全栈技能，自强不息

乾坤为一体，况且一阴一阳之谓道。世界上不可能只有男人而没有女人，正如不可能只有女神而没有女汉子一样。因此，和纯阳卦乾卦相对的便是纯阴卦坤卦了。

乾卦，正是天行健，君子以自强不息。下面先用乾卦来说全栈技术。

1.1　Linux，潜龙勿用

初九爻，爻辞为：**潜龙勿用**。

乾卦每一爻都代表了一条龙，初九爻为潜龙。潜字很有意思，是叫你要藏起来，不要露面，那能干什么呢?

刚接触 Linux，觉得 Linux 非常自由。此时刚开始入门，兴趣最重要，这一阶段，需要打好各种系统与命令行的基础。

要做好数据科学，不学 Linux 不行，不论你喜欢与否。后续的 Python、Spark、Hadoop、数据挖掘等都需要用到大量基础的 Linux 知识。勿用的意思是，时候不到就不要用，当准备好了，就要用。

Linux 只是一个基础系统，必须要结合实际的业务来更好地应用，“勿用”到最后就是为了要用，此时就进入了第二阶段。

1.2　Python，见龙在田

九二爻，爻辞为：**见龙在田，利见大人**。

见（xiàn）通“现”，意为展现，要能在工作中快速解决问题，学习 Python，就可以让你快速展现出业绩来。由 Python 入门数据分析与数据挖掘，这算是程序员入行数据挖掘最好的方法了，Python 目前最火的领域，就是在数据科学领域。况且 Python 语法优美，第三方库庞大且高效，专门用于快速解决问题。

Python 是一条巨龙，一旦展现在田野，必须拿出一点实力来表现自己，对上面的大人有利。从 Linux 过来，将 Python 应用到业务中，快速地解决了问题，业绩自然来了，其利也自现了。

在数据科学中，学了 Python 的开发与数据分析，这还只是基础，还有另外一个工程领域的技能——大数据，需要学习。此时，进入九三爻。

1.3 大数据，终日乾乾

所有的事件都会进入第三阶段，即九三爻，爻辞为：**君子终日乾乾，夕惕若，厉无咎**。

君子，指有志气、有抱负的人。整天都很努力地学习，是会被人嫉妒的，所以言行都要小心。

工作中，必须要兢兢业业，努力做好工作。太阳下山之后，更需要警惕，时刻告诫自己，三天不学习，可能就赶不上曾经比自己差的人了。必须要利用业余时间学习新技术，而以 Hadoop 为代表的大数据，正是近年来火得一塌糊涂的技术，况且网上的学习资料已经非常多了。

这是一门在学校很难学到的技术，因此必须自己利用业余时间，每天厉兵秣马，努力让自己的数据科学技能更加完善。

1.4 机器学习，或跃在渊

有些人和事，是没有第四阶段的，因为他们可能一辈子就留在第三阶段。进入第四阶段，即九四爻：**或跃在渊，无咎**。

学习了前面三种技术（Linux、Python 和大数据）后，要想再深入，此时必须往数据挖掘与机器学习方面发展。数据挖掘与数据分析还是有一定区别的，数据挖掘更偏向于使用算法解决问题，而分析更多是偏统计与业务（包括运营、产品）层面的。

尤其是机器学习，要看得懂 scikit-learn 的文档，必须辅助以相应的理论基础，涉及数学、统计学、计算机等多个领域。

一部分人在此阶段向机器学习方向跳跃，可是没有坚定的信念，最后就真应了那句“从入门到放弃”的话了。

机器学习，因其特殊的学科领域，由程序员转过来的占很大一部分，要想跃上去，必须坚定信念，不忘初心。对码农而言，其难，就难在理论。下足功夫，坚持苦修，一定会有所成就。

1.5 Spark，飞龙在天

过了九四阶段，到九五阶段也容易。而九五阶段也是最舒服的阶段，我们常说的九五至尊便是这个阶段。爻辞为：**飞龙在天，利见大人。**

有了前面的基础，再学习 Spark 技术，相对就很容易了。再面对 Spark 中的机器学习库 ML 或 MLlib，也就不会束手无策了。Spark 可以说是前面技能的集大成者，需要 HDFS 文件的支持，能天生支持 Hive 的数据，能使用 Python 的 API 接口，以前在 Python 中能用的那些库，在 Spark 中，通通都能用，而且效率更高。

技能到了，境界也差不了多少，浑身散发的数据气场也很强。此阶段也可以认为是第二阶段的见龙眼中的大人了，行事也需要有大人的风范才行。

1.6 数据科学，亢龙有悔

做技术的人，其实比较希望停留在九五阶段，可却经常事与愿违啊！而且物极必反的道理相信你也懂，事物的发展是不会停止的。过了九五阶段，还有九六阶段。九六爻爻辞为：**亢龙有悔**。

有的人感觉自己领悟了整个数据科学的技能与本质，其实也还只是一些皮毛，若此时停止不前，甚至转向管理，那么技术也就基本荒废了。

正确的做法应该是，回头再去加深领悟各个阶段的技术与技能，将其更好地应用到业务中去。回想曾经犯的错，曾经走过的弯路，反思悔悟，以期技术上能有一个更透彻的理解。

此时，你才掌握和领悟了数据科学。

1.7 群龙无首

最后，还有最重要的一点，乾卦最厉害之处在于还有个用九：**见群龙无首，吉。**就是你看见所有的龙，却不知哪一条是首领时，你才领悟到乾卦的真谛。

有些问题能用 Linux 脚本工具解决，那岂不更好吗？何必写出一段低效的代码来做呢？常识有时能比专业技能更好地解决问题，并且不要受限于工具与技术，SQL 能解决好的问题，用 Python 不一定高效。scikit-learn 能解决好的问题，Spark 未必就能做得同样好。

每个工具与技术都有自己擅长的领域，不同环境，不同需求，用不同的工具解决。这才是群龙无首的思想，这才是全栈技术存在的意义。

说完乾卦与全栈技术，下面说坤卦与全栈业务。

02 全栈业务，厚德载物

学过物理的人都知道世界充满了电场和磁场。了解过佛学的人，都知道世界充满了念力场与信息场，通过信息场，可以与更高一级的文明进行沟通。

将技能应用到业务，可形成特殊的“数据”场。

2.1 数据采集，坚冰至

坤卦的初六爻，爻辞为：**履霜，坚冰至**。脚踩到霜了，坚冰就会来了。因此，要见微知著，对未来要有更多的准备与预料，虽然事情现在还处在萌芽期，但未来也许会更坏。

数据采集，就是要善于从细节处采集数据，于可能出问题的地方采集数据，不要放过一些看起来不太重要的数据。

在做数据分析的时候，也要非常重视一些小的、可疑的情况，因为往往在这些小问题中，可能会发现大的、有用的信息，从而挖掘出其背后的问题。

2.2 数据清洗，直方大

六二爻的爻辞：**直方大，不习无不利**。做人的基本原则，就是要正直，方正，大气。

对数据处理，同样如此。应用到数据清洗环节，更好理解。把一切不符合规范的数据进行整理，把一切可能的异常数据拿出来分析，或者修正它，或者舍弃它。

另外，不要轻易相信看到的表象数据，数据本身不会欺骗人，可是有些表象数据会迷惑人。对待数据要诚实，不要将人的各种坏习性带到数据中去。

在做分析、挖掘的时候，一定要保持清晰的思路，不要绕到数据里面去。保持一颗初心不变，方可顺利走出数据的泥沼。

2.3 数据处理，无成有终

六三爻，爻辞为：**含章可贞，或从王事，无成有终**。

含，隐藏，低调；章：才华，能力。含蓄地处事，保持美好的德行。或，或许，疑惑。低调且德行好的人，随时都要带着给王室或者皇帝办事的心态去做，最后，就算是没有成功或者没有成就，至少也得把事情办完。这就是贞，也就是忠心，正所谓：地势坤，君子以厚德载物。使用大数据技术，就是要像给帝王做事一样，只要你有能力写出好的代码，Hadoop 或者 Spark 这个工头，会找一堆小伙伴勤勤恳恳地完成任务。

进行数据分析时也需要有坚定的心志，遇到问题后，要坚持不懈地去寻找思路，即使最终没有彻底解决问题，也要把事情做完，这是一种品德，也是一种职业操守。

2.4 深入挖掘，括囊

六四爻，其爻辞为：**括囊，无咎无誉**。括，收紧；囊，口袋。把口袋的口收紧，踏实努力地将工作做好。

口袋的口虽然很小，但可以将肚子发展得非常大，你看 Google 的入口那么小，可是其内部之大，远远超过一般人的想象。要更好地利用数据，还必须对数据进行深入挖掘。

机器学习，是人类集体智慧的结晶，用一定的数学方法，即可以让机器自动学习并做预测。机器学习就是对前面收集与整理的数据，进行深入挖掘，让机器自动发现一些规律，以便为业务所用。

整个乾坤两卦，追求的目标都是无咎，而不是大吉大利。做好了括囊，也仅仅是无咎无誉。

要让内部发展得更大，自然可以将大数据与机器学习结合起来，这也是 Spark 的使命。将数据技术与业务很好地结合起来，在内部构建了一个强大的数据平台，还要能很好地支持业务系统。

2.5 产出数据，黄裳元吉

六五爻：**黄裳，元吉**。黄，黄色；裳，衣裳。看过金庸小说的人，一定知道黄裳是《九阴真经》的作者吧，他读遍了道家的书籍，终于创出江湖人人争夺的《九阴真经》。

黄色表示尊贵，古代只有皇帝的龙袍才能使用黄色。穿上黄色的衣裳，说明你的努力有了回报。细心一点，你也许会发现，Hadoop的图标是一头黄色的大象，而Spark的图标是黄色的星星。这两门技术，都是数据工程中重要的框架，只有将数据科学的理论更好地与工程方法结合，并将其与业务结合起来，才可能产出好的数据。

有了好的数据产出，更要将数据可视化出来，给数据穿上“黄色”的衣服，让人们重视，让大家理解。

2.6　数据应用，龙战于野

上六爻：**龙战于野，其血玄黄**。

一切数据，都需要与产品结合起来，否则产出的数据再好，对产品却不一定有效果。数据与产品有冲突，以产品为准。

物极必反，过分追求技术，过分追求数据，不顾及产品，或许就会从吉变为凶了。数据与产品战，其结果必然很血腥。

但换种好的说法，利用强大的数据平台，产出优质的数据，与竞争对手进行对战，必将可以成就你。

2.7　利永贞

坤卦的用六：**利永贞**。长久保持应有的贞操，构建好强大的数据平台，将全栈的数据技术与全栈的业务场景进行结合。这些事情做好了，对业务与产品都是长久的利益，公司和数据科学人员都要重视。

投入是有回报的，学习全栈技术有极大的回报，投入建设强大的数据平台也会有相应的回报。

在数据科学的工作过程中，将全栈技术应用到全栈业务中，乾坤一体，才是目的。

03 本书约定

通过前面的介绍，相信你对本书的章节编排有了一个全面的了解，即可开始阅读了。在阅读过程中，因为一些技术细节，还需要注意相应的环境与版本信息。

3.1 版本信息

```
操作系统：Ubuntu 14.04
Python: Anaconda 3(包含 Python 3.5)
Hadoop 发行版本：HDP 2.4.0
Spark 版本：1.6.2
scikit-learn 版本 : 0.17.1
```

3.2 Python 说明

因为 Python 2 与 Python 3 的特殊性，本书中所有的示例代码均使用 Python 3.5 来实现。如果需要用于 Python 2.7 的版本，请注意两个细节：

```
1. 在代码前面添加：
from __future__ import print_function，来使用 python 3 的 print 函数风格。
2. 需要自己处理中文编码的问题。
```

3.3 代码提示符

```
MySQL 提示符：
mysql>

Hive 提示符：
hive>

Bash 提示符：
$

Bash root 权限提示符：
$ sudo

Python 提示符：
>>>

Scala 提示符：
scala>

HBase Shell 提示符：
hbase>
```

说明：因为并没有必须使用 root 账号的时候，如果需要 root 权限的操作，通常都是在命令前面加 sudo。因此，配置一个无密码的 sudo 是很有必要的。

3.4 代码的注释

```
SQL 的注释符： -- （后面必须带一个空格）
Shell 与 Python 的注释符号：#
Scala 的注释：//
```

3.5 交互式环境

本书主要使用了两个交互式环境，一个是 Python 代码使用的 Jupyter 的 Notebook，请参考“Anaconda，IPython”这节的说明。如果 Python 代码中最后一行只有一个变量，没有加 print 函数，是直接使用了 Jupyter 的优化显示效果，Jupyter 会默认对最后一个变量进行优化显示。

另外一个是 Spark-SQL 和 PySpark 使用的交互式 Zeppelin，请参考“Zeppelin，一统江湖”一节。

0x1 Linux，自由之光

0x10 Linux，你是我的眼

宇宙在成、住、坏、空的循环成灭过程中，现在的劫称为贤劫，贤劫中出现于世之千佛即为贤劫千佛。当今世界之各种科技与艺术，基本上全为贤劫千佛在推动。

自由软件的教主 Stallman，GNU Linux 操作系统的内核作者与领导者 Linus，他们都是贤劫千佛中的佛，因为他们的努力，推动了世界的发展。

众生皆有佛性，在圣不增，在凡不减。开源精神正合佛法的分享精神，开源软件的代表是 Linux。

Linux 最擅长的领域就是服务器系统，而几乎所有的大型服务都是运行于 Linux 之上，Hadoop 与 Spark 也不例外，最好的搭配系统是 Linux。

Linux 给初学者印象最深的，是其强大的 Shell 功能。就连一向高傲的微软，也在最近的 Windows 中开始集成了 Linux 的强大的 Shell 功能。

抬头望蓝天，大家都在搞云计算；低头看手机，大家都在做移动互联网。

从封闭的“窗口”世界，向外看去，有一个开放而强大的 Linux 系统正在方方面面地改变着世界。大到云计算，小到手机；安全如银行系统，强大如量子计算系统，都以 Linux 作为其基石。

不得不说，Linux 的入门门槛相对比较高，很多人可能花了很多时间也无法入得门内。也许世界偏向于有缘人，只要机缘到了，如九阳神功般的 Linux，你一定可以练成。

一旦掌握 Linux，人的眼界会得到大大提升，思维方式会得到大大扩展，就像是上帝掀开了遮住你的眼睛的帘，让你可以更清晰地了解计算机的世界。

下面是本章的知识图谱：

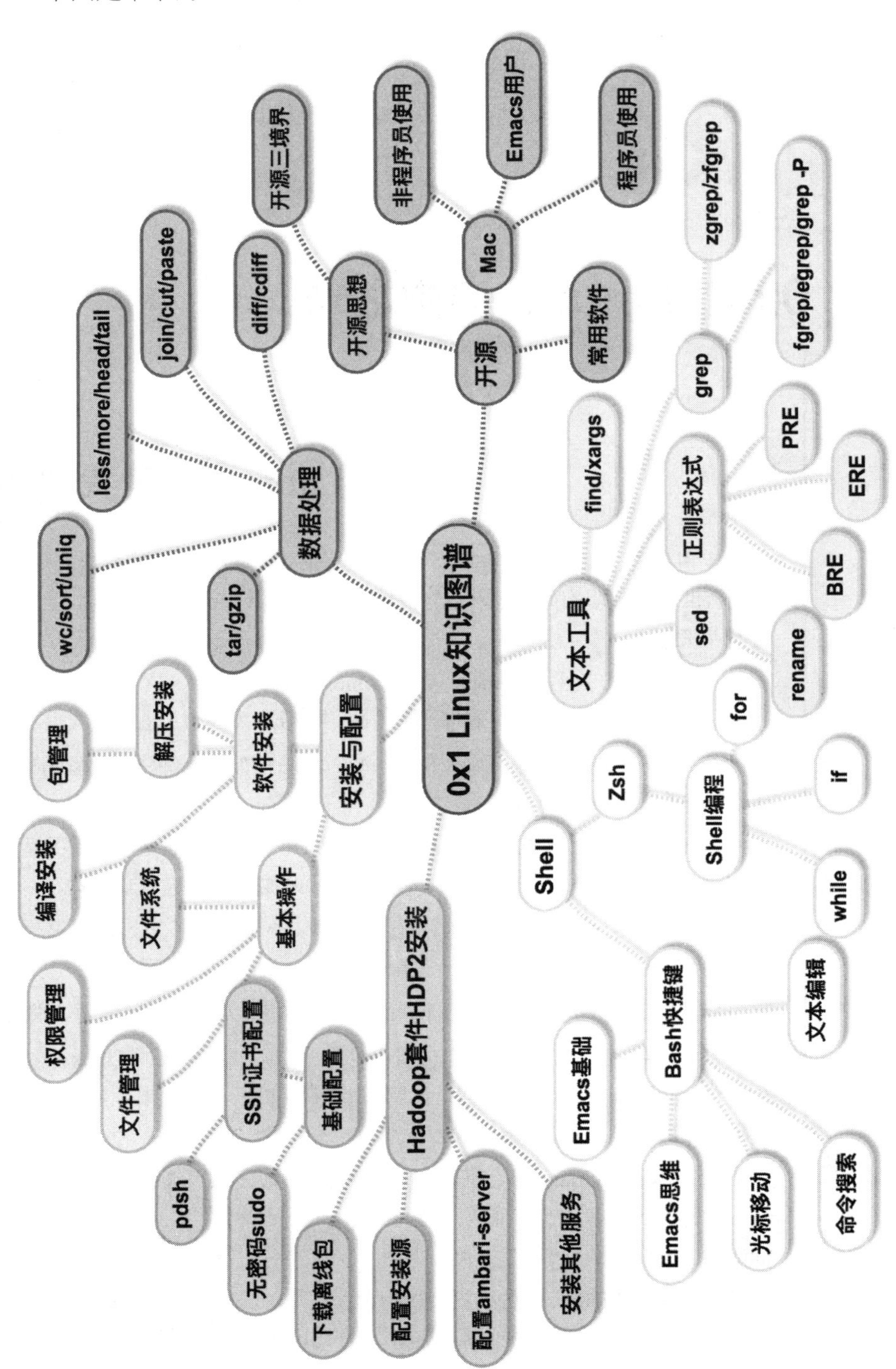

0x1 Linux知识图谱
数据处理
wc/sort/uniq
less/more/head/tail
join/cut/paste
diff/cdiff
tar/gzip
开源
开源思想
开源三境界
Mac
非程序员使用
Emacs用户
程序员使用
常用软件
文本工具
find/xargs
grep
zgrep/zfgrep
fgrep/egrep/grep -P
正则表达式
PRE
ERE
BRE
sed
rename
Shell
Zsh
Shell编程
for
if
while
Bash快捷键
文本编辑
Emacs基础
Emacs思维
光标移动
命令搜索
安装与配置
软件安装
包管理
解压安装
编译安装
基本操作
文件系统
权限管理
文件管理
Hadoop套件HDP2安装
基础配置
SSH证书配置
pdsh
无密码sudo
下载离线包
配置安装源
配置ambari-server
安装其他服务

0x11 Linux 基础，从零开始

01 Linux 之门

对于经常和数据打交道的人来说，与数据工程师和 Linux 接触是最多的。

Linux 以其强大的命令行称霸江湖，因此，Shell 命令也是数据极客的必修兵器。

在数据科学的世界里，基础阶段的入门必经步骤如下：

```
1. 搭建一个 Linux 系统。
2. 熟悉基础的 Shell 命令。
3. 学习一个文本编辑器（Vim 或者 Emacs）。
4. 开始一门 Python 语言。
5. 使用 SSH 连接服务器，并配置系统投入使用。
6. 学习一门 SQL 语言。
7. 搭建一个 Hadoop 环境，开始使用。
```

不妨试一下，完成这些步骤需要多长时间。对初学者来说，每一步都需要学习很多知识，但只要一步步达到目标，就能慢慢地掌握技能。其实工作中各种经验的积累，都是实实在在的技能提升。

在诸多基础技能中，Linux 的学习是必要的，因为它起点虽高，可一旦掌握，后续很多概念与知识都能理解得更好，技能的提升空间也更大。就好似杨过刚开始睡寒玉床，虽然痛苦但可以使内力得到迅速提升一般。

如果还下不了决心，可以看看王垠的《完全用 Linux 工作》那篇文章，写得真是让人热血沸腾，很难不动心。

只要下定决心，其实入门并不难。选择一个发行版本，安装系统，开始使用，求助搜索引擎，继续使用，如此循环，日复一日，必将有所成就。

发行版本的选择，自然是最热的 Ubuntu，主要是因为社区的各种支持比较完善。Ubuntu 是 Linux 发行版本中最流行的一种，用 Ubuntu 就是在用 Linux。Linux 是一个总称，Ubuntu 是具体的发行版本。实际上，更推荐使用基于 Ubuntu 的

Mint，有 Gnome2 和 Gnome3 桌面版本，而且优化得很好。

对于安装系统，开始可以在 Windows 上装一个虚拟机软件，如 VirtualBox，再在 VirtualBox 软件中装一个系统。安装教程网上有很多，请自行学习。虚拟机的好处是，可以同时用这两个系统，一个 Windows 在外面，一个 Linux 在里面。对虚拟机中的 Linux 系统，做个快照，然后在系统中可以随便操作，不行直接恢复快照即可。

有了系统，使用才是核心，不需要知道从哪儿开始学。只有一个目标，把你平时在 Windows 系统中做的事情，都迁移到 Linux 上去，哪里不会学哪里，多多使用搜索引擎，一切都不会太难。

开源的思想会改变一个人的世界观、哲学观，而 Linux 更会改变一个人的技能特点，技术上也会勇猛精进。

02 文件操作

接触系统，首先便是进行打开文件、创建文件等这些基本的操作。与 Windows 进行对比，Linux 没有 C 盘、D 盘的概念，因此，先了解一下 Linux 的文件系统很有必要，请看下图：

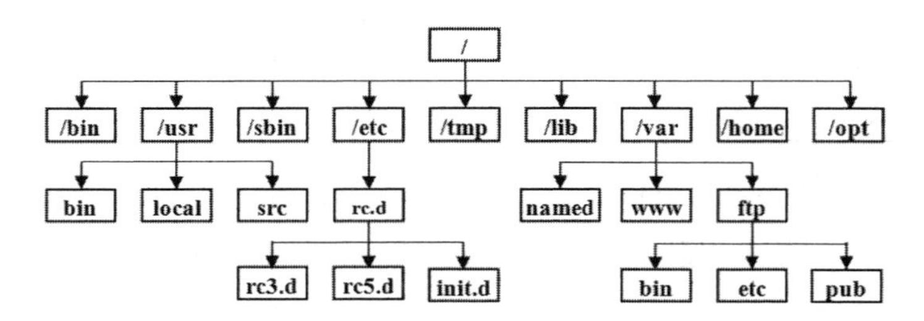

Linux 是从根分区 /（斜杠）开始的一个树形目录结构，所有子目录都位于 / 目录之下。

作为初学者，把 / 分区下面的第一层目录的大致用途弄明白即可。简单列出大致的目录用途，如下所述。

```
/bin: 存放一些常用的命令对应的程序，如 ls、mkdir 这些命令。
/usr: 应用程序的安装目录。
/sbin: 通常是需要 root 权限的一些命令对应的程序。
/etc: 存放各种软件的配置文件，比如 MySQL、Vim。
```

```
/tmp: 系统的临时目录，系统运行时会临时创建一些文件，重启后消失。
/lib: 一些库文件的存放目录。
/var: 数据与日志文件的目录，如通常搭建的网站会放到 /var/www 这个目录中。
/home: 用户的主目录，对用户而言，这个最重要，所有的用户数据都位于此目录中。
/opt: 一些第三方软件的目录，安装 Spark、Anaconda 通常会选择此目录。
```

在大数据环境下，通常还习惯建立一个目录，/data，用于单独挂载一个磁盘，存储 Hadoop 中的数据。

大致了解了文件系统中各种目录及其用途后，就可以使用命令创建目录和文件、删除目录和文件、向文件中写入内容了。

切换目录命令 cd，创建目录命令 mkdir 与操作文件相关的命令 touch、echo，它们的用法如下所示：

```
# 假设当前用户为 joy，进入用户主目录
$ cd /home/joy
# 可直接用 ~ 来代表用户主目录 /home/joy，或者使用不加参数的 cd 命令，也是切换到主目录
$ cd ~
$ cd

# 创建目录
$ mkdir fortest
# 加 -p 可以创建多级目录，且不要求其父目录存在
$ mkdir -p fortest/first/second/third

# 创建一个空文件
$ touch file.txt

# 向文件中写入一句话（如果文件不存在会创建，否则先清空文件，再写入数据）
$ echo "hello,Spark" > spk.txt
# 使用两个大于符号，进行追加写，不会先清空文件
$ echo "hello, hadoop" >> spk.txt
```

创建目录与文件后，可以查看当前路径信息，命令为 pwd，列出当前目录下的文件，命令为 ls，并查看文件内容，命令为 cat/head/tail/less/more：

```
$ pwd # 打印当前目录路径
$ ls # 列出当前目录下的文件与子目录
```

```
# ls 最常用的参数就是 -l，输出的信息很重要
$ ls -l /etc/passwd
-rw-r--r-- 1 root root 2717 Apr  8 10:27 /etc/passwd
# 上面输出的第一、三、四字段，是后面进行文件权限理解的基础信息

# cat、less、more 都可以用来查看文件，less 与 more 可以分页查看
$ cat /etc/passwd
$ less /etc/passwd

# head 与 tail 分别打印文件的前 10 行与最后 10 行，非常常用
$ head /etc/passwd
$ tail /etc/passwd
```

除此之外，有两个文件压缩与解压的命令，非常常用，gzip 与 tar，用法如下：

```
# gzip 压缩，常用后缀为 .gz，在 Hadoop 中，也有大量的数据使用 gzip 压缩
$ ls
test.txt
$ gzip test.txt  # 压缩文件
$ ls
test.txt.gz
$ gzip -d test.txt.gz # 解压文件

# tar 打包压缩，通常有两种主要的格式，分别以 .tar.bz2 和 .tar.gz 为后缀
$ tar jcvf test.tar.bz2 test.txt
# 打包并调用 bzip2 压缩为 bz2 格式的文件
$ tar jxvf test.tar.bz2    # 解压 bz2 文件

$ tar zcvf test.tar.gz test.txt # 打包并调用 gzip 压缩为 gz 格式的文件
$ tar zxvf test.tar.gz  # 解压 gz 文件
```

tar 命令常用的有两个参数，jcvf 与 zcvf，记住便可以，而解压可以统一使用 xvf 参数。

03 权限管理

权限管理不仅是 Linux 系统必备的基础知识，还是进行数据分析与挖掘，使用 Hadoop 和 Spark 的必备基础知识。

权限管理看似复杂，其实理解其核心后，比较好掌握。说起权限，必须要谈

起 Linux 的多用户系统，以其中的管理员 root 用户权限最大，可以进行一切操作，包含删除 Linux 文件系统中的全部文件。除 root 之外，还有普通的用户，假定当前用户是 joy，属于组 dataml 组（取其 Data Machine Learning 之意），另外还有一个用户 renewjoy，也属于 dataml 组。两个用户各自只能操作属于自己的文件。使用 ls -l 可查看文件的权限，如下所示：

```
$ ls -l /home/joy/file.txt
-rw-r--r-- 1 joy dataml 234 Apr  8 10:27 /home/joy/file.txt
```

其结果的第一个字段 -rw-r--r--，此字段共 10 位，每一位都有特定的意义，第一位表示是文件还是目录，d 表示目录，- 表示文件。剩下 9 位，每 3 位为一组，共 3 组，第一组表示用户自己（user）的权限，第二组表示用户所属组（group）成员的权限，第三组表示其他用户（others）的权限。每组分别用 3 位来表示，分别是 rwx，r 表示读（read）、w 表示写（write）、x（表示执行），没有的权限用 - 表示。

从第 3、4 字段来看，文件 /home/joy/file.txt 属于用户 joy，属于组 dataml。因此，上面的权限 -rw-r--r-- 可以理解为：用户 joy 对文件 /home/joy/file.txt 具有读、写权限，不具有执行权限（即不能使用 ./file.txt 来执行）。组 dataml 里面的成员（如 renewjoy 用户），对文件只有读权限，不具有写权限。其他用户也只能读取文件。

理解了上面的 9 位共 3 组的权限后，在遇到权限问题时，就很容易理解了。而修改文件权限有两个命令，chown 和 chmod，如下所述：

```
# chown 修改文件所属的用户和所属的组
$ chown renewjoy /home/joy/file.txt
# 修改文件属于用户 renewjoy，同时属于组 group2
$ chown renewjoy:group2 /home/joy/file.txt

# chmod 用于修改文件的权限，分别对用户属主 (u)，组 (g)，其他 (o) 进行配置
$ chmod u+x /home/joy/file.txt    # 给属主用户 (u) 加执行权限
$ chmod g+w /home/joy/file.txt    # 给组用户 (g) 加写权限
$ chmod o-r /home/joy/file.txt    # 去掉其他用户 (o) 的读权限

# chmod 还可以用 3 位 0-7 的数字来对三组权限进行同时设置，每位数字为读权限
（值为 4)、写权限（值为 2）和执行权限（值为 1) 相加的结果
$ chmod 740 /home/joy/file.txt  # 740 代表 rwxr-----
$ chmod 764 /home/joy/file.txt  # 764 代表 rwxrw-r--
```

对于初学者，chmod 的参数相对来说比较复杂，而其中又涉及三种权限，三种不同的用户类别，还有比较好用的数字权限，需要仔细研究，反复学习，直到完全理解上面的内容为止。因为在后面的 Hadoop 环境中，权限问题是经常遇到且不解决就无法继续工作的问题。

普通用户只能在自己权限允许范围内进行操作，不能超越自己的权限。只有 root 用户的权限不受任何限制。而 Ubuntu 系统，默认是没有开启 root 用户的，一般都用 sudo 来代替执行 root 用户的权限。

如果需要切换到其他用户，使用 su 命令，比如在 Hadoop 环境中，会建立一个名为 hdfs 的用户。操作 HDFS 文件系统的时候，有些目录只有 hdfs 用户能创建文件，必须要切换到 hdfs 用户，再执行创建操作，然后再修改文件的权限，如下所述：

```
# - 参数，表示也同时切换为 hdfs 的环境变量
$ sudo su - hdfs
# 在 HDFS 文件系统中建立一个目录，并将目录的属主修改为普通用户，方便后续操作
$ hdfs dfs -mkdir /data
$ hdfs dfs -chown joy:dataml /data
```

04 软件安装

随着 Linux 生态系统的不断发展，现在安装软件，不像刚开始用 rpm 包安装，要解决各种依赖和各种库。很多时候，几个命令就能搞定软件的安装，反而比在 Windows 系统中简单了很多。

目前，主流的软件安装方式分为三种，一种是以 apt 和 yum 为代表的系统软件包管理器，通过这种包管理器安装，可自动解决软件与库的依赖问题，只需要一个命令即可；另一种是编译型的，以编译安装 Nginx 为代表，通常在安装一些新版本的软件的时候采用这种方式，因为包管理器源中可能不是最新版本；最后一种是不需要安装，直接下载压缩文件、解压、配置环境变量即可使用，如 JDK 或者 Scala 的安装。

包管理的安装：

```
# Ubuntu 和 Debain 采用的方式
$ apt-get install emacs24
```

```
# CentOS 和 Fedora 采用的方式
$ yum install emacs24

# Mac 采用的方式
$ brew install emacs24
```

除了系统的包管理器，一些编程语言也提供了各自的包管理器，如 Python 的 pip 和 Node.js 的 npm，通常它们用于安装各自的库文件，但也能安装一些实用工具，如：

```
# Python 的应用程序
$ pip install cdiff

# Node.js 的应用程序
$ npm install apidoc
```

对于需要编译的软件，通常软件都会按照如下三步来进行编译，以 Nginx 编译为例：

```
$ 配置环境，检查依赖
$ ./configure --prefix=/usr/local/nginx
$ make # 编译
$ sudo make install # 安装，通常需要 root 权限
```

最后，对只需要解压即可用的程序，通常只需要配置环境变量即可，以安装配置 JDK 环境为例：

```
# 下载软件
$ wget http://www.site.com/jdk8.tar.gz
# 解压
$ tar xvf jdk8.tar.gz
# 移动到 /opt 目录，方便管理
$ mv jdk8 /opt/

# 添加路径到 PATH 环境变量
$ echo "export PATH=/opt/jdk/bin:$PATH" >> ~/.bashrc
# 应用环境变量
$ source ~/.bashrc
# 测试命令
$ which java
/opt/jdk/bin/java
```

05 实战经验

最后，给出几条学习 Linux 的建议。

```
1. 一定要看提示，不要怕出错。
2. 出错就是学习的机会，不懂就查。
3. 常见问题 1：权限不够，空间不够，路径不对，配置不对。
4. 常见问题 2：中文编码问题，文件换行问题。
```

对于权限问题，要认真理解前面介绍的文件权限问题；对空间不够的问题，尤其是在 Hadoop 集群环境下，经常会因为日志文件太大，而导致一些分区空间不够的情况，可使用 df 与 du 查询系统空间与文件占用空间。

对于编码问题，可以使用 iconv 进行编码转换。

对于 Windows 与 Linux 的换行问题，可使用 tofrodos 工具包，里面有两个命令 dos2unix(fromdos) 和 unix2dos(todos)，基本可以解决问题。注意，这两个命令只能用于文本文件，不能用于二进制文件（如图片），否则会破坏二进制文件的内容。

0x12 sed 与 grep，文本处理

01 文本工具

在数据科学中，数据处理涉及非常多的主题。很多时候，仅仅使用 Linux 内置的工具，就能出色地完成某些任务。

高手都喜欢 Linux，不是因为在一个黑框里操作有多酷，而是有很多开源的强大工具，尤其是文本处理工具。这也得益于 Linux 的设计，一切皆文本。

在文本处理工具中，最出名的有 4 个：find、awk、sed 和 grep。find 命令不仅可用于查找文件，最重要的在于能对查找到的文件进行批量操作。辅以 xargs 命令，find 可立刻变身为非常强大的批量处理工具：批量改文件权限、批量删除、批量归档文件。因此，不论是数据工程师还是系统管理员，基本上是一用就再也

离不开 find 了。

awk 更是强大到已经具有大部分编程语言的功能了，在数据快速处理、数据简单统计领域，能完成很多 Python 能够完成的事情，而且其实现方式比 Python 快和简单。因其强大的能力，便单独成篇，详情参见“快刀 awk，斩乱数据”一节。

在信息过载的时代，面对互联网上海量的信息，人们依赖搜索引擎进行搜索。而在过去，面对大量的文本数据，人们能使用的也只有 grep 了。不仅是进行文本搜索，grep 也是进行探索性数据分析不可或缺的工具。

在典型的日志分析中，搜索一些特定的关键词，发现隐藏的特殊信息，继续这一信息追踪下去，可发现真正的问题。不少安全分析人员只需要一个 grep 工具，就能发现一些隐藏在源代码中的安全问题。

sed 也可以用于文本搜索，但其成名的领域是文本替换，基于正则的替换，将某种模式替换成另外一种，在数据科学中最重要的用途就是进行数据清理，还可以进行数据标准化处理。

02 grep 的使用

grep 的名字非常霸气，全称为 Global Regular Expression Print（全局正则表达式打印），从其名字就可以看出，它是基于正则表达式的模式匹配工具，比如在安全分析中，搜索“hacked by”关键字：

```
┌─Null.local:/Users/renewjoy
└─renewjoy >>> cat web.log
Haha, hacked by joy
something normal
...Haaaaaaaaaaa, Hacked by renewjoy
┌─Null.local:/Users/renewjoy
└─renewjoy >>> grep '[hH]acked by' web.log
Haha, hacked by joy
...Haaaaaaaaaaa, Hacked by renewjoy
┌─Null.local:/Users/renewjoy
└─renewjoy >>> grep -i 'hacked by' web.log
Haha, hacked by joy
...Haaaaaaaaaaa, Hacked by renewjoy
┌─Null.local:/Users/renewjoy
└─renewjoy >>> ▌
```

从图中可以看出，使用 grep 进行搜索的时候，可以使用正则表达式，其中的“[hH]acked”就是一个简单的正则表达式，匹配 hacked 和 Hacked。如果要对整个搜索的模式忽略大小写，可以直接使用选项 -i 来忽略大小写。

在日常使用 Linux 的过程中，查看进程与端口很常用，通常也需配合 grep 来进行查找，如：

```
dmply@cdm1:~$ ps aux | grep emacs
dmply    11380  0.0  0.0  11740   936 pts/4    S+   17:16   0:00 grep --color=auto emacs
dmply    18805  0.0  0.0  89632 29592 pts/1    T    16:20   0:01 emacs -nw auto.sh
dmply@cdm1:~$
dmply@cdm1:~$ ps aux | grep emac[s]
dmply    18805  0.0  0.0  89632 29592 pts/1    T    16:20   0:01 emacs -nw auto.sh
dmply@cdm1:~$
dmply@cdm1:~$
dmply@cdm1:~$ netstat -ant | grep 4040
tcp        0      0 0.0.0.0:4040            0.0.0.0:*               LISTEN
dmply@cdm1:~$
dmply@cdm1:~$
```

第一条命令，搜索 emacs 进程，但结果中除了真正的 emacs 进程外，还包含本身搜索的进程。因为当前搜索的这条命令也是一个进程，也包含了“emacs”字符串，所以会出现在结果中。

第二条命令，使用了一个小技巧，将搜索模式中的其中一个字符加上中括号，这样本质和不加中括号完全一样，但不会包含搜索本身的进程。因为 grep 会把 emacs[s] 当成 emacs 来解析，但搜索进程中的却是“emac[s]”，因此不会匹配，而只会匹配真正包括 emacs 的进程。这个技巧在 Shell 脚本中非常实用，括号可以加在任何字符上，效率相同。可用于确定进程的 id 号，便于之后进行 kill 之类的操作。当然，更明智的选择是使用 pgrep，直接获取进程号。

第三条命令，经常用于查看端口是否开启，以及查看连接当前端口的 IP 等信息必备的命令。图中查找的是 4040 端口，发现监听的是 0.0.0.0，当前还没有其他端口连接过来。

grep 也能很好地配合 find 命令进行工作：

```
# 在当前目录（及子目录）下，在所有的 log 文件中搜索字符串 hacked by
$ find . -name "*.log" | xargs grep -i -n "hacked by"
```

除了输出匹配的行，grep 还能输出匹配行的上下文。在进行故障分析的时候非常有用：

```
# 查询字符串，并显示匹配行的前 3 行和后 3 行内容
# -A: After，匹配行之后  -B: Before，匹配行之前
$ grep 'yunjie-talk' -A 3 -B 3 log.txt
```

如果要一次性指定多个匹配的模式，可以将模式写在文件中，通过参数 -f 来指定：

```
$ grep -f japan.ip *.log > japan.log
```

03 grep 家族

除了 grep 外，grep 家族中还有另外两组非常有用的扩展命令：

```
1. fgrep 和 egrep
2. zgrep、zfgrep 和 zegrep
```

加上 grep 本身，grep 家族一共有 6 个命令，不过都只是在 grep 基础上进行了扩展而已。fgrep 是 fast grep 的缩写，和 grep -F 相同，是不支持正则表达式的 grep，即不把搜索的模式当成正则表达式，而是普通的字符串，即使里面包含正则表达式的一些符号。自然，速度要比 grep 快很多。因此大多时候，只要是不需要正则匹配的场合，都可以用 fgrep 来代替 grep，这样速度要快很多。

而 egrep 是 Extended grep 的缩写，与 grep -E 完全相同，支持扩展的正则表达式。说起扩展正则表达式，有必要介绍一下 Linux 下文本工具支持的正则表达式的种类。

Linux 下的正则表达式分为三种：

```
1. 基本的正则表达式（Basic Regular Expression 又叫作 Basic RegEx，
   简称 BRE）。
2. 扩展的正则表达式（Extended Regular Expression 又叫作 Extended
   RegEx，简称 ERE）。
3. Perl 的正则表达式（Perl Regular Expression 又叫作 Perl RegEx，简称
   PRE）。
```

当使用 BRE（基本正则表达式）时，必须在下列这些符号前加上转义字符（\），屏蔽掉它们的特殊意义：

```
?、+、|、{、}、(、)
```

第一种风格与第二种风格都是历史遗留问题导致的，因为兼容性，存在至今。正是因为这两个遗留问题的存在，导致了 grep 与 sed 在正则匹配的时候，会让很多人难以正确处理。

Perl 引领了当今正则表达式的发展，因此由它发展起来的一个派别，称为 PRE 风格，可以说已成为事实上的标准风格了。现在通行的也是 Perl 的正则风格，Python 也是使用 PRE 的风格。

回到grep，grep本身是使用BRE这种风格的，而egrep使用了ERE这种扩展风格。通常建议直接使用grep的Perl风格，使用grep -P即是Perl风格，但注意不是pgrep，pgrep是专门查找进程id的。

egrep的示例如下所示：

```
$ egrep "one|two"  # 匹配one或者two
$ grep -E -v "\.jpg|\.png|\.gif|\.css|.js" log.txt |wc -l
```

另外，以z开头的命令，通常都和gzip压缩文件相关，如zcat，意为直接打印压缩文件。那么zgrep/zfgrep/zegrep也是同样，用于在压缩文件中直接查找不同的grep版本。

如，在压缩的日志文件中，查找所有来自文件japan的IP的请求：

```
# 最传统的方法
$ cat log.gz | gzip -d | fgrep -f japan.ip > japan.log

# 使用zcat
$ zcat log.gz | fgrep -f japan.ip

# 直接使用zfgrep
$ zfgrep -f japan.ip log.gz
```

grep家庭中虽然有很多扩展命令，但实际都只是不同参数或者用于处理压缩文件而已，掌握其中最核心的grep，再区别各种不同的正则表达式即可。

04 sed的使用

但凡接触过Linux的人，都或多或少听过或用过sed，sed被用得最多的场合是替换文本，比如：

```
$ sed 's/joy/yunjie/g' web.log > new.log
```

指令s表明要进行替换操作，将文件web.log中的所有行中、所有出现的joy替换成yunjie，最后的选项g指定了每行中的joy都要被替换，如果不指定g，则只替换每行中出现的第一个joy。将替换后的文件重新保存为new.log，因为sed默认并不改变原文件的内容，只会将替换后的内容输出到标准输出。

其实，sed 不仅可用于替换。sed 是 Stream EDitor 的缩写，意为流编辑器，从其带“编辑器”这三个字就已经可以知道它的功能了，编辑器能做的主要事情就是插入、删除、替换，因此 sed 也同样能做好这几件事情。

sed 是按行进行处理的，默认的是进行全文所有行的处理，但也支持模式匹配，即在模型匹配上的行执行操作，与 awk 的 pattern 与 action 一样。如只需要替换包含 hacked 的行中的 joy 为 yunjie，命令如下：

```
$ sed '/hacked/s/joy/yunjie/g' web.log > new.log
```

测试上面的示例，可以发现，web.log 中的第三行（包含大写的 Hacked 行）的 renewjoy 中的 joy 字符串并没有被替换为 yunjie。

除了字符串模式匹配，也可以使用行号来设置模式：

```
$ sed '1,2s/joy/yunjie/g' web.log > new.log
```

上面的命令意为只替换从第 1 行到第 2 行之间所有行（此处共 2 行）中的 joy 为 yunjie。熟悉 Vim 的人，一定会非常熟悉这种替换语法，因为语法与 Vim 中的几乎完全一样。说一样，实际是有区别的，虽然都是基于 BRE，但 Vim 有自己的扩展，而通用的 GNU 实现的 sed，也有自己的扩展。

在模式匹配中，如前一个例子中的 /hacked/，可以使用正则表达式，而被替换的模式（前例子中的 /joy/）也可以是正则表达式，sed 默认使用 BRE 风格。如果需要使用扩展的 ERE 风格，需要加一个选项 -r（在 Mac 系统中是 -E 选项）。因为其支持正则表达式，所以 sed 的功能十分强大。

前面也说了，sed 不仅用于替换操作，还可用于删除操作。删除字符串是替换的一种特殊情况，替换为空即可。删除整行，可用另外一个指令 d（delete），如：

```
# 删除行号范围指定的行
$ sed -i '1,2d' web.log

# 删除模式匹配的行
$ sed -i '/hacked/d' web.log
```

上面还使用了 sed 的另外一个实用选项 -i，用于就地（inplace）修改文件，这也是最经常遇到的需求。但在 Mac 系统中，在就地修改文件之前，需要先指定一个备份文件，如果不需要备份，也必须指定一个空字符串，如：

```
$ sed -i '' '/hacked/d' web.log
```

如果需要同时对文件进行多种操作，替换与删除同时进行，可以使用 -e 选项进行级联操作，如：

```
$ sed -i -e 's/joy/yunjie/g' -e 's/renewjoy/yunjie-yun/g' -e
'2d' web.log
```

sed 还有很多其他用法，如插入与替换中的向后引用等，限于篇幅与在数据科学中应用得不多，需要时请自行查阅相关资料。

在 Hive 中，一个比较实用的功能是，对导出的文件替换 \001 为空格的操作：

```
$ cat exp_dir/0000* | sed 's/\x1/ /g' > log.txt
```

最后，介绍一个小技巧，sed 在替换的时候，指令 s 后面并非必须使用 / 作为分隔符，可以是一些非 / 符号，如 # 或者 @。这在替换文件中的路径的时候，非常有用，比如：

```
# s 指令后面的 # 用于分隔各部分
$ sed -i 's#/data/joy/pred#/data/joy/nn_pred#g' *.sh

# 使用 / 分隔，但替换中的 / 需要进行转义（看起来很别扭）
$ sed -i 's/\/data\/joy\/pred/\/data\/joy\/nn_pred/g' *.sh
```

另外，要实现替换功能，如果想使用 Perl 风格的正则表达式，也可以试试 Perl 本身的功能：

```
perl -pe 's/joy/yunjie/g'
```

05 综合案例

有一个实际的需求，数据库服务器的 IP 地址更改了，需要将某目录下的所有脚本中（包含大量 Bash 脚本、Python 脚本以及各种配置文件）的 IP 地址都替换为新的 IP 地址。

使用 find 实现：

```
find . -type f find -print0 | xargs -0 sed -i 's/1.2.3.4/5.6.7.8/g'
```

查找当前目录及子目录中类型为普通文件的所有文件，然后配合 xargs 命令，将其中的旧 IP 地址 1.2.3.4 替换为新的 IP 地址 5.6.7.8。

其中，-print0 使 find 命令输出的文件名以 null 进行分隔，主要是避免文件名中带换行或者空格等导致无法识别的问题，后面的 xargs 也需要使用 -0 来指定输入之间分隔为 null。

使用 grep 来实现：

```
fgrep -lRZ '1.2.3.4' . | xargs -0 sed -i -e 's/1.2.3.4/5.6.7.8/g'
```

其中，fgrep 使用了三个选项，代表的信息如下所示。

```
-l：只输出匹配的文件名，而不输出匹配的行。
R：递归当前目录及其子目录。
Z：文件名之间使用 null 进行分隔。
```

使用 grep 版本的优势在于，递归查找文件的时候，只会选取包含字符串 1.2.3.4 的文件名，而不会像 find 那样，把所有的普通文件的文件名都传给 xargs。

掌握这个综合案例，对于 find、sed 与 grep 的使用可以有一个大概的了解。find 命令并没有详细介绍，我们只是使用了其最基础的功能。

最后不得不承认，有些搞数据的人看不起 find、awk、sed 与 grep，觉得这些太难上手了，而且完全可以用更友好的 Python 来实现。诚然，这种认识本身没有太大的问题，这些工具从某种角度来说，是有些难上手，尤其是遇到各种不同风格的正则表达式的时候。

不过，依据哲学中无限可能的理论与个人有限的工作经验来说，这些文本工具在很多时候能快速解决问题，以更轻、更美的方式解决一些小问题。小而美的方案，是在经过大量复杂方案后，提炼出来的解决真实痛点的实用方案。仅此一个优点，难道还不够有说服力？

0x13 数据工程，必备 Shell

01 Shell 分析

极客喜欢 Linux，最主要的是喜欢其 Shell。

利用 Shell 的一些命令，可以完成一些简单的统计分析工作。比如利用 wc 统计文件行数、单词数、字符数，利用 sort 排序和去重，再结合 uniq 可以进行词频统计。

比如，有一个文件 file.txt，先用 cat 命令了解一下文件的大概格式与内容，发现每行为一个单词，内容如下：

```
yunjie
yunjie-talk
yunjie-yun
yunjie
yunjie-shuo
```

假设每行只包含一个单词，现在需要统计这些单词出现的频率，以及显示出现次数最多的 5 个单词，使用如下命令：

```
$ sort file.txt | uniq -c | sort -nr | head -5
   2 yunjie
   1 yunjie-shuo
   1 yunjie-talk
   1 yunjie-yun
```

先对文件进行排序，这样相同的单词会出现在上下紧挨着的行中，然后用 uniq -c 命令，统计不同的单词及各个单词出现的次数。这样得到的结果就是次数后面紧接着单词，然后使用 sort -nr 对次数进行逆序排序，最后用 head 命令显示结果的前 5 行。

非常简单的一种方式，读取文件、排序、统计，再对统计结果进行逆排序，最后显示前几个结果。

实现同样的功能，类似的 SQL 语句为：

```
mysql>
```

```
select word,count(1) cnt
from file
group by word
order by cnt desc
limit 5;
```

如果对 SQL 语句很熟悉的话，上面的形式较容易理解。虽然实现的思想和方式非常简单，但在实际的探索性数据分析中使用得非常频繁。

02 文件探索

在日志分析中，有时并没有非常明确的目标，或者即使有明确的目标，数据也并没有明确的定义。比如，别人给你一个压缩文件，想分析一下里面有哪些是异常的访问请求。任务描述就是这样，没有更明确的了。

拿到日志文件和这样的分析需求，需要进行各种可能的探索性分析。先看一下文件的格式，是否压缩过，使用 gzip 压缩的还是使用 tar 压缩的。解压后，需要先大概了解一下，文件是什么样的格式。对于网络请求的日志文件，是一行一个请求和响应，还是多行一个请求和响应。查看文件有多少行，查看文件占用多少空间。如果解压后包含多个目录或者文件，同样的一个命令，能发挥更强大功能。此时，通常需要如下命令。

```
gzip/tar：压缩 / 解压
cat/zcat：文件查看
less/more：文件查看，支持 gz 压缩格式直接查看
head/tail：查看文件前 / 后 10 行
wc：统计行数、单词数、字符数
du -h -c -s：查看空间占用
```

示例如下：

```
# 解压缩日志
$ gzip -d a.gz
$ tar zcvf/jcvf one.tar.bz2 one
# 直接查看压缩日志
$ less a.gz  # 无须先解压
```

less 内置了对 gz 文件的支持，因此，可以直接查看此类文件，但其他比如 wc 统计行数，直接作用于 gz 文件是不行的，必须要先进行解压。

一个比较有趣的命令组，less 和 more，这两个命令都可以分页查看文件。最开始只有 more 命令，但当时 more 不支持向后翻页。于是一些人就在此基础上进行了改进，改进后的命令直接叫 less，和 more 具有同样的功能只是更强大些。因此，也发展出了“less is more”的哲学，“少即是多”，而且少比多更好。这种思想，在产品设计与代码优化中都有体现。

03 内容探索

了解了文件的大概信息后，可能需要提取一行中某几个字段的内容，或者需要搜索出某些行来，或者需要对某些字符或者行进行一定的修改操作，或者需要在众多的目录和文件中找出某些天的日志（甚至找到后需要对这些天的日志进行统一处理），此时下面这些命令可以帮你进行相应操作。

```
awk：命令行下的数据库操作工具。
sed：流编辑器，批量修改、替换文件。
join/cut/paste：关联文件 / 切分字段 / 合并文件。
fgrep/grep/egrep：全局正则表达式查找。
find：查找文件，并且对查找结果批量化执行任务。
```

上面这些命令，能在实际应用中做很多事情。

比如，在网上复制代码进行测试，前面需要带上行号，最好的办法就是使用 cut 与 cat：

```
$ cat > one.txt
$ cut -c 4- one.txt > two.txt
```

04 交差并补

对两个文件，可以使用 diff 比较其异同，也可以使用 sort 与 uniq 组合来分析其交集、并集与差集等。

```
diff：逐字符比较文件的异同，配合 cdiff，类似于 GitHub 的显示效果。
sort/uniq：排序、去重、统计。
comm：对两个排序文件按行比较（共同行、只出现在左边文件、只出现在右边文件）。
```

对两个文件a.txt和b.txt，找出只出现在a.txt中的数据，实际就是求a.txt与b.txt的差集，可用使用如下命令：

```
# 排序两个文件
$ sort a.txt > a.txt.sort
$ sort b.txt > b.txt.sort
# 找出只出现在 a.txt 中的内容
$ comm -2 -3 a.txt.sort b.txt.sort
```

comm 命令可对排序的文件进行处理，默认会显示 3 列结果，第一列为只出现在文件 1 中的数据，第二列为只出现在文件 2 中的数据，第 3 列为同时出现在两个文件中的数据。

由于只需要出现在文件 1 中的数据，因此使用 comm -2 -3 选项，去掉后面两列的显示，即只显示第一列的结果。

另外，只使用 sort 与 uniq 就可以求两个文件的交集、差集、并集，如下所示：

```
# 求 A 和 B 的交集（思想：合并后排序，只取有重复的行）
$ sort a.txt  b.txt | uniq -d
# 求 A 和 B 的并集（思想：合并后排序，按 distinct 实现去重）
$ sort A  B | uniq
# 求 A 和 B 的差集 (A-B)（思想：合并 B 两次，B 一定重复，取结果中不重复的，
则一定不包含 B）
$ sort A  B  B | uniq -u
```

上面的神奇之处，得益于 uniq 的不同参数。

05 其他常用的命令

如果文件编码是从 Windows 上传过来的 GB2312 编码，需要转换成 UTF8 的编码，或者某个日志被黑客修改过了，需要和原来的备份数据进行对比，这些工作都是数据工程师经常要进行的操作。

将编码转换为 UTF8：

```
$ iconv -f GB2312 -t UTF8 -i gb.csv -o utf8.csv
```

假如日志文件是最近一年的请求日志，那么可能是按天或者按小时单独进行

存放的，此时如果只需要提取某些天（比如周末）的数据，很可能需要处理时间。

因此，下面的一些命令或者工具就很有用了。

date：命令行时间操作函数。

curl/w3m/httpie：命令行下进行网络请求。

seq：产生连续的序列，配合 for 循环使用。

split：对大文件进行切分处理，按多少行一个文件，或者多少字节一个文件。

rename：批量重命名（Ubuntu 上带的 Perl 脚本，其他系统需要安装），使用 -n 命令进行测试。

输出今天 / 昨天的日期字符串：

```
$ date -d today +%Y%m%d
20160320
$ date -d yesterday +%Y%m%d
20160319
```

对 UNIX 秒的处理：

```
# 当前的时间
$ date +%s
1458484275
$ date -d @1458484275
Sun Mar 20 22:31:15 CST 2016
```

06 批量操作

对上面的文件进行了一番探索分析后，你可能已经有一定的线索了，需要更进一步地处理大量的文件或者字段了。此时的步骤也许是一个消耗时间的过程，也许是一个需要看缘分的过程。总之，可能需要综合上面的一些命令，并且对大量的日志进行处理。

这也是体现 Shell 强大的批量化功能的时候了。命令与图形界面相比最大的优势之一就是，只要熟悉了，就很容易实现批量化操作，将这些批量化的命令组合成一个文件，以便产生脚本。

如果你熟悉常用的流程控制语法，批量化命令或者脚本就能发挥出强大的性能。

if 条件判断：

```
# 目录是否存在，不存在则创建
if [ -d ${base_d} ];
    then mkdir -p ${base_d};
fi
```

while 循环：

```
while
do
    do_something;
done < file.list    # 循环读取文件内容，并处理
```

for 循环（用得很多）：

```
# 循环遍历当前目录下所有以 .log.gz 结束的文件
for x in *.log.gz;
do
    gzip -d ${x};
done
```

这几个条件判断与循环可以直接在命令行下使用，但需要在每条语句后面加上分号。

另外，执行长时间的任务，最好直接用 nohup 来操作。关于 nohup，你需要关注一个命令：

```
$ nohup bash script.sh > 1.nohup 2>&1 &
```

将执行结果写入 1.nohup 文件中，错误输出同样重定向到文件 1.nohup 中，最后将程序在后台执行，即使退出当前会话，程序也会继续执行。能完全理解这个命令，则证明 Shell 的基本功比较扎实了。

生成过去 8 天的日期序列：

```
# 通过 date 命令来遍历日期
# 使用 seq 生成 8 到 1 的递减序列
$ for num in `seq 8 -1 1`;do dd=`date --date="${num} day ago"
+%Y%m%d`;echo ${dd};done
20160312
20160313
```

```
20160314
20160315
20160316
20160317
20160318
20160319
```

有目录和文件如下：

```
20160320 目录
    10.1.0.1_20160320*.log.gz    #目录
        201603200000.log.gz          #文件
        201603200010.log.gz          #文件
    10.1.0.2_20160320*.log.gz    #目录
        201603200000.log.gz          #文件
        201603200010.log.gz          #文件
```

需求：去掉目录中的 *.log.gz。用 rename -n 命令进行测试，rename 使用和 sed 相同的替换语法。

```
$ for d in 201603??;do echo ${d}; cd ${d}; rename -n 's/\*\.log\.gz//' *.log.gz ; cd ..;done
```

测试完成后，使用 rename 不加 -n 为真正执行重命名操作。

```
for i in {1..12..2}
do
    echo $i
done
```

最后，在使用 bash 执行脚本的时候，有两个重要参数。

```
bash -x：显示脚本当前执行的命令。
bash -e：严格模式，一旦某条语句的返回值为非零，则终止执行。
```

严格模式很有用，免得引起后续一系列错误，导致出现程序雪崩的情况。因为很多时候在 Shell 脚本中，各步骤是有依赖关系的。否则，可能会因为删除一个未定义变量的目录下的文件，就会导致出现严重错误，如：

```
# 危险，危险，不要测试
$ rm -rf ${undifined_var}/*
# 危险，危险，不要测试
```

07 结语

这里只是简单列举了一些数据分析或者数据处理相关的命令，只能算是 Linux 的 Shell 那博大精深的命令中的冰山一角。但如果能把这些相关的命令融会贯通，并且能实际使用的话，也算是在数据极客之路上向前迈进了一步。

从基础的文件查看到简单的统计，再到一些常用的探索性分析命令，其目的都只是为了更好地做数据分析与挖掘。能综合这些命令并组合起来使用，将命令存放到文件，即产生了 Shell 脚本。Shell 脚本本身也是一门高深的学问，其中各个命令还有每个命令支持的参数，都值得慢慢研究。

0x14 Shell 快捷键，Emacs 之门

01 提高效率

但凡极客，必先追求效率，常以“快”自诩。做事快了，虽不见得效率就高，若辅以准确率，那就真是效率高了。很多时候，在沟通技术问题的时候，当面的效率要高很多，因为说话很快，而在网络上沟通，总会感觉打字跟不上思维的速度。

熟练使用命令行，不仅要熟悉命令，还要能高效地操作命令行。以 Bash 为例，高效操作 Shell，需要掌握一些常用的快捷键。这样，不论是速度，还是效率，都会大大提升。

众所周知，自由软件教主 Richard Stallman 创建了 GNU 项目（GNU 为 GNU is Not UNIX 的缩写）。正是在他的领导下，才有了后来 Linus 把内核 Linux 融入到 GNU 项目中，最终形成了现在最普及的 Linux 操作系统。

Richard Stallman 还有两个非常出名的项目，一个是 Bash，另外一个是 Emacs。这两个也是非常伟大的项目，事实上其中一个已足以确立教主在开源软件界的地位。下图是在 Mac 上启动的 Emacs 界面：

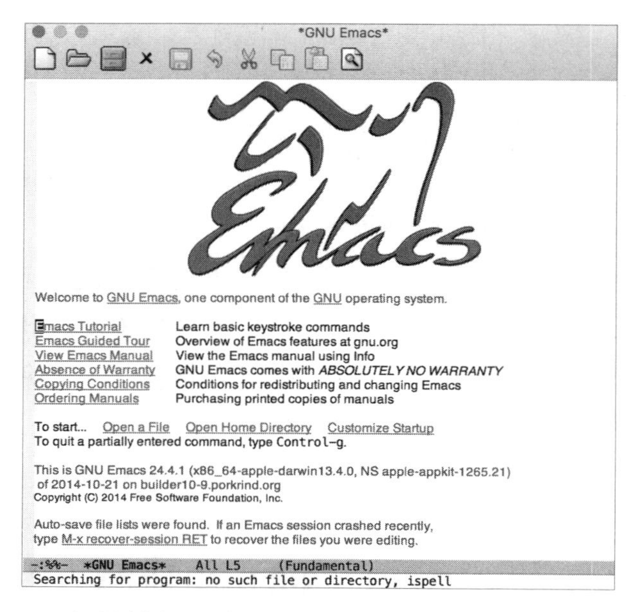

Bash 和 Emacs 都是教主一手主导开发的，从这个角度来看，Bash 和 Emacs 应用会有一些相似和共通之处。下面，先看一下 Bash 的快捷键。要熟练使用 Bash 快捷键，主要涉及：光标移动、文本编辑和命令搜索这几大主要的功能。

02 光标移动

在 Bash 中，执行一条命令后，常常发现需要进行修改，通常的做法是使用方向键来左右定位光标，但高效的做法是使用 Bash 的快捷键。

光标移动是最常用的操作，因为不论是修改还是删除，都需要先定位光标的位置，常用的光标移动快捷键如下所示。

```
Ctrl + A: 回到行首
Ctrl + E: 回到行尾
Ctrl + B: 光标向后移动 1 个字符（左）
Ctrl + F: 光标向前移动 1 个字符（右）
Alt + B: 光标向后移动 1 个字（word）
Alt + F: 光标向前移动 1 个字（word）
```

有一个需要注意的地方，字与字符的区别，在 Bash 与 Emacs 中，一个字符（char）就是一个英文字符或者一个中文汉字，与字符相关的操作通常是辅以 Ctrl 键。而字（word），在英文中就是一个单词，中文就是以标点或者空格分隔的一串汉字，与字相关的操作，通常辅以 Alt 键。

做为辅助记忆，可能理解为 Ctrl 键对应字符（char）操作，而 Alt 键对应字（word）操作。记住这个，对学习后面的 Bash 快捷键与 Emacs 入门都很重要。

另外，必须说一下，Bash 中使用的这些快捷键，基本都有一定的道理或者是易于记忆的。对于记忆来说，基本上都会采用英文单词的首字母，如 A 表示行首位置，取其在字母表中第一的位置。而 E 为 End，表示行尾。B 为 Back，用于“后退”，相对于命令行编辑来说，后退就是向左移动光标。而 F 为 Foward，用于“前进”，即将光标向右移动。

打开一个 Bash 程序，测试一下，熟悉一下这几个快捷键的用法，感觉一下手指不离开主键盘区域便可以移动光标的感觉。

对于初学者，可能觉得这还不如使用方向键来得快，但是相信我，一旦熟练使用后，你就再也离不开这些快捷键了，因为它带给你的是一种全新的体验，是一种速度与效率上的完全提升。

另外，如果使用 Zsh 的话，这些快捷键也都是可以使用的，因为 Bash 的占有率太高了，而其用户根本离不开这些强大的快捷操作，导致 Zsh 在设计之时就完全兼容 Bash 的快捷键。

03 文本编辑

移动光标到需要的位置后，通常会进行编辑操作。如果是插入新单词，直接输入即可；如果需要删除或者粘贴内容，也有一些快捷键可供使用。

删除（剪切）操作的快捷键如下所示。

```
Ctrl + D: 剪切（光标上）一个字符
Alt + D: 剪切（光标上）一个字
Backspace: 剪切（光标左边）一个字符
Ctrl + W或者Alt + Backspace: 剪切（往后）一个字
Ctrl + K: 剪切光标到行尾的所有字符
Ctrl + U: 剪切光标到行首的所有字符
```

上面几个快捷键也很好理解，如果不太理解，直接操作一下就能明白了。唯一需要注意的是，当前要删除的词在光标的哪一侧。删除一个字的操作，如果是向后删除（向左边删除），两个快捷键都可以使用。

上面把删除与剪切混在一起说，是因为实际上所有的删除都是剪切操作。这也是编辑器 Vim 和 Emacs 才有的概念，没有删除操作，删除只是做剪切。因为删除的内容会放在一个环（kill-ring）里面保存起来，在后面可以取出其中的内容进行粘贴。

粘贴操作的快捷键如下所示。

```
Ctrl + Y: 粘贴
Alt + Y: 在 kill-ring 中循环往后取数据，粘贴到当前，需要与 Ctrl+Y 进行配合使用
```

理解删除就是剪切操作后，就可以将刚刚删除的内容进行粘贴了，如果需要粘贴的是倒数第二次删除的内容，按下 Ctrl+Y 组合键之后，再按 Alt+Y 组合键，就会粘贴倒数第二次的内容，再按 Alt+Y 组合键就会再往前取删除的数据，依次进行。

这样形式的删除与粘贴，是专业的编辑器才会有的概念，这是需要彻底理解的内容，可以不断地进行尝试。

除此之外，还有几个特殊的编辑操作，也是很常用的。

```
Ctrl + T: 交换当前字符和前一字符
Alt + T: 交换当前字和前一字
Alt + L: 将当前单词小写
Alt + U: 将当前单词大写
Ctrl + V TAB: 插入一个 Tab
Ctrl + V M: 插入 ^M 符号（回车换行）
```

这些快捷键是快速编辑命令的基础，也不难理解，只是需要多次操作。形成惯性后，根本不用想，就可以快速编码。

04 命令搜索

执行完一条命令后，出现报错，需要修正一下再执行，或者需要快速定位到一个小时之前执行的某条命令，这就要涉及命令搜索了。命令搜索在实际操作中是最能提升工作效率的，就算你觉得上面的那些移动光标与编辑操作太复杂且用处不大，你可以不需要掌握，但命令搜索，绝对是值得你学习的。

与搜索相关的快捷键如下所示。

```
Ctrl + P (Previous): 上一条命令
Ctrl + N (Next): 下一条命令
Ctrl + R (Reverse): 反向搜索执行过的命令
Alt + < (Begin): 缓冲中最开始的一条命令
Alt + > (End): 最后执行的一条命令
```

Ctrl+P 是直接列出上一条刚执行过的命令，对于命令执行报错的情况非常实用，修改一下再执行看结果。

最能提升效率的是 Ctrl+R 快捷键，即在曾经执行过的命令中，通过关键字符来搜索，从而快速找到曾经执行过的命令。或者是再执行一次，或者是修改后再执行，都非常方便。

在搜索过程中，如果发现错过了，可以使用 Ctrl+S 向前（更近的命令）搜索。因为当前的命令为最后一条命令，所以通常都会使用 Ctrl+R 向后（更早的命令）搜索。

也可以使用 Alt+< 定位到最早的一条命令，此时如果需要搜索，就需要使用 Ctrl+S 来向前搜索，因为没有更早的命令了。使用 Alt+> 可定位到最后执行的一条命令。

最后，再介绍两个非常常用且实用的快捷键。

```
Ctrl + L: 清屏(clear 命令)
Alt + .: 获取上一命令的最后一个参数
```

清屏操作，其命令为 clear，但 5 个字符的命令，实在没有必要。最常使用的快捷键就是 Ctrl+L 了。

Alt+. 这个快捷键，非常有用且常用。比如，使用 mkdir 建立了一个目录，需要进入这个目录，此时输入 cd 后，再使用 Alt+.，会发现立刻补全了刚刚建立的目录名。类似还有，需要打开或者运行创建的脚本，都会经常使用这个快捷键。

05 Emacs 入门

如果你是从本节开头一直坚持看到这儿，那么，恭喜你，你的 Emacs 已经入门了。因为，上面的那些 Bash 快捷键，就是 Emacs 中最基础的内容。如果你只是机缘巧合跳到这儿来的，那么请从本节开头看起。

这也是前面说过的，Bash 和 Emacs 的渊源之处，由同一人设计，没有理由不互相借用优秀的设计。因此，更为准确地说，可以把 Bash 看成只有一行的 Emacs，其中的光标移动、编辑操作都是默认 Emacs 的操作风格。而 Bash 中的命令搜索，即来自 Emacs 中的文本搜索。

谈到 Vim 和 Emacs，很多时候，两派用户会相互攻击，都说对方的不好，史称 Vim 与 Emacs 的“圣战”。其实，不论别人的意见如何，最终都需要自己去感受。我只想说，它们有一个共同的特点，即学习曲线非常陡峭，不专门花时间学习，是根本连门都入不了的，更不用说高效地写代码了。

一旦过了最初的入门阶段，后面就顺利多了，也会越用越想用，越用越会用。我的亲身经历是，最初决定用一年的时间来学习 Emacs，但实际上，间断性学习一两个月就已经能比较熟练地使用了，而高级的配置，后面再慢慢学。

曾经带过的一个 5 人小组，小组成员后来全部从 Vim 转向用 Emacs 了。只要有信心，坚持练习使用，不出一月，定能上手。

除了光标移动、文本编辑与搜索外，作为一个基础性的 Emacs 入门，有必要再完善一些说明。

进入与退出的相关命令如下所示。

```
进入：emacs -nw（通常会在 .bashrc 中建立 alias e='emacs -nw'，直接使用 e 即可）
退出：C-X C-C
保存文件：C-X C-S(Save)
打开文件：C-X C-F(Find)
只关闭当前文件：C-X K(Kill)
取消当前输入的命令：C-G(任何时候都有效)
```

真正进入 Emacs 的世界，会发现其中充满了各种复杂的快捷键，而不仅仅是一些简单的。需要注意一些文档中的写法，比如 C-X C-H 和 C-X H 这两种写法，它们是有区别的，第一种是一直要按住 Ctrl 键，先按 X 键，再接着按 H 键，而第二种写法，是先按 Ctrl 加 X 组合键，然后放开 Ctrl 键，再按 H 键。

屏幕与缓冲区的相关命令如下所示。

```
关闭其他屏： C-X 1
```

```
左右分屏：C-X 3
上下分屏：C-X 2
跳到其他屏：C-X 0
打开缓冲区文件列表：C-X B
定位缓冲区下一文件：C-S
定位缓冲区上一文件：C-R
```

06 Emacs 思维

不论是否学习或者使用 Emacs，要想熟练使用 Bash，掌握其快捷键是非常必要的。如果掌握了 Emacs 的快捷键操作，配合 Mac 系统，一定能提升平时的工作效率，关于 Mac 与 Emacs 的相关内容，请参阅“缘起 Linux，一入 Mac 误终身”一节。

要想成为 Emacs 高手，必须熟练操作前面介绍的基础部分知识。熟悉了基础快捷键的使用，就可以进行个性配置与插件配置了。

Emacs 和 Vim 有一个非常大的区别，Emacs 非常依赖配置文件，而 Vim 通常只需要少量的配置即可很好地使用。Emacs 如果要放歌，也可以通过添加一个插件来实现。而如果要将 Emacs 配置成为 Python 的开发环境，有很多项是必须要进行配置的。都说一千个人眼中有一千个哈姆雷特，这话用到 Emacs 配置上，同样适用，一千个 Emacs 用户就会有一千种不同的配置文件。本节只介绍一些基础知识，配置与插件是 Emacs 中的高级部分，如果你已经入门，可自行去探索。

我一直感觉，我不能同时接受 Python 与 Ruby，就像我不能同时接受 Emacs 与 Vim 一样，它们似乎有着不同的文化。也许，最主要的问题是思维与习惯的定势，习惯了 Emacs 的快捷键，就不太习惯 Vim 的命令了，用起来总是很别扭。

也许以后某一天，我能去掉这样的分别心，把它们同时融入进来。

Emacs 虽然强大，虽然方便，虽然是神级编辑器，可是 Emacs 也伤左手小指，尤其是在没有将 Ctrl 和 Tab 替换的时候，替换后要好很多。

熟悉五笔输入法的人，敲“emacs”时会打出“悬崖勒马”，可见，Emacs 这个神级编辑器已经告诉你了，不可执迷不悟，要及时悬崖勒马。

0x15 缘起 Linux，一入 Mac 误终身

01 开源生万物

谈起开源，必须要说到自由软件的教主 Richard Stallman，他一手领导了自由软件运动，创建了 GNU（Gnu is Not UNIX）项目。因为 GNU，大家今天才能使用到如此多的自由软件和开源软件，也才会有如今 Linux 的地位。除了自由软件运动，他还亲自开发了如今最受程序员喜欢的两大编程器之一的 Emacs。

对电脑软件认识的三个境界是：不知道收费；知道收费；知道不收费。不知道收费的人是对软件使用的根本无明，知道收费的人是对软件认识的一大跃升，直到接触开源，知道了开源软件不收费后，才是真正的入门。

人生也有三个境界：看山是山，看水是水；看山不是山，看水不是水；看山还是山，看水还是水。由开源而来的哲学，带领人们不断地追寻着软件世界的真理。使用看似复杂的命令行，却能非常高效地完成任务；追求小而美的 KISS（Keep it Simple，Stupid）哲学，追求工具的组合使用的 Pipeline 哲学，以及派生出来的分布式哲学，这些能让程序员真正去追寻那第三层“看山还是山，看水还是水”的境界。

如今，开源是世界的根，也是程序员的命。那么问题来了：待你长发及腰，借我开源可好？

02 有钱就换 Mac

苹果公司前总裁乔布斯是贤动千佛中的金刚慧佛，由他创造的 iPod、iPhone 和 Mac 等，在多个方面，都引领着世界的潮流。

不可否认，曾痴迷于 Linux，折腾各种定制与个性的东西。从 rpm 系的 RedHat、openSUSE 和 CentOS，到 deb 系的 Ubuntu 和 Debian，再到编译系的 Arch 和 Funtoo，后来一段时间又转投安全系的 BackTrack，几年时间，乐此不疲。桌面环境也从 KDE，到 Gnome，再到平铺桌面 i3、Qtile。

期间，对 Linux 的认识也从最开始的试探到真正为自己服务，且已经离不开 Linux 了。只是，到最后不想折腾了，就固定使用 Minit 加平铺桌面 Qtile。习惯了

Qtile 的全键盘的快捷键操作，就很难习惯传统的桌面环境了。

似乎，最后还是逃不出一个魔咒：Linux 用户有钱就换 Mac。当时换 Mac 倒还真不是因为有钱，而是想看看 iOS 相关的技术。受某业界名人的文章《先有 Mac 还是先有钱？》的影响，分期付款入手一台 Pro。

Mac 给人的第一印象就是漂亮与简洁。光有漂亮的外表，也许三天过后就是看腻。但简洁，却对人是长久有益的。

而程序员正是这样一群头脑复杂的人，因此他们对简洁有着同样的心理需求。

正式从 Linux 切换到 Mac 的世界。这一换，却再也无法舍弃 Mac 了。我所需要的，Mac 都已经提供，而且支持得很好。

03 程序员需求

如果需要强大的 Shell 功能，Mac 基于 UNIX，和 Linux 师出同门，强大的 Shell 保证了工作效率和习惯。搭配上强大的 Item2 终端和 Zsh 加自定义的 Oh-My-Zsh 环境，再也不担心换 Mac 后的效率问题了。

如果需要进行一些脚本的开发和测试，同样得益于 UNIX 的传统，所有的 Python、Ruby，Shell 命令都能很好甚至完美地支持。需要做的事情，通常只是一个 brew 命令而已。比如，当需要 GNU 提供的 awk 版本，而不是原始的 awk 版本时，brew install gawk 即可解决。

对于程序开发，Vim 与 Emacs 这两大编程器，也非常完美地支持 Mac，甚至还有专门针对 Mac 做的优化版本。如果需要版本控制，如 SVN 或者 git，都仅仅是一个命令即可安装，使用上与 Linux 环境完全一致。

如果需要全键盘的快捷键，alfred2 可以调出系统中任意的程序。对一些常用的应用，还可以自定义快捷键。强大的触摸板，支持三指切换工作界面，网页上下左右滚动浏览。用过 Mac 的触摸板，我才感叹，我原来用的那些也能叫触摸板？在 Linux 中用平铺桌面后，就已经习惯于不用鼠标，在如今的 Mac 环境中，自然更加如鱼得水。

如果需要长时间写代码，用过 retina 视网膜屏幕后，看其他屏幕总还是感觉眼睛不习惯。这对不戴眼镜的程序员而言，应该算是对眼睛的一种保护方式吧。

长时间写程序，可不能写着写着突然没电关机了，尤其是对上班族来说，晚上回家难免还会做些事情，充足的电量很重要。写代码和浏览网页通常可支持 5、6 个小时，因此，把电源放在公司又成为一种习惯。下班合上电脑就走，回家打开电脑继续工作，你都不需要关机。

如果还需要开发移动端的 APP 应用，那 Mac 也是最好的选择。除了苹果自家 iOS 应用的 Object-C 和 Swift 外，Mac 对 Android 支持同样很好。公司中两个做 Android 开发的同事，同样用的是 Mac 环境。

如果还需要做一些 Linux 系统调用相关的开发，那么，Mac 可能并不能完全满足你，或许你还需要一个 Docker 环境或者用 VirtualBox/Paralles 安装一个 Linux 虚拟机。

04 非程序员需求

也许你并不是程序员，也不曾用过 Linux，对那些复杂的技术没有兴趣。但你对简捷性和一致性有着强烈追求。你不想折腾系统，不想安装杀毒软件，不会重装系统。这些也正是 Mac 的优点，你不需要考虑安装驱动程序，当你想要安装一些自己需要的程序时，通常也是下载下来直接双击安装，或者拖到相应的目录即可运行。

强大的 Time Machine，做系统完整的备份非常方便。神奇的空格键，可以预览一切：文本文件、PDF 文件、图片、目录、压缩文件。或许你是做艺术相关的创作，需要专业领域的软件，那么，Mac 在艺术圈的地位估计同样没有其他机器能企及。因为，Mac 本身就是一件艺术品。只是，一些优秀的软件，需要花点钱而已。

国内软件厂商普遍对 Linux 不够重视，如果需要使用国内主流软件，此时，Mac 便能完胜 Linux 了。比如 QQ、爱奇艺、优酷、百度云盘、有道词典、网易云音乐、搜狗拼音 / 五笔、搜狐视频、酷狗音乐等，这些软件都有原生的 Mac 版本。此处并非证明 Mac 本身好，只能说明 Mac 的生态系统好，国内大部分厂商可能都只是开发 iPhone 版本的软件后，顺便把它移植到 Mac 版本而已。

Mac 版本的 QQ 非常干净，如果只用于保持工作中的联系，那是最适合不过了。悄悄告诉你，如果平时喜欢用爱奇艺看视频，Mac 版本的爱奇艺与优酷客户端目前都没有广告，对视频爱好者来说，这是一个不小的诱惑。

诚然，Mac 上有很多软件都是收费的，但因为收费，其软件质量确实很高。比如密码管理软件 1password、思维导图软件 SimpleMind 和 MindNode，这些帮助提升效率的软件，如果经济允许，是值得购买的。

Mac 也并非适合所有人，从传统的 Windows 环境转过来，还是需要花上一些时间来适应和习惯的，要习惯找不到 C 盘和 D 盘，习惯少用鼠标右键。不过，只要习惯后，你会喜欢上这件艺术品，因此，Mac 值得你付出时间。

iPhone 手机与 Android 的差距越来越小，甚至 Android 手机有一部分功能，已经比苹果更好用了。但 Mac 电脑的体验，还是领先其他电脑不少。

另外，需要知道，Mac 的硬盘容量通常不算大，一般只有 128GB 或者 256GB。

Mac 并非身份的象征，喜欢它就好好用，用于工作、生活，提高你的效率；不喜欢就看别人用，不要认为在不喜欢的前提下，Mac 能很好地解决你的问题。

05 一入 Mac 误终身

Mac 虽然算不上开源软件，但因为其纯正的血统与对开源生态的支持，几乎可以被当作界面更友好、生态更丰富的 Linux 来使用。

在开源界，凡是有用的软件，必然会有很多人来改进，甚至是推出功能更强大、更加方便易用的替代品，因此，不要限制自己的思维，只要你敢想。

Mac 的缺点是无法给你完全的可控性，在 Mac 上，有些东西并没有替代品。

用过 Mac 之后你会发现，它天生带有神奇的 Readline 风格——简单说就是无所不在的 Emacs 快捷键。这对 Emacs 爱好者来说，真是欲罢不能啊。有多年 Emacs 习惯的用户，会条件反射地处处用 Ctrl+A（光标回到行首）和 Ctrl+P（光标向下移动一行）等快捷键。在 Mac 中，几乎所有的文本编辑区域都天生支持这些快捷键，而且支持得很好。

Mac 的默认键盘布局，对 Emacs 爱好者的左手的小指有些不友善，Control 不在左下角，经常还会按错。于是将 Control 和 Caps Lock 进行了替换，在 Emacs 中，Alt 也是最常用的键，因此和 Command 进行了替换。直接使用系统进行全局设置即可进行修改，设置菜单为：System Preferences... ⇨Keyboard ⇨Keyboard ⇨ Modifier Keys...，效果如下图所示。

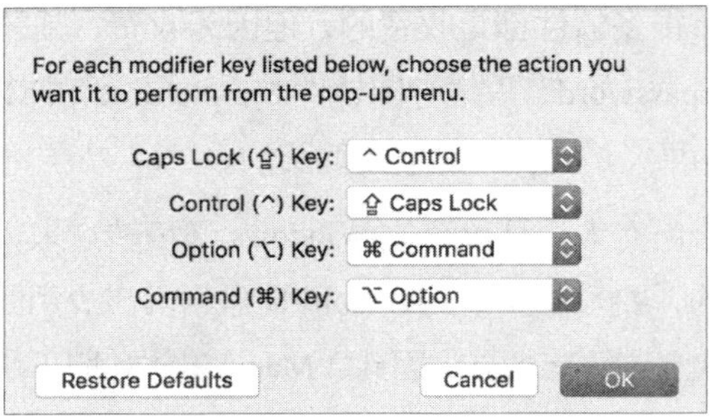

For each modifier key listed below, choose the action you want it to perform from the pop-up menu.

Caps Lock (⇪) Key: ^ Control
Control (^) Key: ⇪ Caps Lock
Option (⌥) Key: ⌘ Command
Command (⌘) Key: ⌥ Option

Restore Defaults　Cancel　OK

做了上面这两对控制键的替换后，你会发现你连其他一般的 Mac 系统，可能都已经用不习惯了。自然，别人也很难用你配置过的系统。相信我，如果你是强烈的 Emacs 爱好者，花一些时间进行习惯，你一定会喜欢这样的配置。

正如《神雕侠侣》中的场景：风陵渡口初相遇，一见杨过误终身。Linux 之后初相遇，一入 Mac 误终身。

0x16　大成就者，集群安装

01 离线安装

如今，无论是云计算，还是移动互联网，几乎都离不开 Hadoop 集群。

要想快速搭建好所需要的大数据环境，包含 Hadoop、Hive、HBase、Spark 等组件，选择一个 Hadoop 发行版本是非常必要的。本实例中以 100% 基于开源组件的 Hortonworks 出的 HDP2 为例，搭建其最新的 2.4 版本。对于 Cloudera 出的 CDH5，也基本类似。至于为什么最好使用发行版本，以及各发行版本之间的区别，请参阅“大无所大，生态框架”一节。

搭建一个最小规模的真实分布式集群，建议最少使用 3 台机器。如果是小团队、小规模环境，最好使用云主机。配置好云主机的基础环境，挂载数据盘，将盘挂载到 /data 目录，以备后面使用。

安装集群，不得不说的一点就是国内的网络速度问题，访问 Hortonworks 的速度太慢了，而且中间有各种不稳定的情况，因此采用离线的方式，既能保证安装成功，也能减少太多的等待时间。

离线安装的要点如下：

```
1. 假设服务器无网络环境，或者其中只有一台能上外网，或者上外网的速度慢到相
   当于无网络。
2. 下载离线数据包，解压到其中一台机器上，开启 Web 服务，其他机器能访问内网。
3. 配置 Ubuntu 系统的基础环境，包含 SSH 登录与 JDK 环境。
4. 配置 Ubuntu 的源，指向 Web 机器，安装 ambari-server 服务。
5. 通过ambari-server的Web界面，安装所有Hadoop组件，安装成功后启动即可。
```

在本例中，以 64 位的 Ubuntu 14.04 环境为例，目前发现在 Ubuntu 环境中，HDP 2.4 不支持 hue 服务，有一点小小的遗憾。当然，你也可以选择 CentOS 等其他的系统环境。

02 Host 与 SSH 配置

基础环境，主要是配置 Linux 的基础环境，包括主机名、SSH 配置与 JDK 环境，这些都是集群的必备基础环境。

安装集群，最少使用 3 台机器，配置各机器的 /etc/hostname 文件，分别设置为 cdm1、cdm2、cdm3。如果想不重启就应用主机名，需要再分别使用 hostname 命令设置一次。再配置 /etc/hosts 文件，保证各主机之间的通信，内容如下：

```
127.0.0.1 localhost
127.0.1.1 localhost.localdomain localhost
10.1.2.3 cdm1.jogpy.cn cdm1
10.3.4.5 cdm2.jogpy.cn cdm2
10.5.6.7 cdm3.jogpy.cn cdm3
```

重点是后面三行，前面的 IP 地址请根据实际情况进行修改。中间的域名可以随便写，只用于内网通信。

配置各节点之间相互的无密码登录，即证书登录。如下命令可生成证书：

```
$ ssh-keygen  # 一路按回车键，不需要修改
```

生成的证书目录的位置为 ~/.ssh，其中的 id_rsa.pub 是公钥，用于发给别人和传到其他服务器上，而 id_ras（不带后缀名）为用户的私钥，顾名思义，就是私人的东西，不能给别人。因此，保管好自己的私钥，不要让黑客知道。

假设在 cdm1 机器上生成了公钥与私钥后，将公钥添加到 cdm2 机器上的文件 ~/.ssh/authorized 中，即可以从 cdm1 机器无密码登录到 cdm2 了。但反过来从 cdm2 登录 cdm1 还需要密码。需要将 cdm2 机器的公钥添加到 cdm1 机器的 ~/.ssh/authorized 文件中才行。用同样的方法，设置让 3 台机器之间能相互不需要密码即可登录。

很多人在配置这步的时候，会遇到配置不成功的情况，其中最重要的就是权限问题没有解决好。涉及安全问题，下面几个文件的权限是固定的，如果不对就不会成功。

```
~/.ssh 目录权限必须是 0700。
~/.ssh/id_rsa 文件的权限是 0600。
~/.ssh/authorized_key 文件的权限是 0644。
```

为了能批量执行命令，在 3 台机器上使用 apt 安装 pdsh：

```
$ sudo apt-get install -y pdsh
```

在 cdm1 机器上，配置以下两个文件：

```
# 文件 ~/.wcoll
cdm[1-3]

# 文件 ~/.bashrc
export PDSH_RCMD_TYPE=ssh
export WCOLL=~/.wcoll
```

使用命令 source ~/.bashrc 重载配置文件 ~/.bashrc，成功执行如下命令即可：

```
$ pdsh date
cdm1: Mon Jun 20 14:50:22 CST 2016
cdm2: Mon Jun 20 14:50:22 CST 2016
cdm3: Mon Jun 20 14:50:22 CST 2016
```

以后就可以在 cdm1 机器上，使用 pdsh 批量执行命令了。也可以使用 pdcp 命令，将 cmd1 机器的 /etc/hosts 同步到其他两台机器：

```
$ pdcp /etc/hosts /etc/hosts
```

修正集群 SSH 无密码登录环境的，不用输入 yes/no，否则需要手动连接每台机器的域名。

03 sudo 与 JDK 环境

在 3 台机器上添加一个普通用户，在 cdm1 机器上执行（凡是涉及 pdsh，都是指在 cmd1 机器上执行）：

```
$ pdsh "groupadd cdata && useradd -s /bin/bash -m -g cdata dmply"
```

因为后面的主要用户是 dmply，但 Hadoop 需要其他很多权限，需要 sudo 权限，而且要求无密码 sudo，所以必须配置 dmply 无密码 sudo。

```
# 给文件增加写权限
$ pdsh "chmod +w /etc/sudoers"

# 在文件 /etc/sudoers 后添加一行：dmply ALL=(ALL) NOPASSWD:ALL
$ pdsh "echo 'dmply ALL=(ALL) NOPASSWD:ALL' >> /etc/sudoers"

$ pdsh "chmod -w /etc/sudoers"
```

因为后面全部是基于这个 dmply 用户的，也请在此用户下配置相应的证书和 pdsh。切换到 dmply 用户，查看无密码 sudo 配置是否成功：

```
$ su - dmply
$ pdsh "sudo id"
cdm2: uid=0(root) gid=0(root) groups=0(root)
cdm1: uid=0(root) gid=0(root) groups=0(root)
cdm3: uid=0(root) gid=0(root) groups=0(root)
```

配置好前面的各种环境，还要安装 JDK 环境，JDK 1.7 版本目前官方已经不维护了，可下载最新版本 JDK 1.8：

```
$ wget --no-check-certificate --no-cookies --header "Cookie: oraclelicense=accept-securebackup-cookie"
http://download.oracle.com/otn-pub/java/jdk/8u91-b14/jdk-8u91-linux-x64.tar.gz
```

同步到 3 台机器，解压：

```
$ pdcp jdk-8u91-linux-x64.tar.gz .
$ pdsh "tar xvf jdk-8u91-linux-x64.tar.gz"
```

```
$ pdsh "sudo mv jdk1.8.0_91 /opt"
$ pdsh "sudo ln -s /opt/jdk1.8.0_91 /opt/jdk"
```

为了当前用户能找到Java命令，集群能找到JDK的路径，还需要下面的配置：

```
# 创建 Java 的符号链接
$ pdsh "sudo ln -s /opt/jdk/bin/java /usr/bin/"

# 创建 JDK 的符号链接
$ pdsh "sudo mkdir /usr/java"
$ pdsh "sudo ln -s /opt/jdk1.8.0_91 /usr/java/jdk1.8"
```

04 准备 Hadoop 包

假设一台机器的 IP 为 10.1.2.3，在其上下载 3 个大文件，以备使用，下载比较费时，因为 HDP 已经达到 10GB 了：

```
# down.sh
nohup wget -c http://public-repo-1.hortonworks.com/ambari/
ubuntu14/2.x/updates/2.2.2.0/ambari-2.2.2.0-ubuntu14.tar.gz >
1.log 2>&1 &

nohup wget -c http://public-repo-1.hortonworks.com/HDP/
ubuntu14/2.x/updates/2.4.2.0/HDP-2.4.2.0-ubuntu14-deb.tar.gz >
2.log 2>&1 &

nohup wget -c http://public-repo-1.hortonworks.com/HDP-
UTILS-1.1.0.20/repos/ubuntu14/HDP-UTILS-1.1.0.20-ubuntu14.tar.
gz > 3.log 2>&1 &
```

下载成功后，解压 3 个文件到某个目录，文件与目录如下：

```
$ ls
AMBARI-2.2.2.0/
ambari-2.2.2.0-ubuntu14.tar.gz
HDP/
HDP-2.4.2.0-ubuntu14-deb.tar.gz
HDP-UTILS-1.1.0.20/
HDP-UTILS-1.1.0.20-ubuntu14.tar.gz
```

05 开启 HTTP 与配置源

在解压的目录下运行 HTTP 服务，不需要 Apache，也不需要 Nginx 以及它们的各种配置，使用一个命令即可：

```
$ python -m SimpleHTTPServer
```

看提示，已经开启了 8000 端口，Web 的根目录就为当前目录。

在另外一台机器（也可以就是当前机器）上安装 Ambari 服务，添加官方源：

```
$ wget -nv http://public-repo-1.hortonworks.com/ambari/
ubuntu14/2.x/updates/2.2.2.0/ambari.list -O /etc/apt/sources.list.
d/ambari.list
# 添加证书（所有机器）
$ apt-key adv --recv-keys --keyserver keyserver.ubuntu.com
B9733A7A07513CAD
```

修改下载的官方源配置文件 /etc/apt/sources.list.d/ambari.list：

```
# VERSION_NUMBER=2.2.1.0-161
# deb http://public-repo-1.hortonworks.com/ambari/ubuntu14/
2.x/updates/2.2.1.0 Ambari main

# 注释掉上面一行，添加下面这一行
deb http://10.1.2.3:8000/AMBARI-2.2.2.0/ubuntu14/2.2.2.0-460 Ambari main
```

其中地址 http://10.1.2.3:8000 即是上面的那台开启 HTTP 服务的内网机器。后面跟的目录，可以根据前面解压后的具体目录来修改。

06 安装 ambari-server

更新源并安装程序：

```
$ sudo apt-get update
$ sudo apt-get install ambari-server
```

配置 Ambari 服务：

```
$ sudo ambari-server
```

```
# 安装2.5.0
$ sudo ambari-server setup
```

其中需要设置自定义JDK版本，填写JAVA_HOME的路径，根据前面的JDK路径来设置，比如：/opt/jdk。

安装好ambari-server后，需要启动服务，才能使用Ambari安装Hadoop组件：

```
$ sudo ambari-server start
```

访问Web界面：

```
http://ip:8080
使用默认的admin/admin登录。
```

07 后续服务安装

需要注意的是，在选择版本的下面，需要修改安装源。比如在本案例中，只需要修改Ubuntu 14的配置：

```
# http://public-repo-1.hortonworks.com/HDP/ubuntu14/2.x/
updates/2.4.2.0
http://10.1.2.3:8000/HDP/ubuntu14/2.x/updates/2.4.2.0
# http://public-repo-1.hortonworks.com/HDP-UTILS-1.1.0.20/
repos/ubuntu12
http://10.1.2.3:8000/HDP-UTILS-1.1.0.20/repos/ubuntu14
```

注释部分为HDP 2.4的默认官方源，用前面的内网源进行替换即可。不配置这个步骤，就会去官网下载文件，没有达到离线的效果。

配置主机名，将前面/etc/hosts中的域名字段拿出来填上即可，可以使用如图所示的模式匹配、私钥（此处需要用私钥）和具有无密码sudo的用户名，如下图所示。

Target Hosts

Enter a list of hosts using the Fully Qualified Domain Name (FQDN), one per line. Or use Pattern Expressions

cdm[1-3].jsogy.cn

Host Registration Information

Provide your SSH Private Key to automatically register hosts

Choose File　id_rsa

```
-----BEGIN RSA PRIVATE KEY-----
MIIEogIBAAKCAQEA0q3vJ1Nr8syhETcVP+WfrsZ6PHWAfxvtfAUUYer8fKBSQkN
m
```

SSH User Account　dmply

配置好后，进入下一步，可看到如下图所示的 Success 界面，说明前期环境全部配置完成，否则，需要返回再检查与修改。

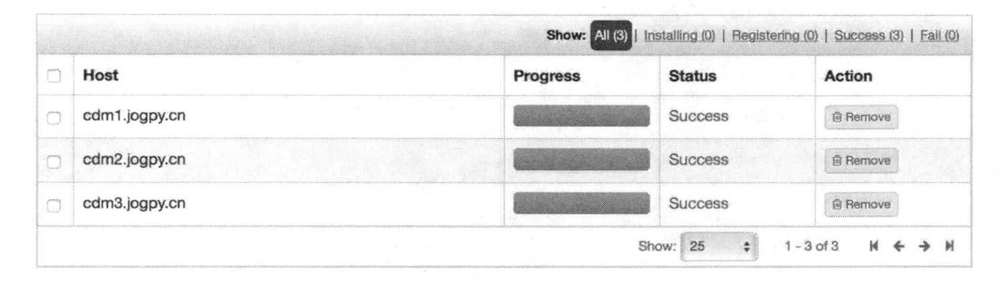

如果之前安装过 Ambari，可能会注册不成功，那么在所有节点都执行以下命令：

```
$ ambari-agent stop
$ ambari-agent reset
```

解决 THP（Transparent Huge Pages）的问题：

```
# echo never > /sys/kernel/mm/transparent_hugepage/defrag
# echo never > /sys/kernel/mm/transparent_hugepage/enabled
# 并将上面这两条命令写入 /etc/rc.local 文件，重启后即可生效
```

继续下一步，就是简单地选择安装服务了，根据自己的需要，建议不安装下面列出的服务：

```
pig, oozie, falcon, storm, accumulo, atlas, knox, slider
```

安装过程中不能兼容 CDH5 的环境，脚本程序会自动进行清理。另外，有几个密码需要配置，配置信息如下：

```
hive/hive
Grafana/Grafana
Sense/Sense
```

配置好这些服务后，还会进行最后的几个选择。比如 DataNode，一定要把 3 台机器都选上，向右拖到最后，最好在 3 台机器上安装所有的客户端。如果忘记选择安装客户端，后面也可以在每台主机上单独进行安装。

成功安装的截图如下图所示。

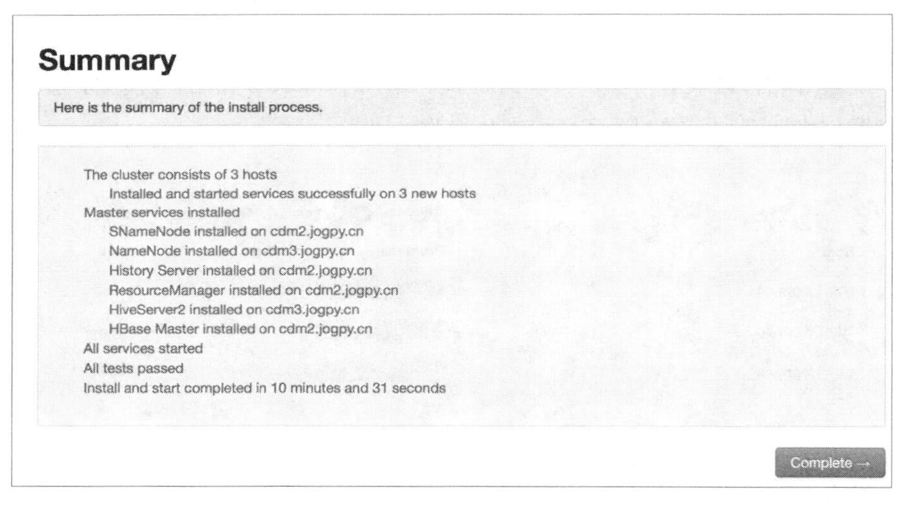

安装好后，关闭前面的使用 Python 打开的 HTTP 服务即可。

08 结语

就是这么简单，就是这么方便。从此开始，进入你的大数据之旅吧！

学习 Linux 的目的就是为了实用，Linux 本身就是一个基础系统，在上面搭建一个集群环境，就是作为 Linux 学习的集大成者，能动手安装一个集群，也算入 Linux 的门了。

0x2 Python，道法自然

0x20 Python，灵犀一指

武侠，是成人的童话。江湖，是门派的斗争。要想在江湖中闯出名号，称手的兵器很有必要。数据科学已经开山立派，Python 便在其中独领风骚。

如果你还认为 Python 是非主流语言的话，请关注一下 Python 生态圈。当今，Python 最热的领域，估计非数据分析、数据挖掘莫属了！

Python 既然是一条大蟒蛇，自然算是编程语言中很有灵性的了。

蛇有灵性，蟒蛇更甚。青城山下的一条白蛇修行千年终得人身，由此可见，蛇有强大的灵性，而且还告诉我们一个道理：修得人身很难啊！

佛法有云：生中国难，得人身难，闻佛法难，生信心难。（注：中国，原指印度，中心之国。）

今既得人身，又闻佛法，且学 Python，自然得为维护世界和平做点贡献吧！

Python 的语法是那么自然，那么优雅，简直可以当成一门自然语言来掌握。而功能又是那么强大，远远超过以往大家对脚本语言的认识。

之所以可理解成是一门自然语言，是因为一旦掌握，终生有用。无论是软件测试，还是开发，还是安全分析，还是数据分析，只要你的工作还和互联网相关，基本上都可以用到 Python。

人类往往喜欢简洁，大自然更喜欢优雅，一门合乎人性、合乎自然的语言，岂有不学之理？学好了 Python，就相当于掌握了陆小凤的“灵犀一指”，无论对手使用的是什么兵器，刀剑鞭矛，都能用右手食指和中指一下夹住，使其不能动弹。

> 遇到 PHP 或者 Rails 说，我可以做网站，你说，我有 Python。
> 遇到 Java 说，我可以写 Map-Reduce，你说，我有 Python。
> 遇到 Scala 说，我可以写 Spark 程序，你说，我有 Python。
> 遇到 R 说，我可以做数据分析，你说，我有 Python。

下面是本章的知识图谱：

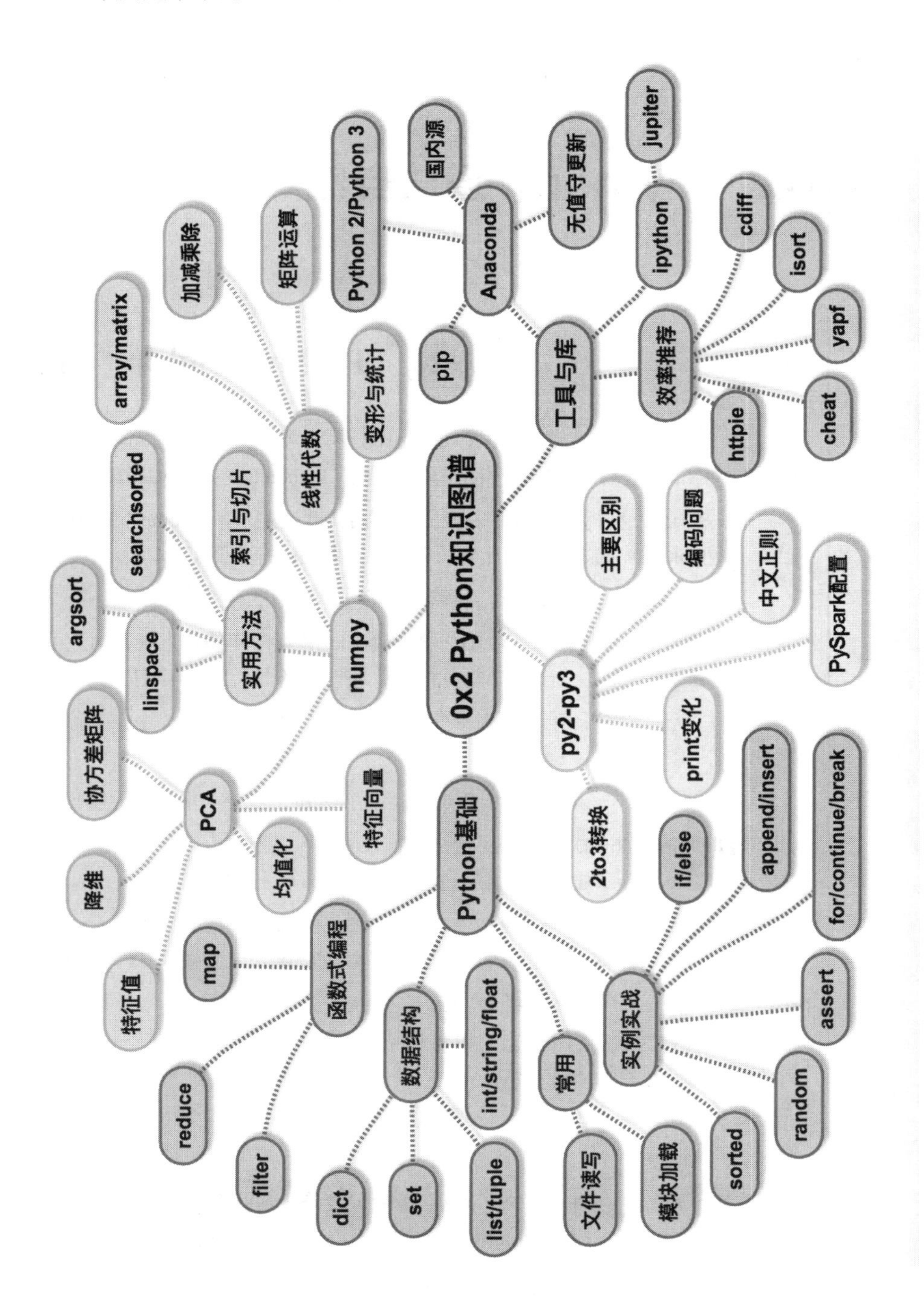

0x2 Python知识图谱
numpy
实用方法
linspace
argsort
searchsorted
索引与切片
线性代数
array/matrix
加减乘除
矩阵运算
变形与统计
PCA
协方差矩阵
降维
特征值
均值化
特征向量
Python基础
函数式编程
map
reduce
filter
数据结构
dict
set
list/tuple
int/string/float
常用
文件读写
模块加载
实例实战
sorted
random
assert
for/continue/break
append/insert
if/else
py2-py3
2to3转换
print变化
PySpark配置
中文正则
编码问题
主要区别
工具与库
pip
Anaconda
Python 2/Python 3
国内源
无值守更新
ipython
jupiter
效率推荐
cdiff
isort
yapf
cheat
httpie

0x21 Python 基础，兴趣为王

01 第一语言

关于 Python 的介绍，网上的资料铺天盖地。在此，只说一点，Python 是一门不需要入门的编程语言，花上 20 分钟，了解其基础的语法，即可开始完成你的任务。

很多人接触的第一门编程语言是 C/C++，但其中至少有一半人，是考完便忘完，从此终生讨厌编程，发誓再也不写程序。其中，又以女生最为显著，找工作干脆不再和开发有任何相关。

分析主要原因，C/C++ 语言让用户接触了太多计算底层的东西，而真正要使用的时候，却发现难以驾驭。我曾一度认为学校应该开设 Python 课程作为入门级语言，接下来再学习 C/C++ 语言，因为初学者是很难一下子接触那么多程序的内部原理的。

学习 Python，可以让你快速用它来做一些实际的事情，比如文件处理、网络请求、数据处理与数据分析等日常任务。

本章简略地介绍一下 Python 的基础知识点，无论以前是否学过，都可以很容易地掌握。比起 Hadoop、Spark 与机器学习的内容来说，本章就算是学前班的内容吧。

02 数据结构

Python 是一门动态语言，不需要指定数据类型，根据运行时其值的类型来确定变量的类型。

变量有三种基本类型，整型（int）、字符串型（string）和浮点型（float）：

```
>>> linux, hadoop, spark = 100, "hdfs and mapreduce", 238.5
>>> type(linux), type(hadoop), type(spark))
<class 'int'> <class 'str'> <class 'float'>
```

同时定义了三个变量，并且分别初始化为整型、字符串型和浮点型，使用type函数可打印出变量的类型。之所以可以在一行上同时定义三个变量，是因为这些变量实际上组成了一个元组。

元组（tuple）、列表（list）和集合（set）如下所示：

```
>>> full_skills = ['Linux', "Python", 'Spark', 'ML', 'Hadoop', 'Hive', 2, 3.5]
>>> full_grade = (100, 'god', 'Buddha', 89.9)
>>> full_set = set(full_grade)
>>> full_skills[2], full_grade[2]
('Spark', 'Buddha')
>>> full_skills.append('Math')
>>> full_skills
['Linux', 'Python', 'Spark', 'ML', 'Hadoop', 'Hive', 2, 3.5, 'Math']
```

元组使用小括号包围，列表使用中括号包围，都是加强版本的数组，里面元素的类型可以是任意类型。元组与列表都是有顺序的，访问元素都使用下标的方式，其中重要的区别是，列表本身是可变的，而元组一旦定义，其值不可变。

set是数学上严格的集合概念，遵守元素不能重复、元素无序等数学性质，可以使用set方法将元组与列表转换成集合。因为元素不重复的特点，会自动删除重复的元素，因此常常用来去重。

字典（dict），也叫作hash表：

```
In [21]: skills = {'spark': 150, 'ml': 288, 'python':20}

In [22]: skills['spark']
Out[22]: 150

In [23]: skills['python']=38

In [24]: skills
Out[24]: {'ml': 288, 'python': 38, 'spark': 150}
```

基础的数据结构，已经够你进行绝大部分开发与使用了。每种数据，尤其是list、set和dict都有相应的方法，把它们掌握好，可以应付大部分的数据场景。

通过list与set的对比，可以了解，基础数据可以分为可变与不可变类型，

int、string 和 float 都是不可变类型，而 set、list 和 dict 是可变类型。

set 和 dict 都内置了哈希算法，查找元素时效率很高。而 tuple 和 list 等不具备哈希索引功能，查找元素时必须一个个遍历。随着元素增加，tuple、list 等的查找时间线性增长， 而 set、dict 的查找时间基本是固定的。

03 文件读写

在数据处理与分析中，按行读取文件是最常用的功能。只需要使用 open 方法即可打开一个文件，然后使用一个 for 循环读取其中的每行数据：

```
gt100 = open('/home/joy/gt100.txt', 'w')
for line in open('/home/joy/data.txt'):
    line = line.strip()
    id,name,score = line.split(',')
    if id <= 100:
        continue
    print('id:{} name:{} score:{}'.format(id,name,score))
    gt100.write('{},{},{}\n'.format(id,name,score))
```

上面短短的 8 行代码，使用了一个 for 循环，实现按行读取文件 data.txt，因为读取的行（字符串）会带上行尾的换行符 '\n'，可使用 strip 方法去掉。然后对行的内容使用 split 方法进行拆分，拆分的符号为逗号，其结果为一个元组，将其赋值给 id、name 和 score 三个变量。

同时，使用一个 if 条件进行判断，如果 id 小于等于 100，则略过后面的操作，继续读取下一行数据。否则，按一定格式将当前的 id、name 和 score 打印到终端，并将其值写入文件 gt100.txt。

注意，使用打开文件的 open 命令时，如果文件是只读的，可以不加第二个参数，其值默认为 r（读模式）；如果需要向文件中写入内容，则必须显式传一个参数 w（写模式），上面定义的 gt100 是一个文件对象，其模式为 w，可以向里面写入内容。使用 write 方法写入的时候，必须显式增加一个换行符，否则数据不会换行。

作为对比，将上面的功能使用 awk 来实现，只需一行代码即可：

```
    awk -F',' 'BEGIN{OFS=","}$1>100{print $1,$2,$3}' /home/data/
data.txt > /home/data/gt100.txt
```

至于 awk 的具体语法，请参考“快刀 awk，斩乱数据”一节。

因为在数据处理方面的优势，很多人也会将 Python 作为 awk、sed 等的替代工具来使用。但在简单数据处理上，awk 有速度和便利性上的优势，便利性上的优势是不需要处理各种数据格式的异常情况。

进行文件读取与写入时，一个比较特殊的情况是，标准输入与标准输出：

```
import sys
for line in sys.stdin:
    print(line)
    sys.stdout.write(line)
    sys.stderr.write('error:',line)
    print(line,file=sys.stdout)
```

了解 Linux 命令行的人都知道，有三个特殊的文件：标准输入、标准输出和标准错误输出，通常用 stdin、stdout、stderr 来表示，这和 C/C++ 语言中的概念完全一样。在 Python 中，如需使用，只需加载 sys 模块，操作方式和普通文件一样。

文件操作、条件判断和循环都是数据处理常用的功能。

04 使用模块

除了函数与类的定义没有介绍外，Python 中已经没有特别复杂的语法了。而让 Python 能在数据领域独领风骚的原因，除了其简洁与优雅的语法外，最强大的因素是 Python 拥有数以千计的模块，或者叫作库。

常用的一些内置模块如下所示：

```
import sys, re

In [40]: sys.version
Out[40]: '3.5.1 |Anaconda 4.0.0 (x86_64)| (default, Dec  7
2015, 11:24:55) \n[GCC 4.2.1 (Apple Inc. build 5577)]'

In [41]: re.search('[0-9]+', 'goo89love')
Out[41]: <_sre.SRE_Match object; span=(3, 5), match='89'>
```

使用 import 语句即可导入模块，一个语句可以同时导入多个模块。sys 和 re 都是 Python 语言内置的模块，使用 sys.version 可以输出当前 Python 的版本信息。

而 re 是正则表达式库，其功能非常强大，只需要简单地书写正则规则，即可完成很多复杂的匹配与数据提取任务。

Python 的模块化处理，可方便你组织自己的代码，可将一个独立的功能保存成一个文件，便形成一个模块，即可在其他 Python 文件中进行调用。

```
# libp.py
def pow_2(num):
    return 2**num

# calc_pow.py
from libp import pow_2
print(pow_2(10000))
```

在 libp.py 中定义了一个函数，用于计算 2 的幂次方，这是用户自己定义的一个模块。在文件 calc_pow.py 中，使用 import 将 libp 模块中的 pow_2 函数加载进来，从而使代码的组织实现了模块化。

上面计算 2 的 10000 次方，在 Python 中是可以运行出结果的，这也是 Python 的另外一个优势，对大数的完美支持。具体能支持多大的数，就看你的机器有多大的内存了。

除了语言内置模块和用户自定义模块外，更多的是使用第三方模块，需要实现什么功能，便去找一下是否已经有别人写好了成熟的模块，可以拿来直接使用。基本上，你需要的模块，99% 都已经有别人开源出来的第三方模块了，这才是 Python 的真正魅力所在。

比如，进行数据库开发，你可能需要 PyMySQL、PyMongo 和 Redis。进行网络数据处理，你可能需要用比内置库更人性化的 requests，处理 XML 文件可以使用 lxml 等。

如果你需要进行 Web 服务开发，可以选择下面框架中的一个或者几个：

```
web.py
django
flask
tornado
```

学好它们中的任何一个框架，你都可以写出功能强大的 Web 服务。

所有的模块都可以使用 pip 命令进行在线安装与更新，省去了很多麻烦。因为，

Python 的一切都是那么自然，毫不矫情。

05 函数式编程

作为数据处理，高手都偏向于函数式编程，如 Spark 那样的框架，使用了函数式与面向对象混合的 Scala 进行开发，而其提供的 PySpark 接口，更是得益于 Python 对函数式编程的强大支持。

```
In [49]: nums = [1, 2, 5, 8, 10]
In [50]: gt5 = filter(lambda v: v>5, nums)
In [51]: list(gt5)
Out[51]: [8, 10]
```

其中，使用 lambda 定义了一个匿名函数，函数只有一个表达式，用来判断值是否大于 5，大于返回 True，否则返回 False。而 filter 是一个高阶函数，使用一个函数作为其参数，将此函数作用于第二个参数列表中的每个元素，如果函数返回 True，则保留元素，否则继续迭代下一个元素。从而达到了使用条件进行过滤的目的。

对应的循环与条件判断版本如下所示：

```
In [55]: for item in nums:
   ....:     if item > 5:
   ....:         gt5.append(item)
   ....:

In [56]: gt5
Out[56]: [8, 10]
```

除了 filter，还有两个对分布式计算框架 Map-Reduce 影响至深的函数，map 和 reduce。作为全栈技能的悬念，请参考大数据篇的“分治之美，MapReduce”一节。

对于 filter 与 map 函数，Python 程序员更喜欢用列表解析，在一个列表中实现循环遍历与条件过滤。

```
# filter 功能
In [57]: gt5 = [i for i in nums if i>5]

In [58]: gt5
```

```
Out[58]: [8, 10]

## map 功能（对偶数进行翻倍操作）
In [59]: twice_nums = [i*2 for i in nums if i%2==0]

In [60]: twice_nums
Out[60]: [4, 16, 20]
```

对于数据处理，函数式编程已经可以解决很多问题了，但项目如果太大，用类来组织项目是一个不错的选择。

函数的关键字使用 def 来定义，而类使用 class 来定义，因代码稍微复杂一些，建议使用 jupyter 来测试，其效果如下所示：

```
In [17]: class Process:
             def __init__(self,data):
                 self.data = data
             def twice(self):
                 return [i*2 for i in self.data]

         p = Process([8,7,6])
         p.twice()
Out[17]: [16, 14, 12]
```

与其他语言的类基本差不多，定义了 __init__ 为类的构造函数，接受一个参数。类中方法的第一个参数使用 self，这是约定俗成的一种习惯。不同方法之间，使用 self 来相互调用。

06 一道面试题

对两个已经排序的列表进行合并，要求合并后的元素不重复，并且排序，不要直接使用 sort 相关方法。

如果可以直接使用 sorted 方法，那么问题就非常简单了。利用 set 的求并集功能，合并两个列表，再利用 sorted 进行排序即可，代码如下所示：

```
def combine_sort_1(a, b):
    # 使用集合求并集，并进行排序，结果肯定是正确的
    comb_st = sorted(set(a) | set(b))
    return comb_st
```

还需要自己实现合并与排序，也可以利用两个 for 循环来完成要求。

```
def combine_sort_2(a, b):
    res = a
    for _b in b:
        # 去除重复的元素
        if _b in res:
            continue
        for (idx, _a) in enumerate(res[:]):
            if _b > _a:
                # 如果已经到列表末尾了
                if idx == len(res) -1:
                    res.append(_b)
                else:
                    continue
            if _b <= _a:
                res.insert(idx, _b)
                break
    return res
```

核心思想就是将第二个列表中的元素，按排序的顺序插入到第一个列表中，最重要的是找到插入的位置索引。内层循环用于找到插入的位置索引并直接插入数据。

代码完成了，需要进行测试，使用 random 生成一些随机列表进行测试，如下所示：

```
import random
def main():
    # 随机生成两个长度不相等的列表，并且进行排序
    first = sorted(random.sample(range(100), random.randint(3, 6)))
    second = sorted(random.sample(range(100), random.randint(3, 6)))

    comb_1 = combine_sort_1(first, second)
    print('first: ', first)
    print('second:', second)
    print('comb_1:', comb_1)

    comb_2 = combine_sort_2(first, second)
    print('comb_2:', comb_2)
```

```
    assert comb_1 == comb_2

if __name__ == '__main__':
    for i in range(100000):
        main()
```

经过测试，上面的代码能正常运行，虽然没有考虑一些极端的情况，比如其中一个列表为空，以及列表中本身有重复的元素等。在这些条件下，是否能正常工作还需要测试。至少，作为一个示例，其目前工作正常。虽然上面只是几个小小的函数，但还是涉及了以下知识点，如果是初学者，请细细品味其中的要点：

1. 利用集合的思想，直接求并集，达到去重的目的，再利用 sorted 函数进行排序。
2. 列表中常用的 insert 与 append 功能。
3. 使用 random 的 randint 生成随机整数，以及使用 sample 在样本中进行随机抽样。
4. 遍历列表时，如果要改变列表，那么遍历的地方需要使用 res[:] 这样一个列表的复制数据。
5. 在循环中尽早处理异常，多使用 continue，避免缩进太深。这样代码更易读。
6. 使用 assert 进行测试的思想。
7. __main__ 方法的使用。

07 兴趣驱动

作为一门优雅而自然的语言，Python 具有可以独占你主要编程语言的分量。你对它的一点小付出，都可以在实际工作中，用超越你期望的方式回报给你。

如果是初学者，有 Linux 环境自然更好，没有的话，可以先在 Windows 下设置好 Python 环境，熟悉一些基础语法，以能解决一些实际的小问题为目的。

随便找一些简易的Python基础语法资料，照着问题去学习。遇到不明白的地方，在网络中搜索。整个过程，就是要学到东西，要能自己摸索，要能解决问题。

任何的成就，一定都来自强烈的兴趣，被兴趣而非利益驱动，可以让你走得更远。

0x22 喜新厌旧，2 迁移 3

01 新旧交替

新手刚开始接触 Python 的时候，在 Windows 环境下，去网上下载了最新版本的 Python 来安装，然后在交互式环境下输入 print “hello world”测试，居然提示错误，如下所示：

```
┌─Null.local:/Users/renewjoy
└─renewjoy >>> python
Python 3.5.1 |Anaconda 4.0.0 (x86_64)| (default, Dec  7 2015, 11:24:55)
[GCC 4.2.1 (Apple Inc. build 5577)] on darwin
Type "help", "copyright", "credits" or "license" for more information.
>>> print "hello world"
  File "<stdin>", line 1
    print "hello world"
                      ^
SyntaxError: Missing parentheses in call to 'print'
>>> print("hello world")
hello world
```

这可能是让新手最纠结的一个问题。在网上的教程中，明明写的是这么简单的一句话，可是居然会报错，难道真是传说中的人品问题吗？

其实不然，这是 Python 2 与 Python 3 的版本问题，最新的版本是 3.x 系列，不兼容部分 2.x 系列的语法，而其中 print 是最明显的一个区别。print 在 Python 2 中是一个语句，而在 Python 3 中是一个函数，函数的参数必须要加括号。

你以为这是一个段子，其实这是一个典型的案例，只是在 Linux 下很少出现，因为 Python 作为 Linux 的标准配置，默认输入 python 即是进入 Python 2。

程序员是一群非常有个性的人，网上的一篇文章——《程序员的鄙视链》，非常有意思，将其中的几条摘录如下：

1. 用 Python 3 的工程师鄙视还在用 Python 2 的工程师，用 Python 2 的工程师鄙视用 UnicodeEncodeError 的工程师。
2. 用 Mac OS X 的工程师鄙视用 Linux 的工程师，用 Linux 的工程师鄙视用 Windows 的工程师。
3. 用 Zsh 的工程师鄙视用 Bash 的工程师。
4. 用 Vim 的工程师鄙视用 Emacs 的工程师，用 Emacs 的工程师鄙视用 Vim 的工程师，无论是用 Vim 或 Emacs 的工程师都鄙视所有用其他编辑器的工程师。

从中可以看出，Python 2 和 Python 3 的差别还是比较大的。

Python 2 历史悠久，但有遗留问题，为了保持向后兼容，没有办法大刀阔斧进行改进。可其中又有很多小问题，不得不进行改进。

既然不能在现有的版本上改进，那就开辟新的空间，于是 Python 3 诞生了。Python 3 是一个改动很大的版本，不向后兼容，因此可以大胆地改进一些历史遗留问题。Python 2 与 Python 3 这两个版本同时存在，类似于两个平行的空间，同时向前发展。

战争是为了解决争端而必然会产生的。当谁也说服不了谁时，就发生了战争，要么冷战，谁也不理谁。要么开战，像《东成西就》中洪七公与欧阳峰一样，你不弄死我，我就弄死你。

Python 2 与 Python 3 之战，已经持续了好多年，应该还会持续一段时间吧。

02 基础变化

在 Python 3 中，最明显的是 print 函数的变化，这是每一个用 Python 3 的人都绕不过的一个问题。

在 Python 3 中，print 函数的原型如下：

```
print(*objects, sep=' ', end='\n', file=sys.stdout, flush=False)
```

函数的不同参数可以实现不同的功能。打印的元素之间使用 sep（默认为空格）分开，行尾使用 end（默认为换行符 \n），直接输出到标准输出 sys.stdout。

如果不换行，直接将 end 设置为空即可：

```
# Python 3
print("全栈技能好！", end='')
```

而在 Python 2 中，是在 print 后面加一个逗号，如果要在 Python 2 中使用 Python 3 的风格，需要从“未来”导入一个函数，如下所示：

```
# Python 2
# 不换行，并且会在末尾加一个空格
print "全栈技能好！",

from __future__ import print_function
```

```
print(" 全栈技能好！ ", end='')
```

之所以能使用 __future__ 从“未来”导入函数，是因为 Python 3 中部分优秀的设计也可应用到 Python 2 中，这让两个版本既平行前进，又相互影响。

03 编码问题

用过 Python 2 的人，一定会遇到中文编码的问题。只要在文件中使用中文注释，就必须在文件头加一个编码说明：

```
#!/usr/bin/env python
#-*- coding:utf-8 -*-

# 这只是一条注释
print("Chinese，中文是最美丽的语言！ ")
```

上面第二行使用的 coding:utf-8 指示文件为 UTF-8 编码，这样才可以使用中文注释。

另外，不论是处理网页中的中文字符，还是处理文本中的中文数据，比较有效的方式是设置系统编码为 UTF-8，方式如下：

```
import sys
reload(sys)
sys.setdefaultencoding('utf8')
```

除了这个方法，也许你还会遇到其他一些更麻烦的中文编码问题，可以参阅网上的解决办法。如果你忍受不了 Python 2 这样处理中文的方式，那么直接换 Python 3 吧，对中文支持很好，默认就把中文当成 UTF-8 来处理。

04 其他变化

在 Python 3 中，还有其他一些明显的变化，比如 range 函数是一个生成器，性能相当于 Python 2 中的 xrange。而 Python 2 中的 range 会生成一个列表，如果列表太大，会占用大量的内存，性能自然要差些。

函数式编程中最常用的 reduce 方法，已经由内置函数移到 functools 中去了，使用的时候，需要导入：

```
In [8]: from functools import reduce
In [9]: reduce(lambda x,y:x+y, range(5))
Out[9]: 10
```

接受用户输入的 raw_input 函数，也被重命名为 input 了。

在 Python 2 中，如果一个程序 x.py 中导入了另外一个程序 y.py，在运行 x.py 的时候，会将 y.py 编译成字节码文件，在当前目录下生成一个 y.pyc 文件，可提高运行的性能。

在 Python 3 中，会单独生成一个名字为 __pycache__ 的目录，将当前目录下所有的 pyc 文件放置到这个目录下，此目录下的 pyc 文件可以删除，会在运行之时重新生成。

在 Python 3 中，正则表达式库 re 默认支持 unicode 字符集，因此也支持汉字，如下所示：

```
# Python 3
In [11]: import re

In [12]: name = "yunjie-talk 云戒云 "

In [13]: re.findall(r"\w+", name)
Out[13]: ['yunjie', 'talk', ' 云戒云 ']

In [14]: re.findall(r"(?u)\w+", name)
Out[14]: ['yunjie', 'talk', ' 云戒云 ']
```

而在 Python 2 中，使用 ?u 虽然能支持中文，但行为不一样，如下所示：

```
# Python 2
>>> import re

>>> name = "yunjie-talk 云戒云 "

>>> re.findall(r"\w+", name)
['yunjie', 'talk']

>>> re.findall(r"(?u)\w+", name)
['yunjie', 'talk', '\xe4\xba', '\xe6', '\xe4\xba']
```

05 2to3 脚本

为了方便程序员从 Python 2 切换到 Python 3，Python 官方也在很早就推出了一个自动将代码转换为 Python 3 的脚本：2to3。工具的使用很简单，如 py2.py 的代码如下：

```
#!/usr/bin/env python
#-*- coding:utf-8 -*-

# 这只是一条注释
name = "云戒云"
print name*2

print map(lambda x: x+1, range(3))
```

需要将上面的 py2.py 脚本转换成 Python 3 的语法，直接使用不带参数的 2to3 工具：

```
$ 2to3 py2.py
```

这个操作不会改变文件的任何内容，只是会在输出 py2.py 的基础上，重构成 Python 3 的语法，需要修改 diff 信息，如下所示：

```
--- py2.py      (original)
+++ py2.py      (refactored)
@@ -3,6 +3,6 @@

 # 这只是一条注释
 name = "云戒云"
-print name*2
+print(name*2)

-print map(lambda x: x+1, range(3))
+print([x+1 for x in range(3)])
```

可以看出，2to3 工具给 print 的参数加上了括号，也将 map 的方式转换成了 Python 程序员更喜欢的列表解析风格。

如果确认没有问题，直接加一个 -w 参数，就可以将重构的版本更新回 py2.py 中，默认也会将原来的 py2.py 文件生成一个 py2.py.bak 的备份文件，方便出问题时再做参考。因此，如果确认没有问题，也可以不生成 .bak 备份文件，直接更新回原文件，使用如下命令即可：

```
$ 2to3 -nw py2.py
```

06 PySpark 配置

从 Spark 1.4 版本开始支持 Python 3 的语法了，但 Spark 的默认提交方式还是 Python 2，需要在 PySpark 提交作业的那台机器（Driver 节点）上配置 Python 3 的路径。当然，前提是集群中所有的机器都安装了 Python 3，并且是在相同的路径下。

如果使用的是 Anaconda 3 版本，假设安装到集群所有机器的目录为：/opt/anaconda3。

在 Driver 节点上，导出环境变量，如下所示：

```
$ export PYSPARK_PYTHON=/opt/anaconda3/bin/python
$ export PYTHONHASHSEED=0
$ export SPARK_YARN_USER_ENV=PYTHONHASHSEED=0
```

或者，直接修改 PySpark 脚本，PySpark 本身是一个 Shell 脚本。

修改 PySpark 脚本文件：

```
# sudo vim /usr/hdp/current/spark-client/bin/pyspark
if hash python2.7 2>/dev/null; then
  # Attempt to use Python 2.7, if installed:
  DEFAULT_PYTHON="python2.7"
else
  DEFAULT_PYTHON="python"
fi
# 添加下面三行代码即可：
DEFAULT_PYTHON="/opt/anaconda3/bin/ipython"
PYSPARK_PYTHON="/opt/anaconda3/bin/ipython"
PYSPARK_DRIVER_PYTHON="/opt/anaconda3/bin/ipython"
```

这样，再使用 Spark 提交的作业，就会使用 Python 3 来运行了。

07 喜新厌旧

程序员喜新厌旧，于是投入大量的时间去研究新技术、新工具。

程序员最大的成本是学习成本，学习成本中最大的投入就是时间的投入。

或许你会问，说了这么多，值得迁移到 Python 3 吗？目前阶段，Python 的生态环境对 Python 3 的支持好吗？如果是新手入门，是否可以直接学习 Python 3 ？

当然值得迁移了，Python 3 不太考虑历史的兼容性问题，对 Python 2 中的大量内容进行了规范化与改进，自然是值得迁移的。

新手入门也完全可以从 Python 3 开始，因为目前主流的库几乎都已经能很好地支持 Python 3 了。剩下一小部分优秀的库也正在向 Python 3 迁移。如果你正在使用的库根本没有考虑要迁移到Python 3，那么很有可能这个库根本没有人维护了，或者已经被其他更好的库代替了。

不要犹豫，不要害羞，喜新厌旧是人类的本性，大声说出来，大胆去尝试吧！

0x23 Anaconda，IPython

01 Anaconda

Python 已经成为数据分析领域非常重要的语言，如果你的目标是成为一个数据科学家或者数据工程师，那么配置好自己的 Python 环境尤为重要。

Anaconda 本来是一款左轮手枪的名字，由美国柯尔特公司生产，Anaconda（水蟒）手枪是 Python（蟒蛇）手枪的衍生型号。

对从事数据科学的人来说，Anaconda 是一个第三方的 Python 集成环境，主要用于科学计算领域。官方网站为 www.continuum.io，从官网上的介绍可以看出，它集成 300 多个 Python 包，基本涵盖了数据科学领域最重要的包，如：IPython、numpy、Scipy、Pandas、scikit-learn 以及 Matplotlib 等。

Anaconda 是免费和开源的，不用担心版权和费用问题，可以用于商业用途，可以基于它进行二次开发和发行出自己的发行版本。

02 安装与配置

Python 的包管理器有 pip 和 easy_install，本来是很方便的。相信你有在 Mac、Ubuntu、CentOS 下自己安装常用的如 numpy、Scipy、scikit-learn 的情况，但通常不会那么顺利，在各种环境下，会有相应的版本依赖与兼容问题。也许你还会尝试安装 homebrew、apt-get 或者 yum 等工具，但安装的包和使用 pip 安装的还是会有些区别。

做数据分析和挖掘，应该把精力放到有限且有效的事情上，而不是去折腾各种库的版本之间的兼容性导致的问题。需要的是打开 Python，导入你需要的包，开始分析。

Anaconda 目前支持 Python 2.x 系列和 3.x 系列，同时支持 Mac、Linux 和 Windows 系统，而且有 32 位和 64 位对应的包。你需要下载它的大约 400MB 的压缩包，解压安装即可。目前国内已经有下载地址和 conda 源，下载地址：

```
https://mirrors.tuna.tsinghua.edu.cn/anaconda/archive/
```

安装时会让你选择路径，Linux 用户通常选择安装到 /opt/anaconda3 目录，然后将路径 /opt/anaconda3/bin 添加到用户当前的 PATH 环境变量，在 ~/.bashrc 文件中增加一行：

```
export PATH=/opt/anaconda3/bin:${PATH}
```

更新 ~/.bashrc：

```
$ source ~/.bashrc
```

如果需要粗暴地替换掉系统的 Python 环境，可以建立两个符号链接：

```
$ sudo ln -sf /opt/anaconda3/bin/python /usr/bin/python
$ sudo ln -sf /opt/anaconda3/bin/pip /usr/bin/pip
```

当然，最好不要替换系统的版本，因为 Python 本身还是系统一些服务或者脚本运行的依赖，尤其是像 Linux 与 Mac 系统，如果你用 Python 3 替换了系统中的 Python 2，可能一些工具或者脚本就不能正常运行了，因此要慎重。

如果使用 Python 3，在当前用户下，一个更好的建议是新增两个自定义的简化命令，ipy 与 ipi，方便与系统的进行区别，方法如下：

```
$ sudo ln -sf /opt/anaconda3/bin/ipython /usr/bin/ipy
$ sudo ln -sf /opt/anaconda3/bin/pip /usr/bin/ipi
```

这样在自己调用的时候也不会和系统的搞混淆了。

之所以要加一个 ipi 命令，是为了后面通过包管理器 ipi 安装的库，它们都会在 anaconda3 目录中。为了使用普通权限安装库，还需要修改 /opt/anaconda3 目录的属主为自己的用户，命令为：

```
$ sudo chown -R dmply:cdata /opt/anaconda3
```

这样修改后，以后使用 ipi 安装包，不需要 sudo 权限。

另外，如果需要使用 Linux 系统的 crontab 机制来定时执行脚本，且又需要使用 Anaconda 的 Python 环境，那么最好在脚本中指定 Python 的完整路径 /opt/anaconda3/bin/python，否则 crontab 是不会按用户的环境变量去寻找对应的 Python 环境的。

03 pip 与源

pip 是 Python 中最方便的包管理器，需要什么包，使用一个命令即可以安装。如果包本身有依赖，还会一并将依赖包安装上，从而自然解决依赖的问题。但由于国内众所周知的网络速度原因，就像安装 Ubuntu 后，需要做的第一件事情是配置软件源一样，pip 也可以配置安装源，从而加快安装包的下载。

最常用的应该是豆瓣的源了，豆瓣的地址为 http://pypi.douban.com/simple/，源的配置如下。

建立文件 $HOME/.pip/pip.conf，写入如下内容，保存即可。

```
[global]
indexl-url=http://pypi.douban.com/simple/
```

如果只是一次性使用，也可以直接在命令行中添加参数：

```
$ pip install -i http://pypi.douban.com/simple/ --trusted-host pypi.
douban.com numpy
```

除了豆瓣，还有阿里云的 pip 源（http://mirrors.aliyun.com/pypi/simple），可以根据各自的速度测试后来配置。

除了安装包，pip 还有几个常用命令，比如查看所有库的版本，可以将结果导出为 requirements 文件：

```
$ pip freeze
```

除了 pip 外，Anaconda 本身还提供了 conda 包管理器来安装或升级相应的包。

Anaconda 添加国内清华大学的源：

```
/opt/anaconda3/bin/conda config --add channels 'https://mirrors.tuna.tsinghua.edu.cn/anaconda/pkgs/free/'
/opt/anaconda3/bin/conda config --set show_channel_urls yes
```

在线更新：

```
$ /opt/anaconda3/bin/conda update --prefix /opt/anaconda3/anaconda anaconda
```

无值守更新（不需要手动输入 Y 来确定）：

```
$ /opt/anaconda3/bin/conda update --yes --prefix /opt/anaconda3/anaconda anaconda
```

04 IPython 与 Jupyter

Python 本身支持的交互式解析，成为语言学习与测试的强大帮手。但是，IPython 的出现，让这个交互式的功能更加强大。IPython 是一个增强版的 Python 交互式 Shell，主要是使交互变得更加友好和智能。

除了增加的交互式体验外，IPython 还有另外两个强大的标签：一个是 Notebook，另外一个是并行计算。目前 Notebook 已经从 IPython 项目中剥离出来，也有了新的名字，叫 Jupyter。

Jupyter 是一个基于 Web 的笔记工具，却又不仅仅是一个普通的笔记工具，而是一个更加强大的交互式 Python 环境，可以轻松编写多行的 Python 代码，也可以对执行过的代码进行修改重新执行。而且能将代码和执行的结果嵌入到普通的文档中，目前网上已经有非常多的 Python 资源使用 Jupyter 来编写入门文档了。

在命令行下开启 Jupyter：

```
$ jupyter notebook
# 旧的方式
$ ipython notebook
```

然后，使用浏览器访问：http://localhost:8888/ 即可以看到 Jupyter 的界面，在界面上新建或者加载一个 Notebook，就可以开始工作了。

下图所示即为一个 Notebook 的界面。

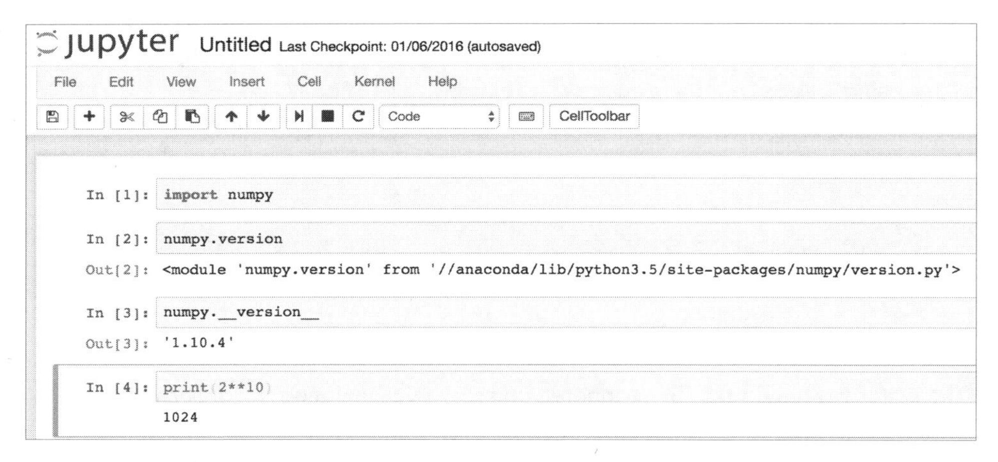

Jupyter 还能和 Matplotlib 配合得很好，使用如下方式，即可以直接将 Web 图形显示在界面上：

```
from matplotlib.pyplot import *
from pylab import *
```

Jupyter 目前还支持一个交互式的系统 Shell 命令环境，新建一个 Terminal 的交互式环境，就可以完全操作 Linux 或者 Mac 的 Shell 了，如下图所示。

```
jupyter

┌─Null.local:/Users/renewjoy
└─renewjoy >>> ipython
Python 3.5.1 |Anaconda 4.0.0 (x86_64)| (default, Dec  7 2015, 11:24:55)
Type "copyright", "credits" or "license" for more information.

IPython 4.1.2 -- An enhanced Interactive Python.
?         -> Introduction and overview of IPython's features.
%quickref -> Quick reference.
help      -> Python's own help system.
object?   -> Details about 'object', use 'object??' for extra details.

In [1]: print("Life is short, You need Python!")
Life is short, You need Python!
```

05 结语

做数据科学，Anaconda，你值得拥有。如果你愿意，请直接使用 Anaconda 这个集成环境替换掉你的 Python 环境，因为省时、省事，你需要的也只是一个开箱即用的环境而已。

使用 Anaconda 环境，自带电池，走到哪儿都可以自由切换。在 Python 2 和 Python 3 间自由切换，还可以随时移植到相应的系统上。

比如，做深度学习的时候，需要强大的显卡和大内存支持的机器，刚好有一个目标机器，上面有 Nvidia tesla k20 的显卡环境，内存 128GB，但唯一的缺点是无法上外网。系统中有 Python 环境，但可能不是你需要的版本，即使版本是对的，要在上面重新安装需要的 Python 库也是件麻烦的事情。此时，将对应系统上一个搭建好的环境与库目录，比如 Linux 上的 /opt/anaconda3 环境，直接打包，复制到目标机器，解压就可以调用你所有的依赖库了。

而 IPython 和 Jupyter，几乎是一个实际工作中必不可少的环境，有了 IPython，进行一些交互式测试更加方便。而有了 Jupyter，写文档、进行数据可视化也更加方便。

Jupyter 与后面要介绍的 Zeppelin 都是数据科学中非常好用的工具，一旦用上后，基本上是离不开了。

八斩刀是咏春中最厉害的兵器，如果数据科学是 IT 武侠中的咏春，那么 Anaconda 便是数据科学中的八斩刀。一件好的兵器能加快练功的进度，但最后能否修炼到出神入化的功夫，除了刻苦训练，那还得管住我们的心。

0x24 美不胜收，Python 工具

01 缘起

Python 本身不仅仅是一门编程语言，现在还有大量基于 Python 开发出来的现成的工具或者库，很多时候，对于做数据科学的人来说，直接拿来用即可。

在此，推荐一些非常实用的工具与库，在平时做数据分析的时候，它们能帮助我们更快、更好地完成任务。

好的工具与库，一定会十分人性化，方便人类使用（程序员也只是普通的人类）。

很多好的工具，值得你花几分钟时间研究一下，这样以后每次遇到问题的时候，会节约几十分钟甚至更多，回报率非常高。

02 调试与开发

Python 是完全的解释性语言，平时在开发过程中，几乎用不上调试工具。如果遇到问题，那么加一个 print 是最好、最快的调试方法了。如果加一个 print 不能满足你的要求，那么就考虑加两个。当然，我说的是写两个 p。

print 面对简单的数据结构，直接打印出来查看，然后分析其值产生的原因，基本上就能找到问题出在哪里。

如果面对复杂的数据结构，如列表里面嵌套元组，元组的元素中又有复杂的字典结构，此时要在如此复杂的数据结构上进行分析，最好使用 pprint 来打印数据结构。

pprint 是 Python 内置的一个库，直接导入即可，如：

```
from pprint import pprint

judge = (('x', 'y', 2), ('one', 'two', {'1':2, '2':3}),
('love', 'fair', {'1':2, '2':3}), ('joy', 'renewjoy', {'1':2,
'2':3}),)
print('Pretty format:\n')
pprint(judge)
```

美化显示的效果如下图所示。

```
Pretty format:

(('x', 'y', 2),
 ('one', 'two', {'1': 2, '2': 3}),
 ('love', 'fair', {'1': 2, '2': 3}),
 ('joy', 'renewjoy', {'1': 2, '2': 3}))
```

可以看出，使用 pprint 进行 pretty print 输出，简单来说，就是显示结果更漂亮了，更加易于代码的调试。

尤其是在 PySpark 中，很多时候都是对复杂的元组中的结构进行处理，此时使用 pprint 进行调试，会使思维与代码更清晰。

除了代码调试，还有代码对比。通常，如果使用 git 作为版本控制的话，进行代码对比非常容易。如果只是安装了 git，当前代码没有使用 git 进行版本管理，也可以使用 git 进行比较：

```
$ git diff old.py new.py
```

当然，如果使用 Linux 的 diff 命令也可以，只是没有高亮出区别。此时，可使用 Python 的另一个工具——cdiff（colordiff）：

```
$ pip install cdiff
$ diff -u old.py new.py | cdiff
```

效果如下图所示。

```
--- old.py      2016-06-13 11:50:50.000000000 +0800
+++ new.py      2016-06-13 10:37:00.000000000 +0800
@@ -1,3 +1,5 @@
+from pprint import pprint
+
 judge = (('x', 'y', 2), ('one', 'two', {'1':2, '2':3}), ('love', 'fair', {'1':2, '2':3}), ('joy', 'renewjoy', {'1':2, '2':3}),)
-# to debug
 print(judge)
+pprint(judge)
```

cdiff 还有另外一个更加实用的功能，可以在按行比较的基础上，再逐字符进行比较，并且高亮出差异。这对写书很有用，尤其是多人协作写书，可精确到每一个标点符号的差异。

普通的按行进行对比，使用如下命令：

```
$ git diff 1.md 2.md
```

```
diff --git a/1.md b/2.md
index c02426a..6236b4c 100644
--- a/1.md
+++ b/2.md
@@ -1,3 +1,3 @@
-这是一个很好的年代，没有人知道他云哪儿了。
+这是一个很好的年代，没有人知道你去哪儿了！

-this is a words.
+This is a word!
```

使用 cdiff 按字符比较，使用如下命令：

```
$ git diff 1.md 2.md | cdiff
```

```
diff --git a/1.md b/2.md
index c02426a..6236b4c 100644
--- a/1.md
+++ b/2.md
@@ -1,3 +1,3 @@
-这是一个很好的年代，没有人知道他云哪儿了。
+这是一个很好的年代，没有人知道你去哪儿了！

-this is a words.
+This is a word!
```

可以看到，在按行比较的基础上，还进行了字符的对比，将差异化的字符高亮显示出来了。

03 排版与格式化

开源界有好几个有名的圣战，Vim 与 Emacs 能算得上。而在 C 语言中，代码格式中的 { 放在哪儿，又是一个。

Python 为了避免 C 风格的圣战，直接不使用大括号，但同时引入一个空格与 Tab 的问题，甚至是 2 个空格与 4 个空格的问题。理念先进的 Go 语言，在语言中附带一个代码格式化工具 gofmt，只要使用 gofmt 格式化的代码，可保持风格一致。

在 Python 中，除了空格与 Tab 的问题，还有一些其他影响阅读的问题，比如 = 两边必须有一个空格，逗号后面必须有一个空格。如果阅读别人的代码，看到这样的问题，很多人心里会不舒服。那么，由 Google 推出的 yapf 可以解决 Python 代码格式化的问题。

yapf（yet another python formatter）翻译过来就是：又是一个 Python 格式化程序，英文中喜欢用这种风格命名。

如下面的代码：

```
x=[1,2,3,4]
print([_*2 for _ in x if _>1])
```

使用 yapf 进行格式化：

```
$ pip install yapf
$ yapf bf_ya.py > af_ya.py
# 使用 -i 参数直接修改源文件
$ yapf -i bf_ya.py
```

看看下面的格式，是不是漂亮多了：

```
x = [1, 2, 3, 4]
print([_ * 2 for _ in x if _ > 1])
```

yapf 的目标是生成和遵循代码规范的程序员写出的一样的代码，可减少维护别人代码的工作量。

在大型项目的 Python 代码中，还有一个导入顺序问题，有些人是想到什么就导入什么，根本不考虑别人的维护难度和程序本身的美感。如，在 django 项目中，views.py 的前面部分是这样的：

```
import cPickle as pickle
from django.core.paginator import Paginator
from copy import deepcopy
from bson.objectid import ObjectId
import json
import random
from django.conf import settings
import datetime
import requests
import time

def func():
    pass
```

此时，看起来很乱，直接使用 isort 进行美化排版：

```
$ pip install isort
$ isort -ls views.py
```

再看一下，其结果是不是漂亮了多了，不仅按系统库、第三方库、当前项目库来排序，而且遵守了三角形的格式排列：

```
import json
import time
import random
import cPickle as pickle
import datetime
from copy import deepcopy
```

```
import requests

from django.conf import settings
from bson.objectid import ObjectId
from django.core.paginator import Paginator


def func():
    pass
```

04 辅助工具

对于 Linux 初学者，经常在需要使用一些命令的时候，突然忘记了其中某个参数到底怎么用，此时最好的方法就是直接使用 man 帮助手册。如，需要乱序一个文件，却突然想不起是 sort 命令的时候，可使用 man：

```
$ man sort
```

man 帮助页需要进行翻页的时候，可以使用 Vim 风格的上下行移动（J 向下，K 向上），也可使用 Emacs 风格（Ctrl+N 向下，Ctrl+P 向上），还能使用两种风格快速定位到文档的开始和结束位置，Vim 中分别是 G 与 g，Emacs 中分别是 Ctrl+< 和 Ctrl+>（使用时还需要按住 Shift 键）。

经过一番搜索，终于发现如下的文档，使用 -R 参数可以实现对文件进行乱序的功能：

```
-R, --random-sort
sort by random hash of keys
```

为了记住一些常用命令的用法，开源社区已经有一个比较不错的“小抄”工具了——cheat，其本身就是小抄的意思。在此处，可以当成便签来理解，就是记录一些命令的常用用法：

```
$ pip install cheat
$ cheat sort
# To sort a file:
sort file

# To sort a file by keeping only unique:
```

```
sort -u file

# To sort a file and reverse the result:
sort -r file

# To sort a file randomly:
sort -R file
```

对于另外一个比较复杂的命令，tar，也可以查看一下便签：

```
$ cheat tar
# To extract an uncompressed archive:
tar -xvf /path/to/foo.tar

# To create an uncompressed archive:
tar -cvf /path/to/foo.tar /path/to/foo/

# To extract a .gz archive:
tar -xzvf /path/to/foo.tgz

# To create a .gz archive:
tar -czvf /path/to/foo.tgz /path/to/foo/
...
```

无论是在开发还是在测试过程中，API 接口已经成为非常普遍的做法了。在命令行下一般使用 curl 来进行测试，而现在有一个更加友好和好用的工具了，叫作 httpie。

httpie 宣称的是：Human-friendly command line HTTP client（人类友好的命令行 HTTP 客户端），从使用上来说，也确实比较友好。

通过淘宝的 API，可查询 IP 地址，配合命令行下 JSON 格式化工具 jq，可按下面这样使用：

```
$ http -b  http://ip.taobao.com/service/getIpInfo.php\?ip\=
8.8.8.8 | jq
{
  "code": 0,
  "data": {
    "country": "美国",
    "country_id": "US",
```

```
        "area": "",
        "area_id": "",
        "region": "",
        "region_id": "",
        "city": "",
        "city_id": "",
        "county": "",
        "county_id": "",
        "isp": "",
        "isp_id": "",
        "ip": "8.8.8.8"
    }
}
```

配合几个参数，-d 下载，-c 断点继续，-o 指定文件，可以实现 wget 的断点续传下载：

```
$ http -dc http://d3kbcqa49mib13.cloudfront.net/spark-1.6.1-bin-hadoop2.6.tgz -o spark-1.6.1-bin-hadoop2.6.tgz
```

05 实用推荐

前面介绍了几种比较常用的工具，在实际的数据开发与数据挖掘过程中，都非常有用。

但这几个工具，远远只是强大的 Python 生态系统中的冰山一角，还有很多很好的用 Python 写的工具和为 Python 服务的工具。

下面再举几个，但不详细介绍。

代替系统库 urllib/urllib2 的网络请求库：requests，也是为人类友好使用的网络请求库；更好的时间与日期处理库：arrow。

工具方面，分布式任务队列可以使用 celery + flower 的组合；自动化代码发布与部署的工具：fabric；对进程进行监控的工具：supervisor 等。

作为 Python 分析员来说，这些库都只需要一个简单的 pip 命令即可进行安装使用。

最后，介绍另一个非常实用的使用 Python 来做 Web 服务器的方法：

```
$ python -m SimpleHTTPServer 0.0.0.0:8080
```

不需要安装任何库，它是 Python 内置支持的，将当前路径作为 Web 服务器的根目录，仅这一行命令，即搭建了一个临时的 Web 服务器。

这个方式常用于需要一个临时 Web 服务器的情况，比如在内网中使用离线方式安装 Hadoop 发行版本的时候。

用完后直接按 Ctrl+C 组合键关闭进程即停止了 Web 服务器，方便又安全。

0x25　numpy 基础，线性代数

01 numpy 的使用

numpy 是几乎所有 Python 科学计算与数据分析库的基础，Scipy 与 Pandas 库都依赖于 numpy，包括 PySpark 的 MLlib 库也会依赖 numpy。也许在实际的分析中并不会直接使用太多的 numpy 功能，但了解其使用，对阅读源码和理解一些细节很有帮助。

numpy 的基本类型是多维数组 ndarray，一般常用的矩阵 matrix 可以看作是 ndarray 的子类，直接用示例来说明：

```
import numpy as np

lst = [[1, 3, 8], [2, 4, 7]]
arr = np.array(lst, dtype=float)
mat = np.mat(lst, dtype=float)
print('arr type: {} \nmat type: {}'.format(type(data), type(mat)))
arr_add = arr + mat
print('\nType:{}\nValue:\n{}'.format(type(arr_add), arr_add))
```

在 Jupyter 的 Notebook 中执行上面的代码，其结果如下：

```
arr type: <class 'numpy.ndarray'>
mat type: <class 'numpy.matrixlib.defmatrix.matrix'>

Type:<class 'numpy.matrixlib.defmatrix.matrix'>
Value:
[[  2.   6.  16.]
 [  4.   8.  14.]]
```

导入numpy时，约定俗成的写法就是加外np的别名，因此，几乎在所有代码中，看到np就代表是numpy。直接使用np.array将一个列表转换成ndarray的数据结构，可以使用dtype指定参数的类型，如果不写，会默认根据数据类型进行推断。

通过np.mat可生成一个矩阵，两个矩阵相加是按元素进行相加，这也正是线性代数中学习的矩阵相加的概念。

可以通过ndarray的一些属性来更加深入地了解一个ndarray的数据结构：

```
print('维度数：', arr.ndim)
print('每维的形状：', arr.shape)
print('元素个数：', arr.size)
print('数据类型：', arr.dtype)
print('每个元素占的字节：', arr.itemsize)
```

其结果如下：

```
维度数：2
每维的形状：(2, 3)
元素个数：6
数据类型：float64
每个元素占的字节： 8
```

ndim用来查看数组是几维的，shape用来查看每维分别包含多少个元素，如果是二维的，可以理解成有多少行，多少列。而size输出总的元素个数，等于所有维的个数相乘（如：2*3=6）。使用dtype可查看元素的类型，因为前面指定了float数据类型，itemsize查看每个元素占用的字节数。

这些元素的基础属性非常常用，而且大部分都可以直接在Pandas中使用，并且表示相同的意义。

02 索引与切片

numpy的索引与切片，比Python中的数据的要复杂一些，对一维数组，有以下一些基础的用法：

```
In [39]: ten = np.arange(10)
In [40]: print(ten)
[0 1 2 3 4 5 6 7 8 9]

In [41]: print(ten[2]) # 单个元素，从前往后正向索引，下标从 0 开始
2

In [42]: print(ten[-2]) # 从后往前索引，最后一个元素的下标是 -1
8

In [43]: print(ten[2:5]) # 区间切片，前闭后开，默认步长值是 1
[2 3 4]

In [44]: print(ten[:-7]) # 区间切片，从后向前，指定了结束的位置，使用默认步长值
[0 1 2]

In [45]: print(ten[1:7:2]) # 指定步长值，间隔一个取数据
[1 3 5]

In [46]: print(ten[-1::-1]) # 步长为负时，从后向前，实现了将数据逆向转换
[9 8 7 6 5 4 3 2 1 0]

In [47]: print(ten[[0,2,3]])# 使用数组作为索引，取多个元素
[0 2 3]
```

对于二维数据，有行和列两个维度，因此可以将一维数组选取数据的思路拿到二维数据上的行与列上，基本使用方法如下：

```
In [52]: ten.shape = (2,5)     # 转换为二维数组

In [53]: print(ten)
[[0 1 2 3 4]
 [5 6 7 8 9]]

In [54]: print(ten[1,3]) # 二维数组索引单个元素，第 2 行第 4 列的那个元素
8

In [55]: print(ten[0])    # 第一行所有的元素
```

```
[0 1 2 3 4]

In [56]: print(ten[0,:]) # 第一行所有的元素
[0 1 2 3 4]

In [57]: print(ten[1:,:]) # 除第一行外，剩下所有的元素
[[5 6 7 8 9]]

In [58]: print(ten[:, ::2])    ## 所有行，间隔一列选取数据
[[0 2 4]
 [5 7 9]]

In [59]: print(ten[:, [0,3,1]]) ## 所有行，用数组选择指定列
[[0 3 1]
 [5 8 6]]
```

03 变形与统计

二维数组最常用，也最好理解，人类生活在三维空间，超过三维的数据较难理解。以二维的数组（矩阵）为例，将其 shape 使用 reshape 方法进行变形操作，如下所示：

```
In [86]:  a1 = arr.reshape([1, 6])
          a1

Out[86]:  array([[ 1.,  3.,  8.,  2.,  4.,  7.]])

In [87]:  a2 = arr.reshape([3, 2])
          a2

Out[87]:  array([[ 1.,  3.],
                 [ 8.,  2.],
                 [ 4.,  7.]])

In [88]:  a3 = arr.reshape([6, 1])
          a3

Out[88]:  array([[ 1.],
                 [ 3.],
                 [ 8.],
                 [ 2.],
                 [ 4.],
                 [ 7.]])
```

因为元素只有 6 个，所以可以执行上面三种变形操作，如果你使用 arr.reshape(2, 4) 这样的变形操作，会报错。因为生成一个 (2,4) 形状的矩阵，需要 8 个元素。

在一些模型或者数据计算中，如果需要的参数是二维的，但是当前的值为一个一维的列表，就需要使用 reshape 进行变形，如下所示：

```
In [90]: # 一维数组
         x = np.array([1, 2, 3])
         print('ndim: {} shape:{} '.format(x.ndim, x.shape))
         x

         ndim: 1 shape:(3,)

Out[90]: array([1, 2, 3])

In [91]: # 3个样本，每个样本一个特征
         x1 = x.reshape([-1, 1])
         print('ndim: {} shape:{} '.format(x1.ndim, x1.shape))
         x1

         ndim: 2 shape:(3, 1)

Out[91]: array([[1],
                [2],
                [3]])

In [92]: # 一个样本，包含3个特征
         x2 = x.reshape([1, -1])
         print('ndim: {} shape:{} '.format(x2.ndim, x2.shape))
         x2

         ndim: 2 shape:(1, 3)

Out[92]: array([[1, 2, 3]])
```

如上面的示例所示，x 是一个一维的数据，其维度形状为 (3,)。在实际的应用场景中，需要区分的是，变形后的数据是包含一个样本，还是每个样本只有一个特征。这两个数据是完全不一样的。如果是需要一个样本，那么第一个维度设置为 1，第二个维度设置为 -1，相当于让 numpy 自己去计算。如果需要的是每个样本只有一个维度，那么设置第二个维度为 1，第一个维度不用管。

除了变形，还有另外一类实用的、对数据进行描述性统计的方法，如 min、max、mean 等，这也是所有数据分析的基础，在 SQL 中，通常叫作聚合函数。

描述性统计方法如下：

```
print('column min:', arr.min(axis=0))
print('column max:', arr.max(axis=0))

print('row mean:', arr.mean(axis=1))
print('row sum:', arr.sum(axis=1))
print('row product:', arr.prod(axis=1))
print('column cumsum:\n', arr.cumsum(axis=1))
```

其结果如下图所示：

```
column min: [ 1.   3.   7.]
column max: [ 2.   4.   8.]
row mean: [ 4.           4.33333333]
row sum: [ 12.   13.]
row product: [ 24.   56.]
column cumsum:
 [[  1.    4.   12.]
 [  2.    6.   13.]]
```

计算最大、最小、平均与求和，这些都非常好理解，唯一需要注意的是参数axis。这个是设置轴的，axis=0就是在0轴上进行计算，即滑动0轴（行）的数据，计算出来的结果为每列的特征。简单记忆，就是设置哪个轴，就对哪个轴的数据进行滑动计算。axis=0为行轴，行就是从上到下滑动；axis=1就是列轴，列轴就是从左到右滑动。

掌握变形的方法，以及对数据进行描述性统计，这些在后续的Pandas环境中，都将被大量使用。

04 矩阵运算

矩阵是线性代数的基础内容，其基本运算主要是加、减、乘、除与转置。

矩阵的加、减与除运算都很简单，对应元素进行运算即得到最后的矩阵，如下所示：

```
In [140]: new = np.mat([[4, 5, 8], [3, 6, 10]])
          print('add:', arr + new)
          print('sub:', arr - new)
          print('div:', arr / new)

          add: [[  5.   8.  16.]
           [  5.  10.  17.]]
          sub: [[-3. -2.  0.]
           [-1. -2. -3.]]
          div: [[ 0.25        0.6         1.        ]
           [ 0.66666667  0.66666667  0.7       ]]
```

将两个矩阵对应位置的元素进行相应的运算即可，毫无技术可言，唯一需要注意的是两个矩阵的 shape 需要完全一样，否则无法进行运算。

在 numpy 中，允许矩阵与实数进行加减乘除运算，其结果为将实数作用到每个元素上的结果，如下所示：

```
In [141]: print('add:', arr + 2)
          print('sub:', arr - 4)
          print('div:', arr / 3)

          add: [[  3.   5.  10.]
           [  4.   6.   9.]]
          sub: [[-3. -1.  4.]
           [-2.  0.  3.]]
          div: [[ 0.33333333  1.          2.66666667]
           [ 0.66666667  1.33333333  2.33333333]]
```

唯一不同的是矩阵的乘法运算，在 numpy 中，乘法有两种不同的叫法，一种叫数量乘法，指将两个相同 shape 的矩阵的对应元素相乘，与加、减、除相同。另外一种叫点乘（dot 乘法，也叫叉乘），也就是线性代数中两个矩阵的乘法运算。点乘要求第一个矩阵的列数与第二个矩阵的行数相同，否则不能进行点乘运算。

在 numpy 中，ndarray 和 matrix 两种结构在乘法的实现上是不一样的，如下所示是 ndarray 的实现：

```
In [170]: arr2 = arr * 2
          print(type(arr), type(arr2))
          print('array multiply:\n', arr * arr2)
          print('array multiply:\n', np.multiply(arr, arr2))
          print('array dot:\n', arr.dot(arr2.T))

          <class 'numpy.ndarray'> <class 'numpy.ndarray'>
          array multiply:
           [[   2.   18.  128.]
           [   8.   32.   98.]]
```

```
array multiply:
 [[   2.   18.  128.]
 [   8.   32.   98.]]
array dot:
 [[ 148.  140.]
 [ 140.  138.]]
```

可以看到，默认的乘法符号进行的是数量乘法，按对应元素相乘得到最后的结果。同样的，也可以使用 np.multiply 方法进行数量乘法。而只有使用点乘时，才能进行矢量乘法。在点乘中，为了满足第一个数组的列数与第二个数组的行数相同，使用了数组的 T 属性获取其转置矩阵，T 来自单词 transpose，效果与 transpose 方法完全相同。

而 matrix 结构，默认的乘法符号为点乘，如果要实现对应元素相乘，必须使用 np.multiply 方法，如下所示：

```
In [191]: mat2 = mat * 2
          print(type(mat), '\n', type(mat2))
          print('matrix multipy:\n', np.multiply(mat, mat2))
          print('matrix dot:\n', mat * mat2.transpose())
          print('matrix dot:\n', mat.dot(mat2.transpose()))

          <class 'numpy.matrixlib.defmatrix.matrix'>
           <class 'numpy.matrixlib.defmatrix.matrix'>
          matrix multipy:
           [[   2.   18.  128.]
           [   8.   32.   98.]]
          matrix dot:
           [[ 148.  140.]
           [ 140.  138.]]
          matrix dot:
           [[ 148.  140.]
           [ 140.  138.]]
```

在平时的使用中，除了自己生成数组或者矩阵外，numpy 也自带了一些特征矩阵，如元素全为 0 的 zeros 矩阵，元素全为 1 的 ones 矩阵，对角线上的元素全为 1 的单位方阵以及更有特点的 eye 矩阵，这些矩阵经常被用来作为初始的矩阵，如下所示：

```
In [174]: np.zeros((2,3))

Out[174]: array([[ 0.,  0.,  0.],
                 [ 0.,  0.,  0.]])

In [186]: np.ones((3, 2)),
```

```
Out[186]: (array([[ 1.,  1.],
                  [ 1.,  1.],
                  [ 1.,  1.]]),)

In [190]: print(np.eye(3))
          print(np.eye(3, 2))

          [[ 1.  0.  0.]
           [ 0.  1.  0.]
           [ 0.  0.  1.]]
          [[ 1.  0.]
           [ 0.  1.]
           [ 0.  0.]]

In [178]: np.identity(3)

Out[178]: array([[ 1.,  0.,  0.],
                 [ 0.,  1.,  0.],
                 [ 0.,  0.,  1.]])
```

在使用的时候，唯一需要注意的是，生成 zeros 与 ones 矩阵的参数是一个元组，即指定每个维度的元素个数，因此后面带两层括号。

在 eye 矩阵中，如果只带一个参数，与 identity 效果完全相同，如果指定 eye 的第二个参数，则指定了对角线的位置，此时结果与 identity 有区别，如图中的 np.eye(3) 与 np.eye(3,2) 的结果。

05 实用方法

除了上面一些线性代数的基础，numpy 中还提供了一些比较实用的方法，可以在平时的 Python 代码中使用。

将一个固定区间均等分成点数，可使用 linspace 方法：

```
# 将 [1,9] 这个区间分成 6 个均匀的点
>>> np.linspace(1, 9, 6)
array([ 1. ,  2.6,  4.2,  5.8,  7.4,  9. ])
```

对数据进行按区间统计计数：

```
>>> data = np.random.randn(5)
>>> print(data)
[ 0.23251254 -0.64873307  1.00297121 -1.07249639  1.66664625]
```

```
>>> hist, bin_edges = np.histogram(data, [-1, 0, 0.5, 5.0])
>>> print(hist, bin_edges)
[1 1 2] [-1.   0.   0.5  5. ]
```

上面的返回结果表示 data 中的数据，在前闭后开区间 [-1,0) 中有 1 个，[0,0.5) 中有 1 个，[0.5, 5) 中有 2 个。

使用 searchsorted 方法可以对一个排序的数组进行查找，找出当前的值应该插入的索引位置：

```
>>> import random
>>> data = sorted(random.sample(range(100), 6))
>>> data
[3, 5, 19, 24, 69, 95]
>>> np.searchsorted(data, 8)
2
>>> np.searchsorted(data, 25)
4
```

上面的 data 是一个已经排好序的数组，使用 searchsorted 方法，查找数值 8 应该插到索引为 2 的位置，以使插入该值后数组还能保持有序，同理，25 应该插到索引为 4 的位置。

随机生成具有正态分布的数组：

```
>>> np.random.randn(2,3)
array([[-1.02542693,  0.42712643,  0.51592746],
       [-0.3023677 , -0.52013337,  1.33576895]])
```

在纵向或者横向上合并两个数据，可使用 numpy 下的 vstack 和 hstack 函数：

```
>>> a = np.ones((2,2))
>>> b = np.eye(2)
# 纵向合并
>>> print np.vstack((a,b))
[[ 1.  1.]
 [ 1.  1.]
 [ 1.  0.]
 [ 0.  1.]]
# 横向合并
>>> print np.hstack((a,b))
```

```
[[ 1.  1.  1.  0.]
 [ 1.  1.  0.  1.]]
```

06 结语

前面演示了 numpy 的一些基本用法，包括生成 ndarray，以及对 ndarray 进行变形操作和一些统计函数。

numpy 除了提供数据与矩阵外，还提供了一个强大的线性代数库——linalg，作为对矩阵中复杂的线性运算的支持。比如 np.linalg.eig(mat) 计算矩阵 mat 的特征值和特征向量，这个在 PCA 中会继续进行讲解。

numpy 对自己实现数据挖掘算法或者阅读成熟的源码都很重要，即使平时不常用 numpy，理解其中的一些核心思想也是非常有用的。

0x26　numpy 实战，PCA 降维

01 PCA 介绍

在实践中，获取的数据维度都比较高，随便一个项目可能就是上千维的特征，因为很多时候会把离散变量使用独热编码弄成多维空间，在这样的多维空间中，数据可以很稀疏，也会包含一些噪声。此时，可以运用 PCA 进行降维，在一定程度上，使得特征之间更加独立，也去除了一些无用的噪声，还能减小计算量。

PCA（Principal Component Analysis）即主成分分析，不仅可对高维数据降维，更重要的是经过降维，去除了噪声，从而发现数据中的一些固有的模式。

PCA 把原先的 N 个特征用数目更少的 M 个特征代替，新特征是旧特征的线性组合，这些线性组合最大化了样本方差，尽可能使新的 M 个特征互不相关。

除了减少特征的数目，PCA 降维还有以下几个目的：

```
1. 降低了特征的个数，同时也就减少了计算量。
2. 降低了特征之间的相关性，使得特征之间更加独立。
3. 减少噪声数据的影响，使得模型更稳定。
```

```
4. 方便对数据进行可视化。
```

在工程领域，PCA 的实现一般有两种，一种是特征值分解，一种是奇异值分解（SVD）。比如，在 scikit-learn 中就是使用 SVD 来实现的。

为了更好地理解问题与使用 numpy 实现，本节使用特征值分解来演示，特征值分解通常包含以下几个步骤：

```
1. 对数据进行零均值化处理。
2. 计算均值化后的数据的协方差矩阵。
3. 计算协方差矩阵的特征值和特征向量。
4. 找出所需要的 K 个特征值及其对应的特征向量。
5. 将数据映射到 K 个特征向量的空间中，实现降维。
```

下面就按这几个步骤一步步使用 numpy 来编码，目的是对 sklearn（scikit-learn 的简称）中自带的 Iris 数据集进行降维，Iris 数据集是 4 维的数据，使用 PCA 将其降到 2 维，以方便进行数据可视化。

02 数据均值化

加载 sklearn 的数据集，便可使用 np.mean 方法计算每个特征的均值。

零均值化就是求每个特征的平均值，然后用该特征的所有数都减去这个均值。也就是说，这里的零均值化是对每一个特征（每一列）而言的，因此在 np.mean 方法中必须加一个 axis=0 的参数。零均值化后，每个特征的均值变成 0。具体的代码如下所示：

```
import numpy as np
from sklearn.datasets import load_iris

# 加载数据
iris = load_iris()

data = iris.data

# 将数据 0 标准化
mean_val = np.mean(data, axis=0)
meaned_data = data - mean_val
```

```
print('Feature mean: ', np.mean(meaned_data, axis=0))

meaned_data[:5, :]
```

执行结果如下图所示，可以看到每个特征的均值已经为 0 了。

```
Feature mean:  [ -1.12502600e-15  -6.75015599e-16  -3.23889064e-15  -6.06921920e-16]

array([[-0.74333333,  0.446     , -2.35866667, -0.99866667],
       [-0.94333333, -0.054     , -2.35866667, -0.99866667],
       [-1.14333333,  0.146     , -2.45866667, -0.99866667],
       [-1.24333333,  0.046     , -2.25866667, -0.99866667],
       [-0.84333333,  0.546     , -2.35866667, -0.99866667]])
```

03 协方差矩阵

在介绍协方差矩阵之前，需要先了解协方差。协方差（Covariance），意为协同方差，指两个变量之间的关系。如果结果为正值，则说明两者是正相关的，结果为负值就说明两者是负相关的，如果为 0，也就是统计上说的“相互独立”。

协方差矩阵是对多维特征而言的，计算两两特征之间的协方差，从而形成一个矩阵。如三个特征（F_0, F_1, F_2）的数组，其协方差矩阵为：

$$\begin{Bmatrix} Cov(F_0, F_0) & Cov(F_0, F_1) & Cov(F_0, F_2) \\ Cov(F_1, F_0) & Cov(F_1, F_1) & Cov(F_1, F_2) \\ Cov(F_2, F_0) & Cov(F_2, F_1) & Cov(F_2, F_2) \end{Bmatrix}$$

从上面的公式中可以知道，矩阵的行数与列数为特征的数目，因此矩阵是一个方阵，并且是一个对称的方阵，因为 $Cov(F_x, F_y) = Cov(F_y, F_x)$。

要计算数据的协方差，在 numpy 中可以使用 cov 函数。参数 rowvar 很重要，若 rowvar=True（默认值），说明每行为一个特征。如果 rowvar=False，说明每列代表一个特征，本例中数据为每列一个特征，因此 rowvar 需要设置为 False。

在零均值化的数据上计算协方差矩阵，具体的代码如下所示：

```
# 求协方差方阵
cov_mat = np.cov(meaned_data, rowvar=False)

print('Shape:', cov_mat.shape)
```

```
cov_mat
```

其结果如下图所示，因为是 4 个特征，所以协方差矩阵为 4 阶方阵。

```
Shape: (4, 4)

array([[ 0.68569351, -0.03926846,  1.27368233,  0.5169038 ],
       [-0.03926846,  0.18800403, -0.32171275, -0.11798121],
       [ 1.27368233, -0.32171275,  3.11317942,  1.29638747],
       [ 0.5169038 , -0.11798121,  1.29638747,  0.58241432]])
```

04 特征值与向量

在矩阵的应用中，特征值与特征向量非常重要。若 $\boldsymbol{A}$ 是 n 阶方阵，如果存在数 λ 和 n 维非零列向量 $\boldsymbol{X}$ 使得等式 $\boldsymbol{AX}=\lambda\boldsymbol{X}$ 成立，则 λ 被称为矩阵 $\boldsymbol{A}$ 的特征值，列向量 $\boldsymbol{X}$ 是 λ 对应的特征向量。

需要注意的是，$\boldsymbol{A}$ 必须是方阵才能计算其特征值与特征向量，而协方差矩阵也正好是方阵，满足要求。$\boldsymbol{X}$ 必须是列向量，$\boldsymbol{AX}$ 才能进行相乘运算。

方阵 $\boldsymbol{A}$ 的所有特征值，叫作 $\boldsymbol{A}$ 的谱。

numpy 中有一个子库 linalg，专门用于矩阵线性代数运算，计算特征值与特征向量就可以使用其中的 eig 方法，具体的代码如下所示：

```
# 求特征值和特征向量
eig_vals, eig_vects = np.linalg.eig(np.mat(cov_mat))

print(' 特征值 ', eig_vals)
print(' 特征向量 ',eig_vects)

sorted_index = np.argsort(-eig_vals)  # 对特征值从大到小排序
print(' 排序的索引 ',sorted_index)

# 取最大的 2 个特征
topn_index = sorted_index[:2]
print(' 最大的 2 个特征索引 ', topn_index)

topn_vects = eig_vects[:,topn_index]  # 最大的 n 个特征值对应的特征向量
print(' 最大的 2 个特征，对应的维特征向量 ')
topn_vects
```

代码执行结果如下图所示。

```
特征值 [ 4.22484077  0.24224357  0.07852391  0.02368303]
特征向量 [[ 0.36158968 -0.65653988 -0.58099728  0.31725455]
 [-0.08226889 -0.72971237  0.59641809 -0.32409435]
 [ 0.85657211  0.1757674   0.07252408 -0.47971899]
 [ 0.35884393  0.07470647  0.54906091  0.75112056]]
排序的索引 [0 1 2 3]
最大的2个特征索引 [0 1]
最大的2个特征，对应的维特征向量

matrix([[ 0.36158968, -0.65653988],
        [-0.08226889, -0.72971237],
        [ 0.85657211,  0.1757674 ],
        [ 0.35884393,  0.07470647]])
```

在上面的代码中，eig_vals 存放特征值，eig_vects 存放特征值对应的特征向量，因为特征向量是列向量，所有每一列为一个特征向量。

使用 np.argsort 方法对特征值进行排序，argsort 返回排序后的索引，而传统的 sorted 会返回排序后的数值，这点有明显的区别。

因为我们是为了进行可视化，需要将数据降到 2 维，所以取前面两个最大的特征值与其对应的向量。在取对应向量的时候，必须注意是取前两个列的向量。

05 数据映射降维

取出最大的两个特征向量后，直接将均值化后的数据与这两个特征向量进行矩阵相乘，即将数据投影到这个低维空间。

另外，降维后的数据也可以还原回去，进行逆向操作即可，与特征向量的转置矩阵相乘，再加上前面计算出来的每列的均值即可。

其代码如下所示：

```
pca_data = meaned_data * topn_vects      # 投影到低维空间
print('降低维度后的数据：\n', pca_data[:5,:])

recon_data = (pca_data * topn_vects.T) + mean_val # 重构数据
print('还原后的数据：')
recon_data[:5, :]
```

执行结果如下所示。

```
降低维度后的数据：
 [[-2.68420713 -0.32660731]
 [-2.71539062  0.16955685]
 [-2.88981954  0.13734561]
 [-2.7464372   0.31112432]
 [-2.72859298 -0.33392456]]
还原后的数据：

matrix([[ 5.08718247,  3.51315614,  1.4020428 ,  0.21105556],
        [ 4.75015528,  3.15366444,  1.46254138,  0.23693223],
        [ 4.70823155,  3.19151946,  1.30746874,  0.17193308],
        [ 4.64598447,  3.05291508,  1.46083069,  0.23636736],
        [ 5.07593707,  3.5221472 ,  1.36273698,  0.19458132]])
```

自此，一个完整的 PCA 流程就完成了。将原始的 4 维数据降低到了 2 维数据，就可以对数据进行可视化了。

注意，降维后的 2 维特征并不是从原来的 4 维中选择了主要的 2 维出来，而是映射到了新的 2 维空间中。这样的映射有一定的信息丢失，至于丢失多少，在下面再做简述。

另外，将数据还原回去后，也并不是完全还原，而是有一定的误差。将数据先降维，再进行还原，与深度学习中的自动编码器非常相似，更多信息请参考“自编码器，深度之门”一节。

06 sklearn 实现

前面使用 numpy 演示了 PCA 通过特征值分解来实现降维，不过，在实际应用中，很少有人会自己去实现，而是选择现成的库，比如 sklearn。一个原因是方便，另外一个原因是性能更加有保证。sklearn 中是使用 SVD 分解的方式去做的，性能要高一些。

在前面的 PCA 中，还有一个更重要的问题没有解决，即在实际项目中，有 1000 维的数据，降到多少维合适呢？信息到底丢失了多少呢？其实原理也很简单，可以通过特征值的占比来确定信息量的占比。

使用 sklearn 非常简单，只需简单几行代码即可：

```
from sklearn.decomposition import PCA
# 压缩为 2 维数据
```

```
pca = PCA(n_components=2)
print('模型:', pca)
feature2 = pca.fit_transform(data)

print('特征值的比例:', pca.explained_variance_ratio_)
print('降维后占比:', sum(pca.explained_variance_ratio_))

print('降维后的数据:\n')
feature2[:5, :]
```

执行结果如下图所示。

```
模型: PCA(copy=True, n_components=2, whiten=False)
特征值的比例: [ 0.92461621  0.05301557]
降维后占比: 0.977631775025
降维后的数据:


array([[-2.68420713, -0.32660731],
       [-2.71539062,  0.16955685],
       [-2.88981954,  0.13734561],
       [-2.7464372 ,  0.31112432],
       [-2.72859298, -0.33392456]])
```

可以将 sklearn 的结果与前面使用 numpy 的结果进行对比，发现是一致的，说明特征值分解与 SVD 的效果完全一样。

在 sklearn 中可以输出每个特征值的信息占比，比如最大的两个特征值已经占据了 97.76% 的信息量，因此降到 2 维时信息丢失非常少。在实际应用中，可以通过这个比例来确定应该将数据降到多少维合适。

0x3 大数据，其大无外

0x30 太大数据，极生两仪

说起“大数据”一词，也是真正被炒够了。做个简单的统计叫大数据，做个表格、画个图形出来，也叫大数据。言谈间凡是不和“大数据”沾边，就感觉已经落伍了。其实，很多人除了知道简单的统计外，根本不了解大数据是什么。甚至连Hadoop与Spark都不曾听过，更别谈机器学习与深度学习了。

大数据是一个概念也是一门技术，是在以Hadoop为代表的大数据平台框架上进行的各种数据分析的技术。包括了基础的大数据框架，以Hadoop和Spark为代表；包括了实时数据处理、离线数据处理；还包括了数据分析、数据挖掘和用机器学习算法进行预测分析。

《易经》有云：太极生两仪，两仪生四象。太极生出一黑一白，白中有黑，黑中有白。黑白相对、相交、相融与相互转化，在其周围的是先天八卦。

太极，其大无外，其小无内。简单说就是：大到没有外部，小到没有内部。

从桌面电脑时代向大处走，便是向云中走，走出了大数据；向小处走，便是向终端走，走出了移动互联网。

一阴一阳之谓道，阴阳合而万物生，大数据技术与移动端，构成了真正的万物互联（Internet of Everything)，也即物联网。

现在和未来都是数据的天下，所有现象的背后，都会有大数据的思维。不仅是移动互联网、物联网、甚至还包括机器人与人工智能。

大数据不仅仅数据量很大，TB级甚至PB级，还包括类型多样性与处理时效性。类型的多样性，不光是结构化数据，还有非结构化数据，如文本、语音、视频数据；处理时效性，不仅是批量处理，还有交互式查询分析，甚至是实时数据流分析。

数据不仅是存储，存储只是其中的基础，更重要的是对数据的挖掘。从数据中统计出信息，在信息中挖掘出知识，将知识提升为智慧，这便是大数据从业人员的使命。

下面是本章的知识图谱：

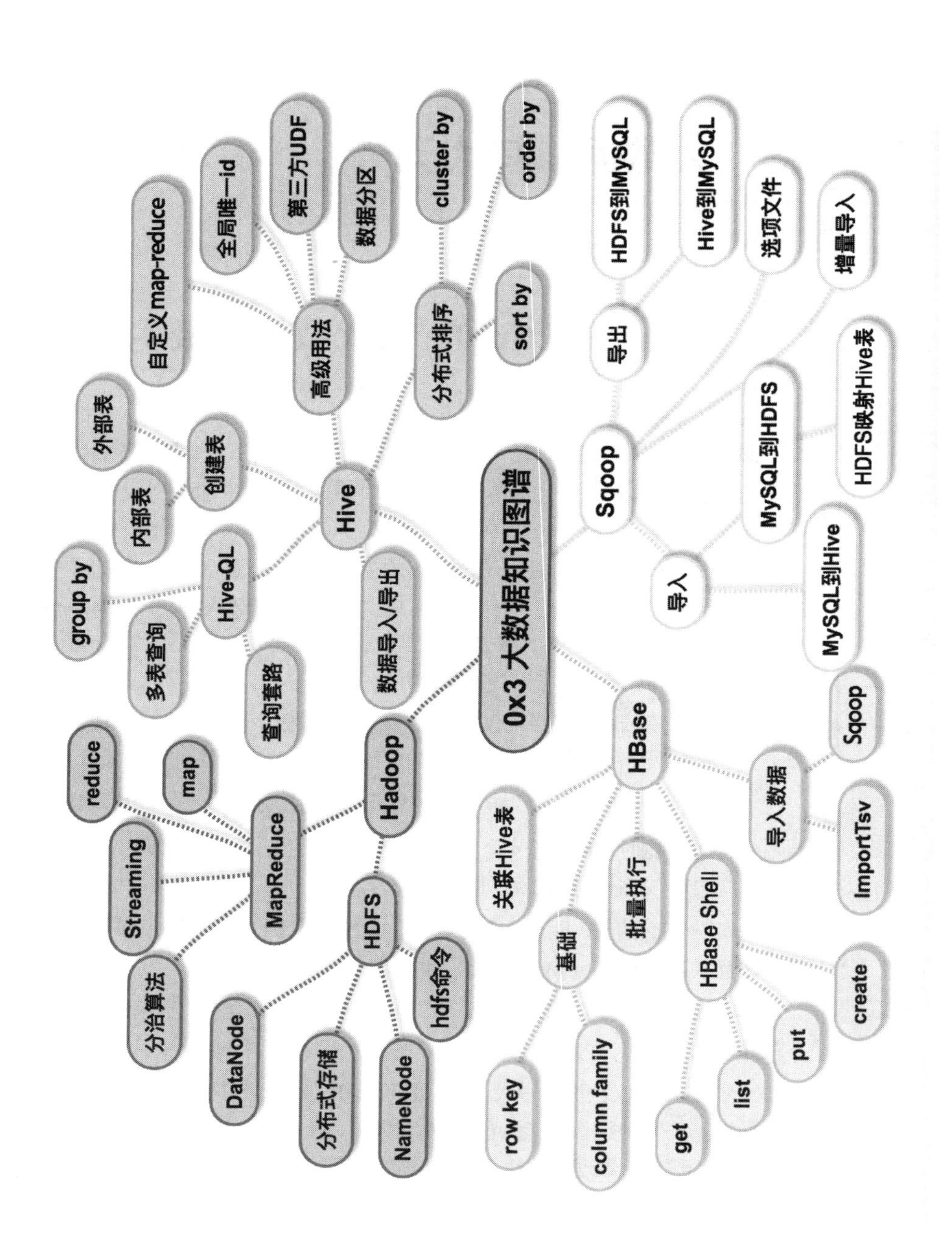

0x3 大数据知识图谱
Hive
Hive-QL
group by
多表查询
查询套路
创建表
内部表
外部表
高级用法
自定义map-reduce
全局唯一id
第三方UDF
数据分区
分布式排序
cluster by
order by
sort by
数据导入/导出
Sqoop
导出
HDFS到MySQL
Hive到MySQL
选项文件
增量导入
导入
MySQL到HDFS
HDFS映射Hive表
MySQL到Hive
Hadoop
MapReduce
map
reduce
Streaming
分治算法
HDFS
DataNode
分布式存储
NameNode
hdfs命令
HBase
关联Hive表
基础
row key
column family
批量执行
HBase Shell
get
list
put
create
导入数据
Sqoop
ImportTsv

0x31 神象住世，Hadoop

01 Hadoop

Hadoop，是近年来大数据的代名词，也已经是大数据最基础的框架。目前也是大数据框架事实上的标准，不论你喜欢与否，这是由时代所决定的，不以某个人的意志为转移。

互联网世界领导者 Google 有两个秘密武器，一个是 GFS，一个是 MapReduce。由神一样的程序员 Jeff Dan 领导，后来他们把这两大成果以论文形式发表出来。Yahoo 在此论文的基础上，对两个模型进行了开源实现，这便是 Hadoop 的雏形。

Hadoop 的核心也就是两大功能，一个是分布式文件系统（HDFS，Hadoop Distributed File System），另外一个是分布式计算模型（MapReduce）。

HDFS 负责将文件在多台机器中存储起来，而 MapReduce 负责对文件在多台机器中进行计算。

在 Hadoop 诞生之前，普通程序员很难实现分布式的编程任务，一是难以有大型机器环境，二是其编程模型也非常复杂。而 Hadoop 本身是设计在低廉的机器之上的框架，其设计理念就是假设集群中任意一台机器都会经常出故障。

使用 Hadoop 搭建集群，就是在集群中堆机器，把一大堆普通的机器，组建成一个强大的集群，不论是存储能力还是运算能力。而且，还要保证集群的高可用性，在集群中一部分机器出现故障后，其他机器仍然能出色地完成任务，这就是 Hadoop 要达到的目标。

另外，还有其简单的一致模型，数据一次写入后，可以多次读取。Hadoop 还提供了简洁的 API 接口，普通的 Java 程序员，按照其接口就可以很容易地实现分布式的程序。还有其强大的 Streaming 接口，方便非 Java 程序员用任意语言实现分布式程序，可以说将分布式数据存取与分布式编程的门槛大大降低，真正实现了服务大众、造福程序员的目的。

02 HDFS

Hadoop 中的分布式文件系统便是 HDFS，是一切计算的基础。

小说中的藏宝图，都会分成几个部分，每个部分由一个忠心且武功高强的人保管，这样即使坏人得到其中一份，他也得不到整张藏宝图。而通常好人会在各种机缘巧合下收集全部的藏宝图。比如，《鹿鼎记》中隐藏在八本四十二章经中的藏宝图。

但是，将一个文件分成多个块，由各台机器分开保管，这样能做到备份吗？安全倒是安全了，要想获得一份完整的文件，必须收集齐所有的块才行。实用性太差，任意一台机器出现问题，这个文件就变得不可用了。

HDFS 也是对文件进行分块，然后保存到多台机器上。但还有一个非常重要的策略，即复制备份。将同样一个文件，先复制出几份（通常为两份），将这共三份文件的所有块按一定的策略存放到集群的机器中去。

比如，当前集群中有 3 台机器，其主机名分别为 cdm1、cdm2、cdm3。有一个文件，共分为 5 个块，其标号为：0、1、2、3、4，假设配置的副本数为 2，那么共有 2 份数据共 10 个块，需要存放到 3 台机器上。

其中一种可能的存储方式如下图所示。

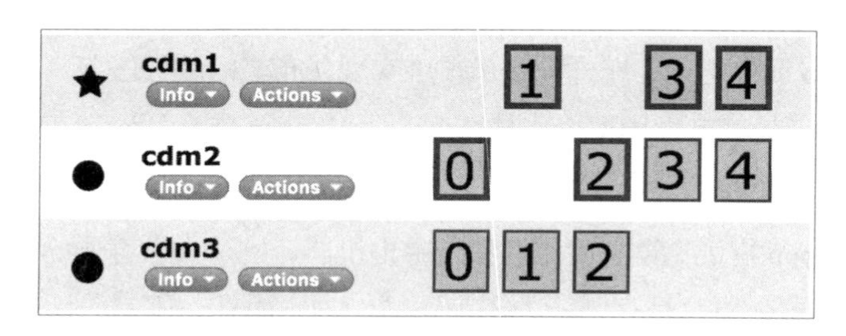

图片截自 ElasticSearch 集群环境的 head 插件界面，与 HDFS 的存储原理完全相同。

按照上面的存储情况，假设机器 cdm1 坏掉了，那在其上面的块 1、3、4 不可访问，但因为 1、3、4 在剩下两台机器中都有备份，因此不影响存取文件。即机器 cdm1 坏了，根本不影响集群的使用。同理，cdm2 和 cmd3 中任意一台挂了，集群中的数据都能保证完整性。

但是，如果三台机器中同时坏掉两台，集群的数据将不再完整。除非将复制策略配置为 3，这样每台机器上都有完整的数据，可以支持同时坏掉两台机器。

这便是 HDFS 最核心的设计理念，其实非常简单。只是会牺牲存储空间，也即以空间来换取集群的高可用性。原理虽然简单，但实际上是使用了数据挖掘里面的最大化熵模型。最大化熵模型就是要保留所有的可能性，假设每一台机器发生故障的概率都是一样的，因为把多份文件均匀随机地放在集群中的各台机器中，是熵最大化的考虑。通俗地说，就是不要把所有鸡蛋放在一个篮子里面，这样最保险。

把文件复制多份并且分块保存，不仅仅是为了文件的可用性，还为了计算的效率。Hadoop 中的文件是以块参与运算的，即在 MapReduce 模型中，会按块读取文件作为输入，如果当前节点需要的数据块在本节点中已经存储了，便不需要向其他节点请求该数据块，直接就可进行运算，省去集群中的网络数据传输。

如上面示例中的存储情况，机器 cdm1 上的一个 Map 程序，如果只需要读取数据块 1，那么就可以从本地直接读取，如果需要读取数据块 2，此时才需要从另外两台机器上获取数据。因为集群之间需要进行大量的数据交互，所以在配置集群环境的时候，也最好使用千兆网卡和千兆交换机。

如果需要对所有数据进行遍历，如搜索某个字符串出现的行，那么集群就会选择在机器 cdm1 运行两个 Map，分别读取数据块 1 和 3，在 cdm2 上运行两个 Map，分别读取数据块 2 和 4，在 cdm3 上运行 1 个 Map，读取数据块 0，这样不仅达到了分布式的效果，还在每台机器上都使用了本地数据，减少了网络传输。

因此，分布式文件系统 HDFS 不仅保证了数据的高可用性，还保证了能更好地进行分布式运算。

03 角色与管理

在 Hadoop 文件系统中，有两个主要的角色，一个叫 NameNode（元数据节点），一个叫 DataNode（数据节点）。从名字上可以看出，NameNode 存储名称信息，DataNode 存储数据块。比如，前面存储数据块 m1、m2、m3、m4 的机器，就叫 DataNode 节点。而存储了文件及其块的位置对应关系的节点，叫 NameNode，如“文件的 b1 块存储在机器 m1、m2、m4 三台机器上”这样的信息。NameNode 这个角色的服务可以搭建在 m1、m2、m3、m4 中的任意一台机器中，当然，通常推荐是另外选一台大内存的机器来安装这个服务。

只有 NameNode 知道哪个块是存储在哪个节点上的，而 DataNode 只负责存储自己的数据块，不管其他数据块。NameNode 是节点中的主节点，也称为 Master 节点，而 DataNode 是节点中的 Slave 节点，如下图所示。

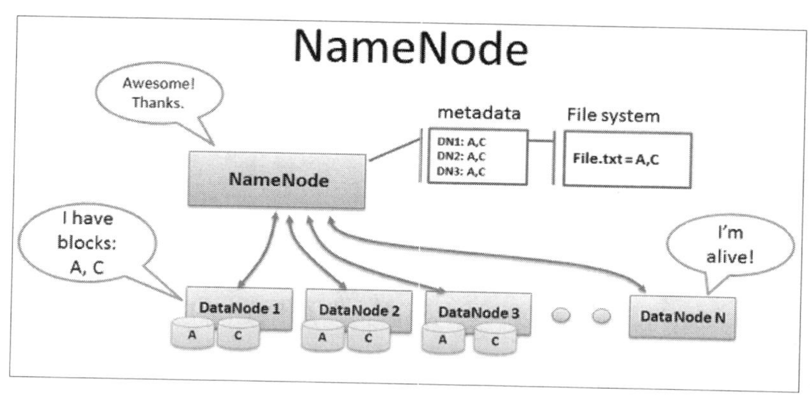

NameNode 节点存储了文件系统的目录信息、各个文件的分块信息、数据块的位置信息，并且管理各个数据服务器。这么重要的节点，如果它坏掉了呢？自然，如果 NameNode 节点坏掉了，整个集群的数据将变得不可访问，这台机器也就是集群中的单点机器。

但聪明的人，已经想到了很多解决方案，最基础的就是多设置一台辅助 NameNode，即 Secondary NameNode。一旦 Namenode 坏掉了，马上由 Secondary NameNode 顶上去，而平时就默默地保持着与 NameNode 同步更新即可。

话说程序员都喜欢自称“攻城师”，那么当一个队伍在攻城的时候，只要主帅不挂，整个队伍还是有攻击力的。假定每个士兵随时可能会牺牲，牺牲一个，后面的直接顶上去就行了。

但是，如果主帅死了，那么副帅就应该立即顶上主帅的位置发号施令才行，这样队伍才能继续进攻。

在 Hadoop 中，NameNode 就是主帅，Secondary Namenode 就是副帅，DataNode 就是士兵。

04 文件操作

HDFS 是分布式的文件系统，在命令下也提供了类似 Linux 文件系统的统一访问方式。它们唯一的区别是，HDFS 文件系统是存放在多台电脑上的，而 Linux 文件系统是存放在一台电脑上的。

HDFS 1.x 提供的命令是使用 hadoop，但 2.x 版本把这个命令拆分成两个，一个是 hdfs，一个是 mapred，分开管理。

现在的 hdfs dfs 相当于旧版本中的 hadoop fs 命令。

1. 列目录

```
$ hdfs dfs -ls /
$ hdfs dfs -ls /access
```

dfs 表示使用它的 hdfs 接口，-ls 和 Linux 里面的 ls 一样。可以用 hadoop dfs -help 来查看所有命令，/ 表示 Hadoop 的根文件系统，注意和 Linux 本身的文件系统进行区别。

2. 配合 Linux 管道与命令

```
$ hdfs dfs -cat /logs/20120819/10.9.0.5_*/*.log.gz | gzip -d | less
```

Hadoop 文件系统中的文件，只能使用 Hadoop 相应的接口查看，无法自己到文件系统中查看。

3. 上传文件

```
$ hdfs dfs -put 20121118.summary /
```

将 Linux 系统中的文件保存到 Hadoop 的文件系统中。

4. 获取文件

```
# 将 Hadoop 文件系统中的文件保存到 Linux 文件系统中
$ hdfs dfs -get /data/20121118.summary /tmp
```

5. 删除文件

```
$ hdfs dfs -rm /data/20121118.summary
```

6. 删除目录

```
# 小心使用，会删除整个目录且不会提示。
$ hdfs dfs -rm -r /data/directory_not_exists
```

7. Hadoop 回收站

```
/user/$user/.Trash/
```

8. 清空回收站

```
hdfs dfs -expunge
```

9. 帮助，非常有用，可以参看详细的参数

```
# help 相当于一个命令，是一个短横线
$ hdfs dfs -help
```

比如，经常会遇到的上传文件时文件已存在的情况。可以查看帮助文档，可以看到，加 -f 参数，就是覆盖。如果不知道这个参数，必须要先删除已有文件才能上传。

05 结语

1. x 版本的第一代 Hadoop 只提供了两个核心组件，hdfs 与 mapreduce，并且提供了命令行下的文件访问接口 hadoop。

2. x 版本的第二代 Hadoop，除了 hdfs 与 mapreduce 之外，还提供了一个统一资源管理器 YARN，其命令行接口分成了三个命令：hdfs、mapred 和 yarn，分别对文件系统、mapred 任务与资源管理这三个方面进行管理。

存储好了文件，那么，最重要的事情便是对文件进行分析了。

0x32 分治之美，MapReduce

01 map 与 reduce 函数

世界是由少数人或者团体推动的，而我们大多数人都只是平庸地过一辈子，很少有推动世界的举动。还好，知识总是需要积累的，一点一点开始。

了解函数式编程的人都应该熟悉两个函数：一个是 map，另一个是 reduce，正是这两个平时常用的函数，引发了一个强大的分布式计算模型：MapReduce 编程模型。

从 Google 发布的论文 *Simplified Data Processing on Large Clusters* 开始，

MapReduce 模型进入了人们的视线。论文里有这样一句话：Our abstraction is inspired by the map and reduce primitives present in Lisp and many other functional languages，其意思是：我们的抽象模型的灵感来自 Lisp 和其他函数式编程语言中的古老的 map 和 reduce 函数。

map，顾名思义，就是映射、对应。将一系列数据，通过某种关系映射到另外一系列数据，最后数据个数保持不变，比如对一系列的数求平方。

reduce 即化简、合并、归约，将一系列数据，通过某种方式化简为一个值，如求一系列数据的和。

map 与 reduce 函数，最初出现在 Lisp 语言中，目前基本上已经是所有支持函数式编程的语言的标准配置了。Python 自然支持函数式编程，因此 Python 中也有这两个函数。假设需要求数组 [1, 8, 9, 20, 3, 9] 中所有元素的平方和，使用 map 和 reduce 来编程实现。

Python 版本的代码如下所示：

```
ldemo = [1, 8, 9, 20, 3, 9]
mapout = map(lambda x: x**2,  ldemo)
reduceout = reduce(lambda x, y: x+y, mapout)
print(type(mapout), type(reduceout), reduceout)
```

几点说明：

1. 原始的列表 `ldemo` 有 6 个元素，执行 `map` 函数后，列表 `mapout` 也有 6 个元素，元素个数不增加也不减少，只是其值变成了原来每个值的平方。这就是映射的思想。
2. 执行 `reduce` 函数后，`reduceout` 的元素变成了 1 个，其值为所有元素的和，由 6 个元素变为 1 个元素，实现了归约。
3. Python 中的 map 函数，很多人更喜欢用列表解析来实现。如：`mapout = [i**2 for i in ldemo]`，其原理是一样的。

Lisp 也是《黑客与画家》的作者强烈推荐的语言，既然多次提到，我们也看一个简单的示例。Lisp 版本的代码如下所示：

```
; 在 Emacs 中执行：ctrl-x ctrl-e
(setq mapout
  (map 'vector #'(lambda (x)
                  (* x x))
      (list 1 8 9 20 3 9))
)
(reduce  #'+ mapout)
```

不需要深入了解具体的语法，只需要知道有分号的那句是注释，可以在Emacs中直接测试结果，需要把光标移到每个语句的闭合括号“)”后执行即可。

无论以前是否使用过map与reduce，如果理解了上面的Python代码后，map与reduce的核心思想就已经理解了。

02 分而治之

越是功能强大的东西，其核心越简单。计算一组数据的平方和，小学生都能很快地计算出结果，这难道还需要分布式运算吗？确实不需要，这是因为问题太简单了。当遇到需要计算100万个几十位数的平方呢？一个小学生还能胜任吗？

看过电视剧《暗算》的“看风”篇的人应该知道，在没有计算机的年代，仅仅是计算加减乘除的任务，在黄依依的一个想法下，几十个人在黑房间里面用算盘计算了一个月，但最后的结果居然是除不尽，想想就让人崩溃吧！

但我们知道，很多大且难的任务是可以分解的。分治法是算法中非常著名的一个算法，和中国传统思想中的“大事化小，小事化了”差不多。把大的问题分解成小的问题，小的问题是可以解决的，解决了小的问题，再将结果组合，就是大问题的解了。

假设有一个非常大的日志文件，需要找出里面访问次数最多的10个IP地址。受限于机器资源，不可能将这些IP地址全部装载进内存中，因此只能采用分治的思想。

假设先将文件切分成1 048 576个（1M个）文件，将这些IP地址进行一次Hash操作，md5或者sha1都可以，将Hash的结果再对1 048 576取模，将结果为0的保存到0号文件，结果为1的保存到1号文件，直到将结果为1 048 575的保存到1048575号文件中。

因为Hash后，这些文件的大小差别不大，而且每个文件的大小都比原来的文件小太多了。对这1 048 576个文件分别计算每个文件中访问最多的10个IP地址及其次数，这样共得出10 485 760个IP地址及其次数，最后再对这10 485 760个结果进行合并，最后取出次数最多的10个IP地址。

求每个文件中访问次数前10的IP及次数使用传统命令行awk就可以方便实现：

```
# 假设第 5 个字段为 IP 地址
$ awk '{ips[$5]++}END{for( i in ips){print i, ips[i]}' | sort
-k2 -nr | head
```

这便是 MapReduce 中的 map 过程，对各个文件映射出局部（分割后每个文件内）最多的 10 个 IP 及其次数，最后合并这些 IP 及次数，求出全局（分割前的文件）的 Top 10，这便是 reduce 过程。

当然，上面比较麻烦的是对文件进行切分，其中对每个 IP 地址进行 Hash 及求模后保存到文件的操作，需要确保相同的 IP 进入相同的文件，有这个前提，最后求出的 10 个 IP 才是全局的 Top 10。

题外话，在 Hive 中使用 sort by 便是在每个 map 局部内排序，而 order by 是对全局的排序，只有 sort by 结果加上 distribution by 才能达到全局的 order by 的效果。

想象一下，在 100TB 的日志数据中，搜索一个特定的字符串时，使用 grep 时的时间需要多久呢？时间就是分析员的生命，我们一秒钟要处理几十万条数据。如果将 100TB 的日志拆分成多个，同时多线程在文件中搜索，同样也是分治的思想。

03 Hello,World

世界，你好，我来了。

在数据科学家的眼里，数据便是整个世界。在 MapReduce 的世界中，一个最简单的 Hello World 便是 Word Count，即统计文件中的单词数及出现的次数。

map 程序如下所示：

```
# mapper.py
import sys
for line in sys.stdin:
    line = line.strip()
    words = line.split()
    for word in words:
        print('%s\t%s' % (word, 1))
```

map 程序很简单，将文件切分为一个个单词，并映射为 key-value 的数据对，key 即单词，value 即为 1，一个单词出现多少次，便有多少行输出，没有进行合并。

reduce 程序如下所示：

```
# reducer.py
import sys
current_word = None
current_count = 0
word = None
for line in sys.stdin:
    line = line.strip()
    word, count = line.split('\t', 1)
    try:
        count = int(count)
    except ValueError:
        continue
    if current_word == word:
        current_count += count
    else:
        if current_word:
            # write result to STDOUT
            print('%s\t%s' % (current_word, current_count))
        current_count = count
        current_word = word
if current_word == word:
    print('%s\t%s' % (current_word, current_count))
```

reduce 程序的代码要多一些，但基本思想就是对已经排序的 map 程序的输出进行一次归约，相同的单词出现的次数进行累加，最后输出结果。

注意，map 的输入和 reduce 的输入、输出数据之间的分隔符都是 Tab，这是 Hadoop 的规范。

上面的程序写好后，可以使用 bash 进行模拟：

```
$ cat joy.csv | python mapper.py | sort | python reducer.py
```

管道即是数据流的走向，mapper.py 读取文件的数据，进行 key-value 映射后，对其输出进行排序，结果作为 reducer.py 的输入，最后统计输出。

其中的 sort 过程，是因为 reducer 程序的代码要求输入的数据经过排序才能达到相同的单词次数累加的效果。

在上面的 bash 模拟中，只演示了数据的流向，没有真正并行执行。

04 Streaming 接口

Hadoop 世界中的头等公民是 Java，如果使用 Hadoop 的编程接口，需要使用 Java 来进行开发。

Python 是数据科学领域的头等公民，在 Hadoop 中并不是。但 Hadoop 提供了强大的 Streaming 接口，可以使用任意编程语言开发程序，只需要按照一定的规范来实现 map 和 reducer 程序即可。实际上，只要是可在 Linux 系统上运行的程序都可以，比如 zcat 与 wc 命令，如下所示：

```
$ hadoop jar /usr/hdp/2.4.0.0-169/hadoop-mapreduce/hadoop-streaming-2.7.1.2.4.0.0-169.jar \
    -input /tmp/*.gz \
    -output /tmp/mr_out \
    -mapper /bin/zcat \
    -reducer /usr/bin/wc
```

假设在当前目录下有几个 gz 文件，使用下面的命令，将文件上传到 HDFS 上：

```
hdfs dfs -put 1.gz 2.gz 3.gz /tmp/
```

然后执行前面的那条 hadoop 命令，成功运行后，结果保存在目录 /tmp/mr_out 中，查看命令：

```
$ hdfs dfs -cat /tmp/mr_out/part-*
     29      90     742
```

上面只是演示了使用现有的程序来实现简单的功能，甚至你可以把上面的程序作为测试 Hadoop 是否能正常工作的判断。当然，要把前面用 Python 实现的 map 和 reducer 运行起来，需要使用如下脚本：

```
STREAM=/usr/hdp/2.4.0.0-169/hadoop-mapreduce/hadoop-streaming-2.7.1.2.4.0.0-169.jar
mapper=mapper.py
reducer=reducer.py
combiner=reducer.py

inp=/tmp/*.gz
out=/tmp/pymr_out2
```

```
hadoop jar $STREAM -input ${inp} \
    -output ${out} \
    -file ${mapper} \
    -file ${reducer}  \
    -mapper ${mapper} \
    -reducer ${reducer}
```

在上面的脚本中，使用了 Streaming 接口来提交 mapper 和 reducer 程序，指定输入数据，通过 -mapper 和 -reducer 参数调用前面实现的 mapper 和 reducer 即可。其中使用了一个 combiner 参数，其程序依然是 reducer.py，只是为了效果在每个 map 输出的结果中，进行一次局部的合并操作而已。

map 和 reduce 中间还有一个过程，这个过程就叫 shuffle（洗牌），是把相同的 key 发送到同一 reduce 的过程。

0x33 Hive 基础，蜂巢与仓库

01 引言

Hive，翻译为蜂巢、蜂箱、蜂群，蜜蜂是一种勤劳的动物，而且它们也能表现出强大的集体智慧。Hive 是 Hadoop 生态圈中非常实用的一个工具，能将传统的 SQL 语言的强大魅力应用在大数据环境下。这也是 SQL 到 NOSQL，又回到 SQL 非常重要的一个工具。

除了 Hive 和蜜蜂相关外，还有另外两个工具也和蜜蜂相关。一个是 Hive 的命令行接口程序：beeline，由 bee 走一条直线得来。另外一个是 beeswax，wax 是蜡的意思，给什么上蜡，那么 beeswax 就是蜂蜡，可见都和蜜蜂相关。更多神奇的蜂群智慧，请参见《失控》一书。

Hive 来源于 Facebook 的内部分析工具，其目的就是在 Hadoop 基础之上，能让数据分析员更好地使用 Map-Reduce 模型。但传统的 Map-Reduce 程序必须使用 Java 来写，并且按照一定的方式才能在 Hadoop 中被调用。

为了方便数据分析师或者统计学家进行数据分析，非常需要一个更加便捷的

方式来代替编写 mr 程序，因此 Hive 在这种条件下顺势而生，采用了业界最熟悉的 SQL 语句，将 SQL 语句解析成 mr 程序，从而大大简化了分析师的工作。

数据依然是存储在 HDFS 中，由 HDFS 负责管理数据冗余与一致性。Hive 只是在此基础上构建了一个表，在进行数据查询时，Hive 引擎将 SQL 语句转化为下层的 mr 作业，然后在 mr 的基础上进行计算，计算完成，最后返回结果。

Hive 的语法从 MySQL 中借鉴了很多东西，因此很多 MySQL 语句可以直接在 Hive 中使用。但 MySQL 属于数据库，Hive 属于数据仓库，它们对数据的处理有着本质的区别。

数据库与数据仓库，好比商店的柜台与货仓。你去商店买东西，需要什么东西，只要一问售货员，基本能在 1 秒之内告诉你在哪儿，价格是多少。柜台好比数据库，需要取数据的时候非常快。如果你问售货员，店里面今年销量最好的手机还有多少部的时候（你就是想买 10 部送朋友），可能就不会很快得到答案了。因为，售货员需要知道哪款手机卖得最好，另外还需要去仓库里面清点一下存量，假定仓库里面的手机型号太多的话，可能她 10 分钟才会告诉你答案。这里的仓库也就是数据仓库，数据仓库处理一些并不需要及时反馈的数据，在交互时间上，可能是分钟级别。

Hive 就属于这种数据仓库，Hive 并不能作为线上使用的数据库，因为执行一条简单的 SQL 语句，它可能都需要花一分钟来处理。因此，这也正是数据分析的核心。

02 Hive 接口

访问 Hive 一般有两种方式，一种是命令行接口（CLI），另外一种是 Web 图形界面。命令行接口目前也有两个，一个是 hive，另一个是 beeline。而在 Web 界面上，通常是使用 Hue 的接口。

关于命令行接口，目前官方推荐使用 beeline 方式，如下所示：

```
    $ hive
    WARNING: Hive CLI is deprecated and migration to Beeline is
recommended.
    hive >
```

```
$ beeline
Beeline version 1.6.1 by Apache Hive
beeline>
```

beeline 是一个 JDBC 客户端，CDH5 和 HDP2 都推荐使用 beeline 和 hiveserver2 来连接，只是进行 beeline 后，需要使用一个 connect 来建立连接：

```
!connect jdbc:hive2://localhost:10000/db_name
```

连接需要输入密码，一般在安装 Hive 时有密码配置。

注意：hive 和 beeline 建立的表，对目录的权限需求不一样。

通常，除了直接输入 hive 进入交互式界面外，还可以加参数进行调用。

```
# 执行一条命令
$ hive -e 'use logs; show tables;'
# 直接调用脚本，在 Shell 脚本中使用得较多
$ hive -f select.sql
# 静默模式
$ hive -S -f select.sql
```

03 分区建表

Hive 的建表语句与 MySQL 类似，只是不需要指定主键，因为 Hive 中没有主键的概念。Hive 有两种结构的表，一种是内部表，一种是外部表。常用的建库、建表语句如下所示。

建库语句如下所示：

```
hive> create database db_name LOCATION '/data/db_name';
```

如果建库时不指定位置（Location），则默认数据路径为：/user/hive/warehouse，如下所示：

```
$ hdfs dfs -ls /user/hive/warehouse
Found 1 items
drwxrwxrwt   - dmply hive          0 2016-03-28 14:14
/user/hive/warehouse/db_name.db
```

其中，/user/hive/warehouse/db_name.db 是一个数据库的目录，以后在这个库下面建立的表，如果不指定路径，都存放在这个目录下。

```
# 指定数据库
hive> use db_name;
# 创建表（使用了库名作为前缀，也可以不使用前面的 use 语句）
hive> CREATE external TABLE db_name.table_name (
  id int,
  age int,
  name string
  )
PARTITIONED BY (year string, month string, day string)
ROW FORMAT DELIMITED fields terminated by '\001'
STORED AS TEXTFILE
LOCATION '/data/table_name';
```

上面的语句，建立了一个有 3 个字段的表，表名为 table_name，重要项解释如下所示。

```
external：指定了建立外部表，不写此关键字则为内部表。
ROW FORMAT DELIMITED fields terminated by '\001'：指定了表的各字段间的数据分隔符，hive 中默认是以 '\001' 作为分隔符。
STORED AS TEXTFILE：指定以文本格式存储，还有其他格式，如 RCFile。
LOCATION：指示数据的存储路径。
PARTITIONED BY：指定分区（后面介绍）。
```

要理解上面的语句，需要弄清楚几个概念。数据与元数据，Hive 库中只记录表的元数据，真正的数据都是存储在 HDFS 中的，由 HDFS 保证数据的完整性。内部表就是指数据与元数据全部由 Hive 来管理，包括删除和更新。而外部表，Hive 只管理元数据，即表结构的删除、更新等信息，但数据由用户自己维护（删除与更新），只需要告诉 Hive 数据的路径即可。在 Hive 中，把内部表删除后，数据与元数据都会被删除（数据从 HDFS 中删除），而删除外部表则只是删除表的元数据（实际的数据文件仍存储在 HDFS 中）。

在实际应用中，通常会选择建立外部表，自己管理数据的删除与更新，而 Hive 中只记录相应的元数据即可，删除表结构也完全不影响数据。

Hive 的数据可以是纯文本数据，方便与其他应用进行交互。也可以是二进制数据，比如 RCFile 与 Parquet 格式。Hive 读取表中的数据时，只需要知道数据字段之间的分隔符即可，因此对于文本数据本说，就是简单的表格数据，加一些特殊的分隔符。Hive 为正常区分数据，推荐使用 '\001' 作为分隔符，因为空格、Tab

或者逗号都有可能出现在正常的文本中。

另外，Hive 还支持用查询结果直接创建表，CTAS（Create Table As Select）便是创建表的另外一种形式，命令如下所示：

```
hive> create table table_xx as
select oo1, oo2 from xxyy where oo1 > 100;
```

04 分区机制

Hive 还引入了另外一种强大的处理大数据的机制——分区机制。分区机制是将 Hive 数据存储在不同的区，对应到 HDFS 便是将数据文件存储在不同的目录中。

前面在建立表的时候，PARTITIONED BY (year string, month string, day string) 便是指定了将数据分成三个区，分别是年、月、日，这对于大量的日志文件来说，非常方便。

分区的数据存储目录结果如下所示：

```
$ hdfs dfs -ls /data/table_name
/data/table_name/year=2015
/data/table_name/year=2015/month=2015-03/day=2015-03-21
/data/table_name/year=2015/month=2015-03/day=2015-03-22
/data/table_name/year=2015/month=2015-04/day=2015-04-01
/data/table_name/year=2016
```

分组是一种数据的组织形式，对查询来说，可以大大地优化性能。处理大数据最有效的办法就是忽略不需要的数据，而 Hive 中的分区正是达到这个目的的一种办法。

比如，只需要分析 2015-03 这一个月的数据，那么在查询的时候，直接指定 month='2015-03' 即可：

```
hive> select count(1) from table_name
where age>18
and month='2015-03'
```

从上面的语句中可以看出，Hive 直接把分区的列当成了普通的列，加上了条件限制，但 Hive 引擎会在解析的时候，只读取这个分区里面的数据，对应的 HDFS 目录为：/data/table_name/year=2015/month=2015-03/（包括其子目录）。

使用分区，直接在读取 HDFS 文件系统的时候限制了范围，从而大大减少读取的数据量与 IO 操作。

对于一个表，可以使用 show partitions table 命令查看有哪些分区。

05 数据导入 / 导出

创建好表，就可以向表中导入数据了。导入数据的来源通常有三种，一种是文件存放在 Linux 文件系统中，一种是文件已经在 HDFS 中，还有一种是将查询语句的结果导入到表中。

```
-- Linux 文件
hive> load data local inpath '/data/tmp/log.log'

-- HDFS 文件
hive> load data inpath '/data/tmp/log.log'
overwrite into table table_name;

-- 导入查询结果
hive> insert overwrite table table_name
select ... from ...
```

Linux 文件与 HDFS 文件系统的区别仅仅是一个 local 关键字，当然也可以先将 Linux 文件系统存入到 HDFS 中，再导入。overwrite 关键字是覆盖的意思，即如果表里面有数据，先删除数据文件再导入。如果不加关键字，新导入的数据会以新文件的形式出现在相应的数据目录中。

对于有分区的表，还需要指定导入数据的分区，如：

```
hive> load data local inpath '/data/tmp/log.log'
overwrite into table table_name
partition(year=2016,month='2016-07',day='2016-07-06')
```

对于外部表，通常是把数据按相应的目录结构存放到 HDFS 中，然后添加分区进行对应即可。添加分区的语句如下所示：

```
    hive> alter table table_name add partition (year=2016, month=
'2016-07', day='2016-07-06')
    location '/data/db_name/table_name/year=2016/month=2016-07/
day=2016-07-06';
```

通常会将查询的结果导出保存或者进行进一步分析。与导入数据一样，也有三种方式，但导出指定的是目录，因为结果比较大的话，Hive会自动分成多个文件：

```
-- 导出到Linux目录
hive> insert overwrite local directory '/data/tmp/xxoolog' select ...
-- 导出到HDFS目录
hive> insert overwrite directory '/data/tmp/xxoolog' select ...
-- 导出到新Hive表
hive> insert overwrite table new_table select ...
```

导出的数据如果包含多个字段，那么字段之间默认使用 '\001' 进行分隔，需要进一步处理的话，可能需要使用下面的方式进行处理：

```
# 将 '\001' 替换为空格，也可以替换成逗号
# sed 方式
$ cat 000000_0 | sed 's/\x1/ /g' > file.log
# awk 方式
$ awk -F'\001' '{print $1, $2}' 000000_0 > file.log
# 另外一种 awk 方式
$ awk 'BEGIN{FS="\001";OFS=" ";}{$1=$1;print $0}' 000000_0 > file.log
```

Hive 也可以直接导出为 CSV 格式的文件，可使用如下语法格式：

```
insert overwrite local directory '/data/tmp/xxoolog'
row format delimited fields terminated by ','
select * from ...
```

06 Hive-QL

建立了表结构，导入了数据，才是分析的开始。Hive 使用的 SQL 叫 Hive-QL，语法主要继承于 MySQL，因此可以先照着 MySQL 的格式来写，遇到问题再修改。

常规使用方法如下：

```
hive> use db_names;
hive> show databases;
hive> show tables;
```

```
-- 查看表结构与表的其他信息
hive> show create table table_name;
-- 查询数据
hive> select * from table_name limit 10;
-- 删除表
hive> drop table table_name;
```

示例：统计 2015 年 3 月，年龄大于 18 岁的用户，注册人数最多的 10 天：

```
hive> from logs.table_name
insert overwrite local directory '/data/tmp/2015-03'
select day, count(1) as times
where month='2015-03' and age>18
group by day
order by times desc
limit 10;
```

重点语句说明如下：

```
Hive 支持先 from 表，再 select，主要是为了一次遍历，导出多种结果。
insert 导出到 Linux 文件。
select 进行查询。
where 是条件，分区列是合法的列。
group by：聚合。
order by：排序。
limit：限制结果。
```

另外，使用 Hive 命令行的方式，查询的结果没有显示标题，需要进行设置：

```
hive> set hive.cli.print.header=true;
```

而使用 beeline 的方式，还可以在普通表格形式和垂直形式间进行切换，垂直形式类似于 MySQL 中在行尾放 \G 的形式。

显示格式切换的命令如下所示：

```
-- 垂直显示：
hive> !set outputformat vertical
-- 表格显示：
hive> !set outputformat table
```

类似于 MySQL，Hive 也支持模糊匹配与正则匹配，模糊匹配使用 like 关键字，正则匹配使用 regexp 关键字。

使用 like 关键字进行模糊：

```
%：匹配多个字符
_：匹配一个字符
not like：不匹配为
```

使用 regexp 关键字进行正则匹配：

```
转义：\
使用 Java 的正则方式
```

如查询状态为 500、501 和 502，且请求的是动态地址（.php、.asp、aspx、.asa、.jsp）：

```
hive> from logs.table_name
insert overwrite local directory '/data/tmp/status_5x'
select *
where month='2016-08' and resp_code like '5%'
   and req_uri regexp '.*\.(php|asp|aspx|asa|jsp)$';
```

07 结语

你可能想，我不想用 Hive，我要用更强大的 Spark、Impala 等工具，但最后你会发现，Hive 的元数据管理，已经成为事实上的标准，Spark 可以读取元数据，Impala 也可以读取元数据。在 Spark 和 Impala 中，很多数据的来源都是 Hive。

从 Hive 建立内部表与外部表，并且为了更有效率地进行查询，创建分区可有效进行处理，再进行数据的查询与导入、导出，一个完整的大数据 SQL 查询流程就这样完成了。

当然，Hive 是不支持修改表数据的，即不支持 update 语句，如果在查询中进行了修改，必须导出到新表才能使用。或者，如果数据需要更新，需要靠用户自己管理 HDFS 中文件的数据更新。

对于数据导入，Hive 采用与传统数据库不同的模式：读时模式，就是导入数据的时候 Hive 并不知道你的数据文件和表的结构是否对应，或者是否有字段不符合要求，只有在查询的时候，Hive 才去验证格式，如果格式不一致，才会报错。与 MySQL 的写时模式不一样，如果数据格式不一致不让写入，而读取时一定是满足要求的数据。

另外，Hive 还有一些独特的性质，比如可多表插入，即查询一次表，获取多种结果并且插入到不同的表或者目录。

上面的方式，基本上都是对照着 MySQL 来说的，且 MySQL 都能实现，Hive 的唯一优势只是将数据在集群上执行而已。但仅仅就是这一个优点，就已经让 Hive 大放异彩了。

Hive 还有另外一个强大的功能，即在 Hive-QL 中嵌入 map-reduce 脚本，从而对查询的数据可以真正做到“为所欲为”，实现任意你能想象和实现的处理逻辑。这也是下一节关于 Hive 的文章中要介绍的 Hive 内嵌 map-reduce 逻辑的内容。

0x34 Hive 深入，实战经验

前面介绍了 Hive 的基础语法，建立内部表、外部表，数据的导入、导出以及基础的数据查询。要想高效地使用 Hive，还有一些内容是必须要掌握的。

01 排序与分布式

关于排序，Hive 提供了几种方式：

```
order by
sort by
cluster by
```

另外，它还提供一个 distribute by 函数，这要涉及 Hive 的执行过程，以传统的 map-reduce 程序来理解。

order by 函数，是保证全局的排序的。要保证全局的排序，意味着最后的 reduce 只能有一个，因为只有在一个 reduce 之中，才能保证排序的结果是全局唯一的。因为限定了 reduce 只能有一个，因此性能不好，尤其是对数据量大的情况。order by 还受另外一个配置——hive.mapred.mode 的影响，当其值为 strict 的时候，order by 必须带上 limit 限制，否则数据太多会溢出。如果其值为 nonstric，则可以不带 limit 语句。

sort by 函数，只能保证每个 reduce 内部是排序的，因此会根据 Hive 生成的

reduce 数据量，在每个 reduce 内部进行排序，最后的结果组合所有 reduce 的结果，但不保证 sort by 字段是全局排序的。如果此时再加一个 distributed by 排序的字段，会发生一个 shuffle 过程，即将相同的 key 分发到相同的 reduce 去处理，因此 distribute by 加上 sort by 相当于 order by，也能保证全局排序。

distribute by 控制 map 端如何分发数据给 reduce。Hive 会根据 distribute by 后面的列对应 reduce 的个数进行数据分发，默认是采用 Hash 算法。鉴于 distribute by 与 sort by 这样的写法有些麻烦，因此 Hive 提供了 cluster by 来代替这两个函数，可实现同样的效果。只是 cluster by 后面不能加 asc 或者 desc，只能使用升序排列。

cluster by 和 distribute by，更多的是用在自定义的 map-reduce 脚本中，主要用在 transform/map-reduce 上。

另外，distribute by 只支持 Hive 的 map-reduce 引擎，DAG 图的 Tez 引擎和 Spark-SQL 是不支持 distribute by 的。

02 多表插入与 mapjoin

Hive 支持另外一个非常实用的功能——多表插入。遍历原始表的数据一次，就可以按不同的条件选择数据，并将数据插入到不同的表或者导出到不同的目录。

这种语法是 Hive 独有的风格，传统的 SQL 数据库没有这样的语法，因此在写 SQL 语句的时候，将 from 写在最前面，然后是多条不同的 select 语句。代码示例如下所示：

```
hive>
from tab_name
   insert overwrite table mac_os
   select os,money
   where os='Max'

   -- create table linux_os as
   insert overwrite table linux_os
   select os,money
   where os='Linux';
```

注意上面的语法，在多表插入的时候，插入的表必须要存在，此处不能使用 create 语句创建表。

相比于写成两条语句，这一条语句的优势是只需要遍历一次表 tab_name，从而可大大加快速度。

多表插入的特性，在 Spark-SQL 中，使用 HiveContext 的时候也是支持的。

另外，Hive 在执行大表与小表合并的时候，还支持另外一种特殊的合并，叫 mapjoin。因为 Hive 主要是读取磁盘中的数据进行合并，中间也会写入大量的数据到磁盘，碰到一个大表与小表进行合并的时候，可以将小表完全直接加载到内存中来，在 map 阶段即可完成合并操作，从而大大加快速度。

因为要将小表完全加载到内存中来，因此小表通常不能太大，一般推荐小表在 1000 行以下，可以手动设置成 mapjoin 来运行。

假设 iplist 是一个小表，大约在 1000 行左右，而 logs 是一张非常大的表（行数在亿级别），要在 logs 与 iplist 中合并查询需要的数据，使用的 mapjoin 的语法如下所示：

```
insert overwrite local directory '/tmp/iplist_logs'
select /*+ mapjoin(a) */  b.*
from iplist a join logs b
   on a.ip=b.ip
where log_type='weblog';
```

上面的语句使用了 C 风格的注释，使用 /**/ 将注释包围起来，并在里面使用 mapjoin 关键字指定了哪个表需要放到内存中。

在现在的 Hive 中，已经支持自动将大表与小表的合并转换成 mapjoin，不需要用户指定，配置参数为 hive.auto.convert.join，一般默认为 true，如果需要关闭，请手动设置这个配置为 false。

Hive 的 Tez 引擎也支持这个参数，但在实际使用中，如果内存不够的话，这个配置可能会把内存占满，从而使集群卡死。此时，请手动设置 hive.auto.convert.join=false。

03 加载 map-reduce 脚本

受限于 SQL 语句的表现能力，在进行一些高级分析的时候，总是会想如果能把一些中间的数据使用外部的编程语言来处理，然后再将结果保存到 Hive 表中进行进一步分析就好了。

Hive 中对程序员最强大的支持出现了，就是自定义 map-reduce 脚本，这有点类似于 Hadoop 提供的 Streaming 接口。只要是在 Linux 中能运行的程序和脚本都能被支持，因此任意语言写的程序都可以。

实现 map-reduce 脚本要使用两个关键字来实现，一个是 transform，提供了将 Hive 中的每一行数据作为参数传递给脚本程序；而使用关键字 using 可指定需要加载的脚本。当然，为了让 Hive 知道脚本的路径，需要在之前使用 add file 命令将脚本加载到 Hive 中去。

添加外部脚本：

```
add file /data/joy/os_analysis;
```

执行一个分析脚本，并将结果插入到表中：

```
insert into table os_res
select
      transform(user_agent)
      using 'python os_analysis.py'
      as (osdate, ostype, oscount)
from logs;
```

在上面的 Python 脚本中，需要注意两件事，第一：从标准输入（sys.stdin）读取数据，数据之间使用 Tab 分隔；第二：结果数据写出到标准输出（sys.stdout），必须使用 Tab 分隔不同字段。示例如下：

```
import sys
for line in sys.stdin:
    one, two, three = line.strip().split('\t')
    four, five, six = do_something()
    sys.stdout.write('{}\t{}\t{}'.format(four, five, siz))
    # print('{}\t{}\t{}'.format(four, five, siz), file=sys.stdout)
```

这个为程序员定制的可以自定义 map-reduce 程序的功能，在一定程度上大大扩展了 Hive 的表现能力。

可研究 map-reduce 脚本的执行机制、何时执行 map 以及何时执行 reduce 来加深对此部分内容的理解。

04 使用第三方 UDF

在 Hive 中可以加载用户自定义的函数来进行数据处理，也可以加载一些公开的 UDF 库，以 brickhouse 对 collect 的扩展为例。

假设有一批数据，其格式为：

```
device_id  phone
1          13512345678
2          18112345678
3          13512345678
....
```

现在有一个任务，统计出每个 device_id 中使用最多的三个手机号码。因为同手机号可以多次使用某设备，使用一次产生一条记录，可以使用 brickhouse 提供的 collect_max 来下载与编译：

```
# 下载源代码
$ git clone https://github.com/klout/brickhouse.git
$ sudo apt-get install maven2 # 编译需要 Maven2
# 编译
$ mvn package
```

加载 jar 文件到 Hive，并执行相关的定义脚本：

```
-- 加载 jar 文件
hive> add jar /data/jsody/brickhouse/target/brickhouse-0.7.1-
SNAPSHOT.jar;

-- 初始化环境
hive> source /data/jsody/brickhouse/src/main/resources/
brickhouse.hql;

-- 查看函数文档
hive> desc function collect_max;
collect_max(x, val, n) - Returns an map of the max N numeric values
in the aggregation group
```

对每个设备取出使用最多的三个用户的手机号：

```
hive>
select device_id, map_keys(collect_max(phone, cnt, 1))[0]
-- 返回:  223344 13512345678

-- select device_id, map_keys(collect_max(phone, cnt, 3))
-- 返回: 223344 ["13512345678","15812345678","18112345678"]

-- select device_id, collect_max(phone, cnt, 3)
-- 返回: 223344 {"13512345678":25,"15812345678":13,"18112345678":8}

from(select device_id, phone, count(1) as cnt
    from db_name.tab_name
    where device_id is not null and phone is not null
    group by device_id, phone
    order by device_id, cnt desc
    )tmp
group by device_id;
```

05 实战经验

在实际使用 Hive 的过程中，你会发现一些与 MySQL 明显的区别：

1. 在 Hive 中给子查询取别名时，不能加 as 关键字。
2. Hive 中将查询结果创建为表时，ctas(Create table As Select) 中的关键字 as 不能少，而在 MySQL 中可以省略 as 关键字。
3. Hive 中没有 ifnull 方法，使用 coalesce 可达到同样的效果。对于 coalesce 这个单词，需要记住其意思为“联合，合并”，在 Spark 中同样也会用这个单词，只用于合并分区。
4. 对非 group by 字段，需要使用 collect_set 或者 collect_list 来取值。
5. Hive 中的 group by 无法使用字段的别名，简单字段与复杂字段的别名都不行。
6. hive 使用 as 取别名时，不能使用字符串，直接使用变量。比如在 MySQL 中为：select a as '0-5' from table；在 hive 中为：select a as x05 from table。
   不能使用字符串 0-5，需要用规范的变量来命名。而 0x5 是合法的变量名，类似于 Java 中变量的命名规范，且不支持中文。
7. Hive 不善于做索引查询，但可以做暴力查询。

几条常用的优化建议如下所示：

1. 使用 Parquet 或者 ORC 格式。
2. 开启 Tez，而不是使用 mr。

```
3. 少使用子查询，将子查询建立为临时表。
```

最后，对于一些另类的需求，可以通过 Java 中的反射来调用 Java 现有库中的方法，Hive 中提供了一个 reflect 函数的实现，其代码为：

```
desc function reflect;
reflect(class,method[,arg1[,arg2..]]) calls method with reflection
```

使用示例如下：

```
hive> SELECT reflect("java.lang.Math", "max", 2.3, 8.7),
        reflect("java.lang.Math", "min", 2.3, 8.7),
        reflect("java.lang.Math", "round", 8.5),
        reflect("java.lang.Math", "exp", 1.0),
        reflect("java.lang.Math", "floor", 4.9)
FROM tab_name LIMIT 1;
```

结果为：

```
8.7 2.3 9 2.718281828459045 4.0
```

06 生成唯一 ID

在机器学习中，通常需要一个唯一的 ID 来识别每行数据，或者作为 Pandas 的索引，或者是导出到 MySQL 中后进行多表的关联，此时可以使用 reflect 来随机生成一串 uuid 的标识：

```
  hive> SELECT regexp_replace(reflect('java.util.UUID','randomUUID'),
'-', '')
  from tab_name limit 10;
```

在 Spark 中，还可以在 RDD 的基础上使用 zipWithUniqueId 算子，该算子结合数据的分区来给每条数据一个唯一的 ID，其文档描述为：

```
  Zips this RDD with generated unique Long ids.
  Items in the kth partition will get ids k, n+k, 2*n+k, ...,
where n is the number of partitions. So there may exist gaps, but
this method won't trigger a spark job, which is different from
zipWithIndex
```

按照这样的算法，假设有三个分区，共 10 条数据，其 ID 为：

```
第一个分区：1,4,7
第二个分区：2,5,8
第三个分区：3,6,9,10
```

这样就实现了给分布式的数据全局唯一 ID 的目的。

0x35 HBase 库，实时业务

01 理论基础

HBase 是分布式的数据库，数据库是为线上业务服务的，在 Hadoop 生态中，常常和 Cassandra 进行对比。而 Hive 是分布式的数据仓库，数据仓库是为数据分析服务的。

HBase 也称为 NoSQL 数据库，国内以阿里、淘宝为代表，使用非常广泛。分布式的数据库会在 CAP 原则之间进行权衡。CAP 是一致性（Consistency）、可用性（Availability）和分区容忍性（Partition tolerance）这三个特性的英文缩写。

分布式系统的 CAP 理论首先把分布式系统中的三个特性进行了如下归纳。

- **一致性**：分布式系统中的所有数据备份，在同一时刻是否有同样的值。
- **可用性**：在集群中一部分节点出现故障后，集群整体是否还能响应客户端的读写请求（包括读、写操作）。
- **分区容忍性**：集群中的某些节点在失去联系后，集群整体是否还能继续进行服务。

CAP 理论表示在分布式存储系统中，最多只能实现上面三点中的两点。而由于当前网络硬件肯定会出现延迟、丢包等问题，所以分区容忍性是必须要实现的。所以只能在一致性和可用性之间进行权衡，没有 NoSQL 系统能同时保证这三点。

HBase 是强一致性的，即在同一时刻，系统中所有的备份数据具有相同的值。而 Cassandra 是弱一致性，或者叫最终一致性，数据在某一时间，各备份数据并不能保证相同，经过一段时间后，数据最终会相同。

HBase 也是列式数据库，这一点尤其需要和 MySQL 等传统数据库进行对比。传统的数据是按行进行存储的，而 HBase 是按列进行存储的。按列进行存储，对于只取某些列的数据时，在性能上具有明显的优势。

HBase 在集群结构上是主从结构，主节点叫 Master server，从节点叫 Region server。

02 Shell 操作

在此，用一个高考成绩信息表作为例子，下面是成绩表的内容：

```
id    name      sex     math  english  university
1111  joy       male    98    97       first
2222  renewjoy  male    68    80       second
3333  yunjie    female  70    43       third
4444  bigsk     male    87    69       ?
```

表中的信息分别表示用户的 id、名字、性别、数学成绩、英语成绩和考上大学的等级（最后一行的问号是需要使用机器学习进行预测，能考上几等大学的）。

访问 HBase 的数据接口，通常是使用 Shell 来进行：

```
$ hbase shell
```

进入交互式命令行后，使用 list 命令可查看当前的所有表，HBase 并非以 SQL 语句的方式进行交互，因此语句后面不能加分号，加上反而不正确，如下所示：

```
hbase> list
TABLE
ambarismoketest
=> ["ambarismoketest"]

# 加上分号，反而不对
hbase> list;
```

从上面的演示中可以看出，list 类似于 SQL 中的 show tables 语句，列出当前所有的表。

HBase 中也有数据库的概念，只不过叫作 namespace，是为了逻辑上组合一堆表而用。创建 namespace 的语句如下所示：

```
hbase> create_namespace 'gaokao'
```

特别需要注意，在 HBase Shell 环境下，所有定义的变量必须加上引号，否则会出错，在后面的操作中，尤其需要注意这一点。

在创建表之前，需要先介绍一下 HBase 中的列与列簇，列簇（Column Family）需要在创建表的时候指定，创建好列簇后，每个列簇下可以有多个列，只需要在上传数据的时候指定列名即可。而列才真正类似于 MySQL 中的列，但它必须依赖列簇而存在，不能单独存在。列与列簇的结果如下图所示。

row key	column-family1		column-family2			column-family3
	column1	column2	column1	column2	column3	column1
key1						
key2						
key3						

因此在创建表的时候，只需要指定表名、列簇名即可，语句如下所示：

```
hbase> create 'gaokao:student', 'info', 'course', 'pred'
```

创建了一个 student 表，其属于 gaokao 这个 namespace 下，创建表的时候，gaokao 这个 namespace 必须要存在，库与表之间使用冒号隔开。表有三个列簇，分别表示学生信息、各科成绩和预测值（考上的大学等级）。

注意，并没有定义数据的 id 列簇，id 在后面会作为行键来使用，不需要定义为列簇。另外，用户定义的这些变量都需要加引号。

创建表后，可以查看一下表及其表结构信息：

```
hbase> list
TABLE
ambarismoketest
gaokao:student
=> ["ambarismoketest", "gaokao:student"]

hbase> desc 'gaokao:student'
Table gaokao:student is ENABLED
gaokao:student
COLUMN FAMILIES DESCRIPTION
{NAME => 'course', DATA_BLOCK_ENCODING => 'NONE', BLOOMFILTER
=> 'ROW', REPLICATION_SCOPE => '0', VERSIONS => '1', COMPRESSION
```

```
=> 'NONE', MIN_VERSIONS => '0', TTL => 'FOREVER', KEEP_DELETED_
CELLS => 'FALSE', BLOCKSIZE => '65536', IN_MEMORY => 'false',
BLOCKCACHE => 'true'}
    {NAME => 'id', ...同上}
    {NAME => 'info', ...同上}
    {NAME => 'univ', ...同上}
```

从上面的信息中可以看出，表 gaokao:student 当前状态为启用（enabled），并且具有 4 个列簇。向表中插入数据，可使用 put 命令：

```
hbase> put 'gaokao:student', '1111', 'info:name', 'joy'
hbase> put 'gaokao:student', '1111', 'info:sex', 'male'
hbase> put 'gaokao:student', '1111', 'course:math', 98
hbase> put 'gaokao:student', '1111', 'course:english', 97
hbase> put 'gaokao:student', '1111', 'pred:university', 'first'
```

put 命令最少需要 4 个参数：

1. 第一个参数为表名，如果表属于特定的 namespace，需要带上 namespace 的名字。
2. 第二个参数为行键，行键（row key）的值为学生信息表中的 id 列，需要保证全表唯一，其作用与 MySQL 中的唯一索引 id 字段相同。HBase 中也是完全依靠行键来唯一标识一条数据的。
3. 第三个参数为列的名字，因为列必须要依存于列簇，所以需要用列簇作为前缀，并用冒号隔开。
4. 第四个参数为值，数值类型的参数不需要引号。

如果某个列的值插入有误，需要进行修改的话，HBase 没有修改的命令，依然是使用 put 命令，只需要保存 row key 与列一致，后面上传的数据便成为字段当前的值。

如果上传到的表的列簇不存在，会报错：

```
hbase> put 'gaokao:student', '333333', 'addr:city', 'ChengDu'
ERROR: Unknown column family! Valid column names: course:*,
info:*, pred:*
```

提示为未知的列簇，并且会列出当前可用的列簇名字。也可以增加一个列簇：

```
hbase> alter 'gaokao:student', NAME => 'addr', VERSIONS => 3
```

如此这般地将上面三行学生信息全部上传到表 gaokao:student 中去。

通过 row key 获取一条学生信息，可使用 get 命令：

```
hbase> get 'gaokao:student', '1111'
COLUMN                  CELL
 course:english         timestamp=1464452260907, value=97
 course:math            timestamp=1464452260883, value=98
 info:name              timestamp=1464452260830, value=joy
 info:sex               timestamp=1464452260858, value=male
 pred:university        timestamp=1464452261555, value=first
```

前面是列名，后面是单元格的信息，其中除了 value 外，还有一个 timestamp，标示了数据插入的时间。

另外，列的显示顺序并非按建表的顺序显示，而是先按列簇的单词，再按列的单词进行排序显示。

如果要删除某行中某列的数据，可使用命令 delete，delete 必须有三个参数：

```
hbase> delete 'gaokao:student', '1111', 'info:sex'
```

如果需要删除整个行，需要使用 deleteall 命令，其只需两个参数：

```
hbase> deleteall 'gaokao:student', '1111'
```

如果要删除表，需要先将表设置成 disable，再使用 drop 命令，因为当前为 enable 的表，是不能被删掉的：

```
hbase> disable 'gaokao:student'
hbase> drop 'gaokao:student'
```

03 关联 Hive 表

前面已经说了，HBase 是数据库，主要用于业务处理，而非用于数据分析，而数据分析，可使用数据仓库 Hive 来进行。

Hive 和 HBase 结合得比较好，可以在 Hive 中创建一个外部表（External）来与 HBase 中的表进行关联，即数据由 HBase 来管理，Hive 只是负责管理关系上的元数据信息，从而可以在 Hive 中直接对 HBase 的数据进行查询与更新。

在 Hive 中建立和 HBase 关联的表，代码如下所示：

```
hive> create database gaokao;
```

```
hive> use gaokao;
hive> CREATE EXTERNAL TABLE hbs_student(
id string,
name string,
sex string,
math double,
english double,
university string
)
STORED BY 'org.apache.hadoop.hive.hbase.HBaseStorageHandler'
WITH SERDEPROPERTIES ("hbase.columns.mapping" = "info:name,
info:sex, course:math, course:english, pred:university")
TBLPROPERTIES("hbase.table.name" = "gaokao:student");
```

上面的建表语句，有 5 个地方需要注意：

1. 必须使用 EXTERNAL 关键字创建外部表。
2. 建表时，必须在 Hive 表最前面增加一个字段，用来映射 HBase 中的 row key，此处为 id 字段。
3. 数据的存储格式使用 HBaseStorageHandler。
4. Hive 的字段与 HBase 字段之间的映射，通过 hbase.columns.mapping 来指定，row key 不需要指定，会自动映射到 Hive 表的第一个字段。
5. 通过 hbase.table.name 来指定关联的 HBase 表。

建表成功后，在 Hive 中查询一下数据：

```
hive> show tables;
hbs_student

hive> select * from hbs_student;
hbs_student.id hbs_student.name hbs_student.sex hbs_student.
math hbs_student.english hbs_student.university
1111      joy    male   98.0   97.0   first
```

建好了表关联，就可以使用 Hive 进行分析了，这也是使用 HBase 的另外一大优势。当然，因为 Spark-SQL 能读取 Hive 的元数据，因此，也可以使用其来进行各种数据分析与挖掘，相当于使用 Spark 来分析 HBase 中的数据，只是此处使用了 Hive 作为中间的桥梁。

除了直接读取 HBase 中的数据外，也可以向 Hive 的表中写入数据，当然，实际上是向 HBase 中写入数据，比如使用 Hive 的 load 方法导入数据，或者将 Hive

中查询的结果插入到这张关联的表中，如：

```
hive> insert overwrite table hbs_student
select a.id, a.name, a.sex, b.math, null english, null university
from table_1 a
join table_2 b
on a.id=b.id;
```

示例中演示了通过 Hive 的查询向 HBase 中插入数据，有两个地方需要注意：

1. 因为是向 Hive 表中插入数据，而向 Hive 中插入数据不能指定字段插入，插入的字段数必须和表的字段完全一致，对于没有值的字段，需要使用 null 来补齐，而插入的 null 值，在 HBase 中并不会存在值。
2. 虽然关键字使用了 overwrite，但实际上并不是真正地全表覆盖（先清空表，再插入），而是取决于插入数据的 row key（此处为 id）在 HBase 中是否存在，如果 row key 存在，则覆盖，如果不存在，实际会增加一条新数据。

04 数据导入

HBase 是构建于 HDFS 之上的数据库，因此其底层文件系统使用 HDFS，就像在 Linux 上搭建的 MySQL 的底层文件系统是 Linux 一样。除了使用 HBase Shell 和 Hive 插入数据，也可以直接从 HDFS 文件系统中使用 map-reduce 的方式向 HBase 插入数据。

假设文件 pred.csv 是通过机器学习算法，从学生的各种成绩预测出来的考上大学的等级数据，其格式为 id 和 university 等级：

```
3333,second
4444,five
5555,first
```

要从 HDFS 导入数据，可以使用 ImportTsv 工具，顾名思义，插入的数据要求是 TSV 格式，即以 Tab 分隔数据。如果是 CSV 格式的数据，可以先使用 Linux 中的 sed 命令进行修改：

```
$ sed -i '/s/\,/\t/g' pred.csv
```

数据需要先存放在 HDFS 文件系统中，在 Linux 上使用命令将文件存入 HDFS：

```
$ hdfs dfs -put -f pred.csv /data/tmp/pred.csv
```

在 Linux 系统中，调用 HBase 的 ImportTsv 命令，将数据导入到 HDFS 中：

```
$ hbase org.apache.hadoop.hbase.mapreduce.ImportTsv -
Dimporttsv.columns=HBASE_ROW_KEY,'pred:university' 'gaokao:student'
 /data/tmp/pred.csv
```

命令中指定了表名、文件的路径，最重要的是指定了第一列为 row key（HBASE_ROW_KEY），剩下的列依次列出 HBase 中对应的列名，多列使用逗号分隔即可。

除了从 HDFS 中导入数据外，还可以使用 Sqoop 工具，可向 MySQL 等关系型数据库中导入数据。示例如下：

```
import
# -- 省去数据库、表、用户名、密码的信息
--table
brand_attrs

--columns
id, math, english

--hbase-table
gaokao:student

--column-family
course

--hbase-row-key
id

# --hbase-create-table
```

从 MySQL 中导入数据，需要指定 hbase-table 与 hbase-row-key 参数，如果 MySQL 有多个字段，也可以指定需要导入的字段（column），并且需要指定字段属于哪个 HBase 列簇（column family）。注意，只能指定一个列簇，即所有的 MySQL 字段数据都只能位于一个列簇下，其列名为对应的 MySQL 字段名。这是 Sqoop 导入的一个限制。

05 实用经验

在 Shell 脚本中调用 HBase 命令的时候，因为 HBase 并没有提供类似于 Hive 的 -e 和 -f 参数，因此，有两种另外的方式来调用，单行调用如下所示：

```
$ echo 'get "gaokao:student", 1111' | hbase shell
```

通过管道的方式向 HBase Shell 传入一个命令，HBase Shell 执行命令并将结果返回，然后退出。

如果是多行命令，可以将命令写入一个文件，将文件作为 HBase Shell 的一个参数来调用，如下所示：

```
$ cat batch.hcmd
list
get "gaokao:student", 1111
exit

$ hbase shell batch.hcmd
```

HBase Shell 会按顺序执行文件 batch.hcmd 中的命令，并将全部命令结果返回。最后有一个 exit 命令，是让 Shell 执行完命令后退出，默认会进入交互式 Shell 环境。命令按顺序执行，并打印出命令的输出，但没有办法知道其中某条命令是否执行成功。

0x36　SQL 与 NoSQL，Sqoop 为媒

01 SQL 与 NoSQL

SQL 处理二维表格数据，是一种朴素的工具，查询、更新、修改、删除这四种对数据的基本操作，是处理数据的一个巨大进步。近些年，各种新的数据处理技术兴起了，都想革 SQL 的命，这些技术被大家统称为 NoSQL。

NoSQL 最初的意思是 No SQL，估计应该是想和 SQL 划清界限，就像 GNU

的递归缩写 GNU is Not UNIX 一样。后来发现，虽然大量的 NoSQL 技术发展起来了，但 SQL 还是活得好好的，照样发挥着很多 NoSQL 不可替代的作用。渐渐的，大家发现，原来这些新技术也只是在不同的应用场景下对 SQL 的补充，因此也慢慢为 NoSQL 正名了，原来是 Not Only SQL，即不仅仅是 SQL，还有很多其他的处理非结构化数据和应用于各种场景的技术。甚至很多技术，虽然是在 NoSQL 的框架下，但也慢慢在往 SQL 方向发展。

NoSQL 是一种技术或者框架的统称，包括以 MongoDB、Hadoop、Hive、Cassandra、HBase、Redis 等为代表的框架技术，这些都在特定的领域有很多实际的应用。而 SQL 领域的开源代表自然是 MySQL 了。

在很多企业中，业务数据都是存放在 MySQL 数据库中的，当数据量太大后，单机版本的 MySQL 很难满足业务分析的各种需求。此时，可能就需要将数据存入 Hadoop 集群环境中，那么本文的主角 Sqoop 便适时出现了，它用来架起 SQL 与 NoSQL 之间的数据桥梁。

02 从 MySQL 导入 HDFS

从 MySQL 将数据导入到 HDFS 文件系统是最简单的一种方式，相当于直接将表的内容导出成文件，存放到 HDFS 中，以便后用。

Sqoop 最简单的使用方式就是一条命令，唯一需要的是配置相应的参数。Sqoop 可以将所有参数写在一行中，也可以写在配置文件中。因为导入的选项过多，我们通常把参数写在配置文件中，以便更好地调试。在导入到 HDFS 的过程中，需要配置以下参数：

```
* 使用 import 指令。
* 数据源配置：驱动程序、IP 地址、库、表、用户名、密码。
* 导入路径，以及是否删除存在的路径。
* 并行进程数，以及使用哪个字段进行切分。
* 字段选择，以及字段存储成文件时采用的分隔符。
* 查询语句：自定义查询、limit 可以在此处使用。
* 查询条件：自定义条件。
```

配置文件的示例如下所示：

```
# 文件名：your_table.options
```

```
import

--connect
jdbc:mysql://1.2.3.4/db_name
--username
your_username
--password
your_passwd
--table
your_table

--null-string
\\N
--null-non-string
\\N

--columns
id, name

# --query
# select id, name, concat(id,name) from your_table where
$CONDITIONS limit 100

# --where
# "status != 'D'"

--delete-target-dir
--target-dir
/pingjia/open_model_detail

--fields-terminated-by
'\001'

--split-by
id
--num-mappers
1
```

示例参数说明如：

```
1. import 指令说明是导入，这里的“入”是相对于 HDFS 来说的，即从 MySQL 导
   入到 HDFS 文件系统中。
2. 以 -- 开头的是参数，其中 connect 配置数据库驱动及来源，此处配置了 mysql、
   ip 地址和数据库名。
3. username、password 用于配置用户名和密码。table 配置来源表名，此处需
   要注意，如果后面使用了 query 的方式，即指定了查询语句，此处 table 需要注释。
4. columns 配置了从表中读取的字段，可以是全部，也可以是部分。同上，如果指
   定了 query 则不需要配置 columns。
5. query 是自己指定导出的 SQL 语句，在需要自定义查询条件时使用。注意，这里
   有一个 where 条件，无论是否使用条件，都需要带上 where $CONDITIONS，
   $CONDITIONS 是后面配置的条件。
6. where 用于单独设置查询条件。
7. target-dir 用于指定导入的目录，从 MySQL 导入到 HDFS 中的数据是直接导
   入到目录，而不是直接指定文件，文件名会自动生成。另外，如果需要在 Hive
   中使用分区，此处应该用子分区的名字。比如，增加一个 year=2015 的分区，那么，
   建立目录的时候，把数据存入子目录 year=2015 中，这样后面在 Hive 中直接
   增加分区映射即可。delete-target-dir 表示如果目录存在便删除，否则会报
   错。
8. fields-terminated-by 用于配置导出的各字段之间使用的分隔符，为防止数
   据内容中包括空格，通常不推荐用空格，'\001' 是 Hive 中推荐的字段分隔符，
   当然，我们也是为了更好地在 Hive 中使用数据才这样设置。
9. num-mappers 指定并行的 mapper（进程数），这也是使用 Sqoop 的一大优势，
   并行可以加快速度，默认使用 4 个进程并行。同时，split-by 需要设置为一个
   字段名，通常是 id 主键，即在这个字段上进行切分，分为 4 个部分，每个进程
   导入一部分。另外，配置几个进程数，最后目录中生成的文件便是几个，因此对
   于小表，建议设置 num-mappers 为 1，最后只生成一个文件。
```

上面使用了配置文件的方式，在配置文件中，可以使用 # 注释，也可以使用空行，这样方便调试。配置好上面的参数文件，即可调用测试：

```
$ sqoop --options-file your_table.options
```

如果不报错，最后会显示导入的文件大小与文件行数。

这是一个导入速度的记录，供参考：

```
Transferred 3.9978 GB in 811.4697 seconds (5.0448 MB/sec)
Retrieved 18589739 records.
```

```
Transferred 3.4982 GB in 350.2751 seconds (10.2266 MB/sec)
Retrieved 16809945 records.

Transferred 846.5802 MB in 164.0938 seconds (5.1591 MB/sec)
Retrieved 5242290 records.

Transferred 172.9216 MB in 72.2055 seconds (2.3949 MB/sec)
Retrieved 1069275 records.
```

03 增量导入

HDFS 文件系统是不允许对记录进行修改的，只能对文件进行删除，或者将新文件追加到目录中。但 MySQL 数据中的增、删、改是最基本的操作，因此导入的数据，可能一会儿就过期了。

从这里也可以看出，并非所有数据都适合导入到 HDFS，通常是日志数据或者非常大的需要统计分析的数据。不太大的表，通常也建议直接完整导入，因为本身导入速度已经够快了，千万级别的数据也只是几分钟而已。

如果不考虑数据的修改，只考虑数据的增加，可以使用 append 模式导入。如果需要考虑数据修改，则使用 lastmodified 的模式。

使用增量的方式，需要指定以下几个参数：

```
--check-column
filed_name
--incremental
append|lastmodified
--last-value
value
```

参数说明如下。

check_colume：配置检查增量的字段，通常是 id 字段，或者是时间字段。

incremental：以增量的方式追加或者最后修改，追加从上一次 id 开始，只追加大于这个 id 的数据，通常用于日志数据，或者数据不常更新的数据。最后的修改需要本身在 MySQL 里面，数据每次更新都更新维护一个时间字段。在此，表示从指定的时间开始，大于这个时间的数据都是更新过的，都要导入。

last-value：指定了上一次的 id 值或者上一次的时间。

04 映射到 Hive

导入到 HDFS 中的数据，要进行统计分析，甚至会需要对多个文档进行关联分析，还是有不便之处，此时可以再使用 Hive 来进行数据关联。

首先，需要在 Hive 中建立表结构，只需选择性地建立导入的数据字段，比如导入 id 和 name 两个字段，则 Hive 表也只建立这两个字段。

另外，最好通过 external 关键字指定建立外部表，这样 Hive 只管理表的元数据，真实的数据还是由 HDFS 来存储和手工进行更新。即使删除了 Hive 中的表，数据依然会存在于 HDFS 中，还可以另做它用。

建表，要指定字段的数据格式，通常只需要用 4 个数据来替换 MySQL 的数据：

```
string ==> 替换 char、varchar
int ==> 替换 int
float ==> 替换 float
timestamp ==> 替换 datetime
```

另外，还需要指定存储格式、字符分隔符和分区等，常用的一个建表语句如下所示：

```
hive> CREATE external TABLE your_table (
id int,
name string
)
PARTITIONED BY (pdyear string)
ROW FORMAT DELIMITED fields terminated by '\001'
STORED AS TEXTFILE
LOCATION '/path/your_table';
```

上面指定了一个分区 pdyear，字段分隔符为 '\001'，存储成 TEXTFILE 格式，数据文件的目录为 /path/your_table（从 MySQL 导入到 HDFS 的目录）。

如果为导入的数据配置了分区，即如下目录结构：

```
/path/your_table/pdyear=2015
/path/your_table/pdyear=2016
```

则建立表后，表中没有对应的数据，需要添加分区到 Hive 表中，在 Hive 中执行以下语句：

```
    hive> alter table your_table add partition (pdyear='2015')
location '/path/your_table/pdyear=2015';
    hive> alter table your_table add partition (pdyear='2016')
location '/path/your_table/pdyear=2016';
```

完成上面的操作后，即可以在 Hive 中进行查询和测试，查看是否有数据。Hive 的 HQL 语法，源于 MySQL 的语法，只是对部分细节支持不一样，因此可能需要调试一下。

05 导入 Hive 表

上面介绍的将 Hive 表与 HDFS 关联的方式比较麻烦，可以直接从 MySQL 中将数据导入到 Hive 表。而且，更方便的是可以通过 MySQL 表的结构来创建一个 Hive 表结构。

```
    --connect
    jdbc:mysql://1.2.3.4/db_name
    --columns
    id, name

    --hive-import
    --create-hive-table
    --hive-table
    full_match.tab_name

    --delete-target-dir

    # 目录与后面的分区对应
    --target-dir
    /db_name/tab_name/pdyear=2016

    --fields-terminated-by
    '\001'

    # 指定分区的键
    --hive-partition-key
    pdyear
```

```
# 指定当前数据的分区
--hive-partition-value
2016
```

上面的内容将 MySQL 数据库中的数据导入到表，如果表不存在，则创建一个和 MySQL 表相同的 schema。如果表存在，会报错：AlreadyExistsException(message:Table tab_name already exists)。

另外，如果只是需要创建一个和 MySQL 一样的表，不导入数据也可以使用 --create-hive-table。

```
$ sqoop create-hive-table --connect jdbc:mysql://1.2.3.4/db_name
--username name -P --table tab_name --fields-terminated-by ','
```

在导入的时候需要注意，数据库中的数据可能会包含换行符之类的符号，导入到 Hive 中会被当成两行数据，可以通过 Sqoop 的配置来解决这个问题。

```
--fields-terminated-by '\001' \
--lines-terminated-by '\n' \
--hive-drop-import-delims \
```

在导入的时候，hive-drop-import-delims 会直接将 '\001' 和 '\n' 这样对数据格式有干扰的数据舍弃，从而保证正确读取数据。

06 从 HDFS 导出到 MySQL

在 Hive 中进行了一系列的复杂统计分析后，最后的结论可能还是需要存储到 MySQL 中。那么可以在 Hive 语句中，将分析结果导出到 HDFS 中存储起来，最后再使用 Sqoop 将 HDFS 中的文件导入到 MySQL 表中，方便使用。

导出的配置示例如下所示：

```
export

--connect
jdbc:mysql://1.2.3.4/db_name
--username
your_username
--password
your_passwd
```

```
--table
your_table

--input-null-string
\\N
--input-non-null-string
\\N

--update-mode
allowinsert
--update-key
id
--export-dir
/path/your_table/
--columns
id,name
--input-fields-terminated-by
'\001'
```

参数说明如下。

export：该指令说明是导出。

update-mode：allowinsert：配置了更新模式，即如果MySQL中已经有数据了，则进行更新，如果没有，则插入。判断的字段使用update-key参数进行配置，这个字段是唯一索引的字段。

input-null-string：在Hive中，导出的NULL为字符\N，要还原到MySQL中依然为Null的话，需要使用这个配置，指定NULL的字符串为'\\N'。

另外，导出的时候，如果MySQL表中有自动增长的主键字段，可以留空，生成数据的时候会自动填充。

从Hive表中将数据导出到MySQL时，MySQL中的字段名字必须与Hive表的名字一样，且字段只能比Hive表中的多，并且多余的值需要在MySQL中设置默认的值。

07 从Hive导出到MySQL

如果Hive表的存储格式为ORC或者Parquet，那么导出的时候，不能从HDFS导出，因为其格式无法被识别，只能通过hcatalog的方式从Hive表导出。

为了方便导出，需要先在 MySQL 中创建一个和 Hive 结构一样的表，然后可直接从 Hive 导出数据的配置文件：

```
export

-hcatalog-database
db_name

-hcatalog-table
table_name

--input-null-non-string    # 指定非字符串数据的 null 值
\\N
--input-null-string    # 指定字符串数据的 null 值
\\N
```

从 Sqoop 导出到 MySQL，默认是追回，而不是覆盖，需要注意。

目前并没有选项支持覆盖 MySQL 表，可以使用命令进行清空：

```
    sqoop eval --connect "jdbc:mysql://1.2.3.4/db_name" --username=
user_name --password=pwd --query "TRUNCATE TABLE table_name"
```

从 Sqoop 导出到 MySQL 的时候，columns 参数指定是从 MySQL 的表字段而不是 Hive 表字段，对于没有指定的 MySQL 的字段，如果有默认值，会插入默认值，如果没有，则会报错。

0x4 数据分析，见微知著

0x40 大数据分析，鲁班为祖师

如果你要问大数据分析最早起源于哪里，答案自然是有着 5000 年悠久历史的中国了。若君不信，且看下面的说明。

大数据

有一棵树，非常非常大，一个人搬不动，于是鲁班发明了锯子，将树锯成很多小节，然后找很多人来帮忙搬，这样不仅速度快，而且效率高。此所谓“大树锯”是也。这样一传十，十传百，传到其他国家，大家讹传讹，就变成了“大数据”。

分布式存储

为了保证高可用性，鲁班教了大家一个好方法。将同样的木料分 3 份保存，自己家放一份，邻居家放一份，邻村再放一份。如果自己家被烧了，还可以使用邻居家的那份。如果整个村子被水淹了（或者像现在电视剧里演的一样，在古代可能会一不小心被灭村），还有邻居村子的那份可以使用。

数据分析

将树锯断后，分成一小节一小节的，统计每节的长度、面积等。分析木料是否被虫咬过，以及如何防止其他树也被类似的虫咬。分析树每年的增长幅度，以及每天需要投入多少水资源来促进树的快速增长。

数据挖掘

鲁班通过分析树干上面的纹理，发现了树的年轮规律，这样可以快速了解树生长了多少年。这个方法被鲁班建立成了一个模型，用于预测其他树每年的生长速度。另外，还将树根“挖掘”出来，分析为什么这个地方能生长这么大的树，和土地是否有关系，土壤的成分是什么，能否将这种土壤移植到其他地方等。总之，是真正地进行了数据的“挖掘”。

现在你对数据分析有一个初步的了解了吧！

下面是本章的知识图谱：

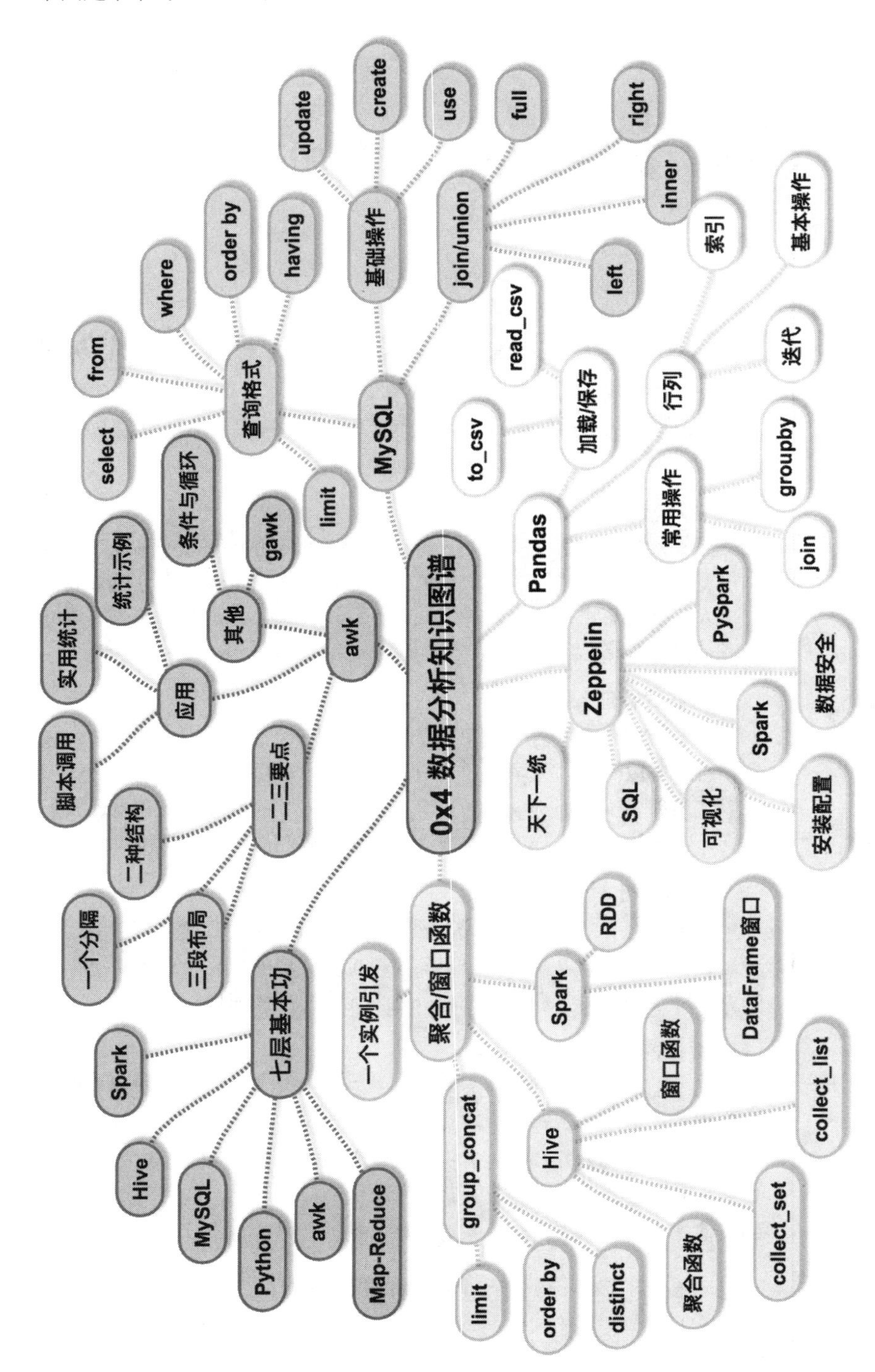

0x4 数据分析知识图谱
MySQL
查询格式
select
from
where
order by
having
limit
基础操作
update
create
use
join/union
full
right
inner
left
awk
其他
条件与循环
gawk
应用
实用统计
统计示例
脚本调用
一二三要点
二种结构
三段布局
一个分隔
七层基本功
Spark
Hive
MySQL
Python
awk
Map-Reduce
聚合/窗口函数
一个实例引发
group_concat
limit
order by
distinct
Hive
窗口函数
collect_list
collect_set
聚合函数
Spark
RDD
DataFrame窗口
Pandas
加载/保存
read_csv
to_csv
行列
索引
基本操作
迭代
常用操作
groupby
join
Zeppelin
PySpark
数据安全
Spark
安装配置
可视化
SQL
天下一统

0x41　SQL 技能，必备 MySQL

01 SQL 工具

二维表格是数据的常用表现形式，对二维数据的处理分析也是最基础的操作。因此，基于二维表格数据的 Excel 能够成为分析数据的基础工具，也不足为奇。

除了表格数据外，在各大网站背后，都有数据库来支持。数据库是大量表格和它们之间的关系的一个集合，数据库不仅用于存储数据，还用于分析数据。

SQL 语句是处理和分析数据的一个利器。数据要保持其活性，就要支持最基本的 4 种操作：增加（Create）、查询（Retrieve）、更新（Update）和删除（Delete），简称为 CRUD 操作。如果要涉及业务开发，可能还需要关心表的模式设计、事务处理以及存储过程等。

在数据分析中，通常不太关心模式与事务等相对复杂的内容，只要掌握好 CRUD，尤其是数据查询即可。分析数据，最重要的是从众多数据中提取出需要的信息。

SQL 语言是一种规范，是对数据处理的一种规范，到各个具体的实现上面会有些细小的区别。在开源界中，以 MySQL 最为著名，在业界也得到最为广泛的使用。下面以 MySQL 为例，简单说明 MySQL 的一些基本使用方法。

创建表和添加索引：

```
mysql>
create table if not exists tab_name (
id int auto_increment primary key,
name varchar (50) not null,
age int(10)
);

-- 对 name 字段创建索引，索引名字为 name_index
mysql>
create index name_index on tab_name(name);
```

创建表的时候，指定一个自增字段 id，这通常是在 MySQL 中大家最喜欢用的，以自增 id 为主键。注意一个小细节，在最后一行后面不能有“,”。可在创建表之前加上 if not exists 语句简单判断一下，如果表存在，就不执行任何操作。如果没有加 if not exists 语句判断，而表又存在时，SQL 会报错。

02 基础操作

插入数据的操作如下：

```
mysql>
-- 指定插入字段和对应的值
insert into tab_name(name, age) values('Linux', 20);
```

没有指定默认值，且不允许为 NULL 的字段，必须在插入语句中指定值，否则会报错。

MySQL 还允许同时插入多条数据，这也是提高插入效率的一种方法：

```
mysql>
insert into user(name, age) valuse ('joy', 20), ('renewjoy', 30);
```

删除数据的操作如下：

```
mysql>
-- 清空整个数据表（相当于先删除表再创建表）
truncate tab_name;

-- 按条件删除数据
delete from tab_name where name='Hadoop';
```

更新数据的操作如下：

```
mysql> update tab_name
set name='Spark' where id=12
```

掌握了基础的增、删、改、查操作后，还有几个命令是非常常用的：

```
-- 创建数据库
mysql> create database db_name;
-- 切换数据库
use db_name;
```

```
-- 删除表
drop table tab_name;
```

掌握了最基础的数据操作后，重点还是要放在数据的查询上。

03 查询套路

在几乎所有的 SQL 实现中，查询都有一个基本的结构，即著名的七段格式：

```
mysql>
SELECT name, salary, max(age) as max_age, count(1) cnt
FROM tab_name
WHERE id > 100
GROUP BY name
HAVING cnt > 3
ORDER BY DESC cnt
LIMIT 10;
```

掌握了这个七段式的基本查询结构，对 MySQL 查询的执行流程和基本查询语法就掌握了一半了。在上面的查询结构中，将关键字大写，只是为了此处的演示与说明，平时也经常使用小写。

首先是 FROM 关键字，指定了表的名字，SELECT 指定了从表中选取出的字段，name 和 salary 为表的普通字段，而 max(age) 和 count(1) 是聚合后的统计数据，WHERE 指定了条件。到此处为止，翻译出来就是：在表 tab_name 中，对于 id>100 的数据行，选取出其中每行的 name 和 salary 字段。

接下来，在每组的数据上执行聚合统计函数——max(age)，max 函数可统计出每组数据中的最大值，而 count(1) 仅仅统计每个组中有多少条数据。至于其中的 as max_age，是指定这个统计出来的最大年龄的一个名字，即别名，方便后面进行引用。MySQL 中为字段添加别名，也可以不使用 as 关键字，直接跟在字段的后面，如 count(1) cnt，也是指定 cnt 为别名。

将前面部分综合起来，就是对 id>100 的数据行，按名字相同的进行分组，并统计每组中年龄最大的值（max_age）和数据的个数（cnt），然后取出每个组的名字和每个组中的第一个 salary 记录。注意，因为名字相同并不代表 salary 也相同，但 GROUP BY 的字段中并没有 salary，因此是取出第一个 salary 的值。这种写法在 Hive 中是不被允许的，需要使用 collect_set 或者 collect_list 聚合函数才可以，具体参见后面关于 Hive 的介绍。

如果此时还需要对每个分组进行条件限制的话，必须使用 HAVING，上面限制了 cnt>3，就是对上面查询分组数据进行限制，只取个数 >3 的记录。

查询结束，可以对结果进行排序，使用 ORDER BY 关键字，ORDER BY 默认是升序排序（从少到多，从小到大），使用 DESC 可进行降序排序（从多到少，从大到小）。

所有的分组、聚合、过滤、排序完成后，最后对结果的数据集进行显示，使用 LIMIT 关键字，LIMIT 能进行分页显示，显示前 10 条直接使用 LIMIT 10，而显示 10~20 条数据，使用 LIMIT 10,20 这样来限制。

在上面的查询中，还有一个必须要重视的地方，就是 WHERE 与 HAVING 的区别，重点在于 WHERE 是发生在 GROUP BY 之前，先从表中按条件过滤，再进行聚合；而 HAVING 发生在聚合之后，此时不能再使用 WHERE 条件进行限制，必须使用 HAVING，而且要作用于聚合后的字段，也应该是发生在聚合之后。

04 join 查询

SQL 最强大的功能是关联查询，即 join，关联分析也正是数据分析的强大所在。几乎所有的数据库都支持以下 5 种关联查询：

```
内连接：[inner] join
左连接：left [outer] join
右连接：right [outer] join
全外连接：full [outer] join
笛卡儿连接：cross join
```

中括号中的关键字是可以省略的，因此 join 与 inner join 是一样的，left join 与 left outer join 是一样的，只是说法不一样。

有两个数据表，假设一个是学习难度等级表——table_grade：

```
name        grade
MySQL       40
Linux       100
Python      120
```

```
Hadoop         200
Machine_learn  999
```

假设另一个是收入数据表——table_money：

```
name           money
MySQL          7999
Linux          9999
Python         10999
Spark          79999
Machine_learn  99999
```

现在要关联出两张表中的 grade 和 money，使用 join 查询：

```
select a.name, a.grade, b.money
from table_grade a
join table_money b
on a.name=b.name
where b.money>8888;
```

指定table_grade的别名为a，方便其他地方引用，指定a表与b表关联的条件（on a.name=b.name），并对聚合后的结果集限制了条件（b.money>8888）。

下面是查询结果：

```
a.name           a.grade        b.money
Linux            100            9999
Python           120            10999
Machine_learn    999            99999
```

在 inner join 关联查询中，是 on 后面的等式（上面为 a.name=b.name），指定了两个表关联的条件，即 name 字段必须同时出现在两个表中。因此 table_grade 中的 Hadoop 和 table_money 中的 Spark 没有出现在最后的结果中。

理解了 join 的关联规则，left join 只显示左表中的全部数据，右表中不存在的记录显示为 NULL；right join 只显示右表中的全部数据，左表中不存在的记录显示为 NULL。因此，right join 就是反过来的 left join，在实际中几乎只用 left join。full join 是把两个表中的数据都显示出来，对应不存在的记录依然显示为 NULL。MySQL 数据库本身不支持 full join，full join 就是通过 union 来实现的。

left join 的结果（关联左表的全部数据，“MySQL”只是不符合最后的过滤条件，Hadoop 的 money 为 NULL，在右表中找不到数据）：

```
a.name          a.grade     b.money
Linux           100         9999
Python          120         10999
Hadoop          200         NULL
Machine_learn   999         99999
```

righ join 的结果（同上，在左表中找不到 Spark 记录，Spark 的 grade 显示为 NULL）：

```
a.name          a.grade     b.money
Linux           100         9999
Python          120         10999
Spark           NULL        79999
Machine_learn   999         99999
```

full join 的结果（左右表的全部结果，没有的显示为 NULL，最后把 MySQL 过滤掉了）：

```
a.name          a.grade     b.money
Linux           100         9999
Python          120         10999
Hadoop          200         NULL
Spark           NULL        79999
Machine_learn   999         99999
```

对于第 5 种特殊的笛卡儿连接，就是将左表中的每一行和右表中的每一行进行两两配对，如果将上面的 table_grade 和 table_money 进行 cross join，其连接的结果有 25 条（5*5=25）。细心的读者可能已经发现，在执行 join 的时候，就是先计算出笛卡儿连接，然后再加上 on 条件过滤出需要的结果，因此不写 on 条件就是笛卡儿连接。

上面是 join 的全部 5 种用法，有时可能还会有复杂一些的子查询：

```
select a.name, b.age
from tab_name a
join (select name, max(age) age from tab_age) b
on a.name=b.name
where b.age > 18;
```

增加一个子查询，将其中的 (select name, max(age) age from tab_age) 的结果当成一个临时表，并取别名为 b，就可以和其他普通的表进行 join 了。必须给 MySQL 中的子查询取一外别名，不论是否需要对其进行引用。

另外，对数据按层级进行存储的时候，通常还会自己和自己进行关联，最常用的是行政区域的数据，示例如下所示。

tab_city 表的数据如下：

```
name      money     parent
四川      88888     中国
成都      55555     四川
双流      11111     成都
北京      99999     中国
东城区    33333     北京
```

要取出其中每个区的完整名字，可使用语句：

```
select c.name, b.name, a.name, a.money
from tab_city a
join tab_city b on a.parent=b.name
join tab_city c on b.parent=c.name;
```

05 union 与 exists

有时候，还需要将多个查询条件的结果进行合并，此时就需要用到 union 结构了，union 的基本语法如下所示：

```
select a.x, a.y, a.z
from tab_a
union
select b.o, b.p, b.q
from tab_b
```

union 是将两个结果中的数据进行合并，对于重复的数据，只显示一条。如果要显示重复的数据，使用 union all 即可。union 有一个非常重要的特性，就是两个查询的结果字段数必须一致，否则会报错。这个特性被 SQL 注入人员发挥到了极致，在猜测表的字段数时非常有用。

除了 union，SQL Server 还支持另外两种语法，分别是 Intersect 和 Except。

Intersect 相当于 join，而比较特殊的是 Except。Except 在 MySQL 中对应的语法是 not exists 语句：

```
select a.name, a.age
from tab_a a
where a.age>10
and not exists (select 1 from tab_b b on a.name=b.anme);
```

使用一个 not exists 方法可排除那些 name 出现在 tab_b 中的字段。而用 Except 写出来就是：

```
select name, age
from tab_a
except
select name
from tab_b;
```

可以看出，Except 的语法比较简洁和清晰。

对于 Hive 而言，是支持 exists 和 not exists 语法的，但 Spark 不支持。实际上，对于 not exists，完全可以使用 left join 来实现，取左表的全部数据，然后再过滤掉右表中为 NULL 的数据行：

```
select a.name, a.age
from tab_a a
left join tab_b b
on a.name=b.name
where b.name is null
```

这也正是 Spark 中建议的写法。

另外，exists 相当于 in，not exists 相当于 not in，在 MySQL 和 Hive 中都支持，而 Spark 却不支持。在 Hive 和 Spark 中，对 exists 和 in 的支持，还可以使用 left semi join 语法，即左半连接。

```
select a.name, a.age
from tab_a a
left semi join tab_b b
on a.name=b.name
```

left semi join 的效率要远高于 left join，只是有一个限制：对右表的引用只能出现在 on 条件中，即不能出现在 select 中。换句话说，就是不能选择右表中的字段，右表只用于关联使用。在 on 条件之后，右表就变得不可见了。这算是 Hive 和 Spark 中对 exists 和 in 语法的一个完美实现。

06 实战经验

创建一个临时表，在会话结束后，表会自动删除：

```
create tempory tab_name(
id int,
name varchar(32)
);
```

只是，临时表不能自己 join 自己，因为不能在一个语句里面被引用两次。

在命令行下友好显示数据格式：

```
select * from user \G
```

如果你要真正地复制一个表，可以用下面的语句，包括主键与索引：

```
-- 复制表结构，包括索引
CREATE TABLE newadmin LIKE admin;
-- 复制数据
INSERT INTO newadmin SELECT * FROM admin;
```

没有主键也没有索引：

```
create table newadmin select * from admin;
```

从文件中加载数据到 MySQL 表的时候，也可以指定字段。如果表中某字段，通过 auto_increment 指定，导入时不需要指定值，其值会自增。当然，也可以手动在文件中增加 id 列，并且全部为 null。类似的，从 Sqoop 中导入数据到 MySQL 表时，如果表中有 auto_increment 字段，也可以使用同样的处理方式。

```
load data infile '/tmp/data.csv'
into table tmp_id_pred
fields terminated by ','
lines terminated by '\n'
(uid, pred);
```

一些实际使用经验：

```
1. 程序先在少量数据上测试，一定要分析程序运行慢的原因。
2. 在有索引的日期字段上，尽量不要使用 date 等函数，直接使用判断语句，会继
   续使用以前的索引。
3. 在测试过程中，可以多在子查询中使用 limit 来限制数据量。
4. 使用 join 关联的时候，两个表进行相乘的比率计算，其中一个表不能为空，为
   空的数据要使用 1 来补充。
5. SQL 在多级 join 的时候，条件很重要。以 left join 为例，以 join 的左结
   合性为特点，条件最好一直以主表来进行。
```

0x42 快刀 awk，斩乱数据

01 快刀

在数据分析领域中，每个人都有自己得心应手的入门工具，也许你是从R开始，也许是从 Excel 开始，而有的人却是从 awk 开始。

awk 是 Linux 和 UNIX 下默认提供的一个非常实用的工具，名字由三位创始人的名字各取一个字母组成，并没有实际意义。awk 是命令行下文本处理非常实用的工具，如果你写过或者读过一些 Shell 脚本，里面也会包含大量的 awk 命令。因为用它处理一些任务，确实很方便。

有很多数据为 CSV 格式的，即每个字段之间以逗号进行分隔，可以从 Excel 中直接导出 CSV 格式，也可能是其他地方直接产生的数据。CSV 是一种常用的文件格式，而 xls 不是。你可以把 awk 当成程序员的 Excel，或者命令行下的 Excel 处理工具。

02 一二三要点

你通常看到的 awk 命令会是如下这样的：

```
$ awk -F',' 'BEGIN{count=99} $2~/1=1/{print $5; count++}
END{print count}' data.csv
```

这条简单的命令包含了大量 awk 的基础知识。让我们慢慢来解析，且先记住：一个分隔，二种结构，三段布局。

命令中的“-F ','”指示了数据字段之间以逗号进行分隔，awk 默认会识别空白为分隔，空白包括 Tab 和空格。指定一个分隔符是 awk 处理表格数据的基础。分隔后的字段会存储在特殊的以 $ 开头的变量（也叫缓冲）中，$1 为第一个字段，$2 为第二个字段，以此类推。$0 为全部字段，即整个记录。

awk 的一个核心概念是 Pattern 和 Action，即模式与处理。awk 按行读取数据和进行处理，读入当前行，进行模式匹配，如果匹配上，则进行相应的处理。如果匹配不上，则读入下一行，文件直接结束。比如模式为判断当前行的第二个字段是否包含字符串“1=1”，模式即为 $2~/1=1/，~ 即表示正则匹配，表示不匹配可以用 !~ 符号。除了正则，还有以下几种模式：

```
1. BEGIN, END                                  # 特殊模式
2. $1 ~ /^love.*$/                             # 正则模式
3. $1 == "1.2.3.4"                             # 逻辑判断
4. /start/, /end/                              # 区块匹配
5. $1 == "1.2.3.4" && $5 ~/^360se.*$/          # 组合（逻辑，正则）
```

第三行是简单的逻辑判断，判断第一个字段是否等于 1.2.3.4 这个 IP 地址。第四行是区块匹配，两个匹配之间用逗号分隔。不同于通常的按行匹配，是指 awk 在全部行的基础上，匹配第一个正则的行作为数据块的起始行，匹配第二个正则的行作为数据块的最后一行，后面的处理基于中间匹配的这些行进行操作。第五行是对前面几种模式通过逻辑 && 与 || 进行组合。

BEGIN 与 END 可以算作一种特征的模式，主要用于文件的预处理和最后收尾工作。BEGIN 常用于对变量的初始化或者在文件处理之前打印一些特殊的标记。而 END 通常更有用一些，尤其是在循环结束后，可以获取循环处理的结果。

在上面的示例中，BEGIN{count=99} 这一段是一个典型的 Pattern 和 Action 结构，BEGIN 为特殊的 Pattern，大括号内为 Pattern 对应的 Action，这个地方只是简单地初始化变量为 99。$2~/1=1/{print $5; count++} 这一段为代码的核心，Pattern 为 $2~/1=1/，即判断第二个字段是否包含 1=1 这个字符串。如果包含，则打印第 5 个字段，并且给变量 count 的值加 1。END{print count} 这一段，是在处理完整个文件后，打印最后的 count 值。

这便是“一个分隔，两种结构，三段布局”的全部。开始的时候，使用 BEGIN 布局，进行一些初始化。中间是核心的处理与统计，按行读入数据，进行 Pattern 匹配，对匹配上的行进行相应的 Action。文件处理完了，使用 END 布局，打印需要的数据。

03 一个示例

下面是一个统计命令使用习惯的简单命令：

```
$ history | awk '{cmd[$2]++;count++;}END{for(a in cmd)
printf("%s\t%s\t%.2f%%\n", a, cmd[a], cmd[a]*100/count)}' | sort
-k2 -nr | head

   awk       182    18.22%
   cd        137    13.71%
   less      97     9.71%
   rm        81     8.11%
   scp       51     5.11%
   cat       43     4.30%
   e         33     3.30%
   ssh       28     2.80%
   fgrep     28     2.80%
   mv        25     2.50%
```

在上面的命令中，awk 使用了默认的空白分隔字段，取 history 命令输出的第二个字段为命令，统计每个命令使用的次数和总次数，使用一个一维数组来存储每个命令的次数。END 之后，使用了 for 循环，读取每个命令和使用的次数，计算一个使用率，最后打印输出。sort 只是进行排序，head 用于显示最前面的 10 条数据。

04 应用与统计

awk 是一种通用的文本文件处理工具，除了具有常用的数据统计功能外，还能完成数据格式验证、数据格式处理、数据抽取等任务。

比如，验证第三个字的值是否在 1~20 范围内，可以打印出不符合要求的数据来验证，使用了默认处理 {print $0}（不指定 Action 则使用默认的 Action）：

```
$ awk -F',' '$3<1 || $3>20' data.csv
```

awk 中的命令串使用单引号包含，可避免其中的一些符号被 Shell 解析。那么在 awk 中使用单引号就显得比较麻烦了，需要先对单引号进行转义，再使用一对单引号包含，最后使用一对双引号进行包含：

```
$ awk 'BEGIN{print "'\''"}'
```

当然，awk 不仅可以以单行命令的方式使用，如果你的程序太大，在一行上写出来将很难调试（awk 本来就很难调试），也可以写在脚本中，使用 awk -f script.awk data.csv 进行调用，-f 参数表示命令来源于文件：

```
awk -f
{print "'";
}
```

引用 Shell 的参数：

```
$ awk -v name="yunjie-talk" 'BEGIN{print name}'
$ yunjie-talk
```

也许你需要处理一个大日志文件，只想随机抽取其中一些样本进行分析，可以使用如下命令：

```
$ awk 'rand()<0.1'  log.csv > sample.csv
```

在模式中使用了 rand() 函数来随机产生 0 到 1 之间的小数，只有当前产生的值小于 0.1 时才打印当前行，即只随机抽取 10% 的数据作为样本。

在一些流量统计中，会统计每分钟的请求量：

```
$ cat 20151227.log.gz | gzip -d | awk '{print strftime
("%H:%M", $1)}' | sort | uniq -c | sort -nr | head

    12984 20:19
    12582 20:35
    12382 19:57
    12350 20:22
    12159 19:45
    11878 20:20
```

```
11815 20:18
11621 20:17
11560 20:21
11554 20:09
```

打印日志的字段数可使用变量 NF，最后一列数据使用变量 $NF，倒数第二列使用 $(NF-1)：

```
$ awk '{print NF, $NF, $(NF-1)}' log.csv
```

针对 URI 请求，只需要统计具体的文件，而不需要参数，可以使用 split 函数：

```
$ awk '{split($5, tmp, "?"); print tmp[1]}' log.csv    |
sort | uniq -c | sort -nr | head
```

05 斩乱麻

除了上面列出的一些常用的统计与处理任务外，awk 还支持从 Shell 命令行接收参数，还可以用一维数组来模拟多维数组等。

也许你会认为 awk 比较难以调试，也许你会认为 awk 没有 SQL 的强大表现能力，也没有 Python 那么方便，但很多时候，awk 会比 Python 快，awk 自带很多优化与异常处理，不用像在 Python 中那样遇到异常就报错的情况，我们姑且把 awk 当成数据分析的一把快刀来使用吧！

作为数据分析的常用命令行工具，awk 还有一个 GNU 版本，叫作 gawk，其在 awk 基础上进行了很多扩展。比如一个简单的字符串长度统计功能，在 MySQL 中有两个函数，length() 和 char_length()：

```
mysql> select length('云戒云:yunjie-talk'), char_length('云戒
云:yunjie-talk') from table limit 1;
```

返回为 21 和 15，前者会把一个中文当成 3 个字符，而后者会把一个中文当成 1 个。awk 中的 length 和 gawk 中的 length 效果类似。

上面虽然没有介绍 awk 中的条件判断，但在 awk 中，也常常用到 if 条件与 else。不论你是否相信，awk 已经具有了编程语言的很多概念，所以它常常被称为：伪装成实用工具的一门编程语言。与开源界的 Emacs 一样，Emacs 是伪装成编辑器的操作系统。

0x43 Pandas，数据之框

01 数据为框

DataFrame，直译就是数据框，这似乎已经成为数据分析最基础的一种结构。数据框是一种有行有列的二维数据，在关系型数据库中，这就是一个二维表结构的体现。

谈起 DataFrame，当今的数据挖掘与大数据领域都已经离不开它。在以统计学著称的 R 语言中，DataFrame 是最基础的数据结构。甚至在最新版本的 Spark 中，它已经代替了 RDD 成为 Spark 最主要的数据结构。而在 Python 中，最著名的当属 Pandas 提供 DataFrame，另外还有由 Dato 开源的 SFrame，更是能处理超过内存大小的数据。

学好 DataFrame 的操作，可以说是数据挖掘人员的必备技能。本节以 Pandas 的 DataFrame 为例，简述一些数据最常用、最基础的操作。先来看看，数据框是什么样子的，如下图所示。

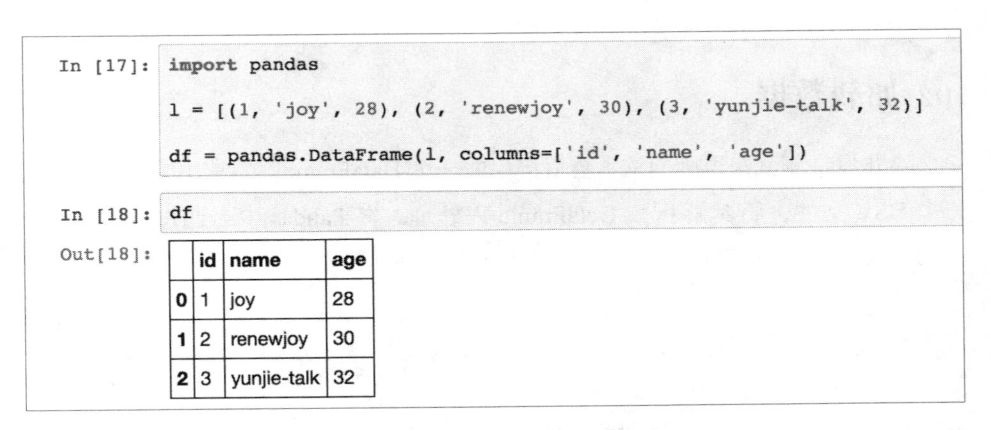

```
In [17]: import pandas

         l = [(1, 'joy', 28), (2, 'renewjoy', 30), (3, 'yunjie-talk', 32)]

         df = pandas.DataFrame(l, columns=['id', 'name', 'age'])

In [18]: df

Out[18]:
```

	id	name	age
0	1	joy	28
1	2	renewjoy	30
2	3	yunjie-talk	32

首先导入 Pandas 库，如果使用 Anaconda 的套件，已经内置了此库，否则可以使用 pip 进行安装。创建一个列表，列表里面是一个元组结构，分别是三个内容的值。通过 DataFrame 方法，创建一个 df，并指定其列名分别为 id、name、age。如上图所示，df 被 Jupyter 的 Notebook 显示成一个二维表格，因为其本质就是一个二维表格。

对于熟悉关系型数据库如 MySQL 的人来说，对这种表格再熟悉不过了。已经有了如此成熟的数据库，为什么还需要重新弄一种类似的数据结构出来呢？个人的理解是，数据框的出现，让人们不再受限于传统的数据库，从而可以在 DataFrame 的基础上做更多分析和与挖掘相关的事情，比如用 R 语言进行统计与建模。

另外一个原因，也是为进行大数据的处理，比如 Spark 提供的 DataFrame，比如 H2O 框架提供的 DataFrame，比如 Dato 开源的 SFrame，而 Python 中专门提供的 Pandas 库，更是为了与现有的 Python 进行更好的整合。

Pandas 的出现大大方便了使用 Python 进行数据挖掘，尤其是 Pandas 结合 scikit-learn 进行机器学习，确实可以事半功倍。在 DataFrame 的基础之上，方便选取任意的列进行建模与测试，方便将数据切分为训练数据与测试数据，因为每一行索引相同，方便根据索引来选取训练数据与测试数据中的数据。

另外，还有号称分布式版本的 Ibis，其基于 Impala 基础，由 Pandas 官方和 Cloudera 共同开发，能够更好地解决数据规模的问题，也能更好地与现有的 Python 生态（如 numpy、Pandas、scikit-learn）进行集成。

02 加载数据

除非只是测试，否则通常不会直接生成一个 DataFrame，最常用的方式是加载一个 CSV 文件，将其解析成 DataFrame 来处理。在 Pandas 中，通过 read_csv 方法即可以完成，如下图所示。

```
In [36]: import pandas as pd
         df = pd.read_csv('~/car.csv', names=["id", "date", "province", "city", "brand", "series"], index_col="id")

In [38]: df.head(3)
Out[38]:
```

	date	province	city	brand	series
id					
id_02	7/20/16 23:59	河南省	洛阳市	北汽威旺	北汽威旺
id_03	7/20/16 23:59	山东省	聊城市	本田	东风本田
id_04	7/20/16 23:59	江苏省	宿迁市	现代	北京现代

指定 CSV 的文件名，假定 CSV 是标准格式，即字段之间以逗号进行分隔。通过 names 参数指定各列的名字，最重要的还有一个 index_col 参数，指定了行索

引为 id 列。行索引非常有用，通常都会指定一个唯一的 id 字段为索引，但也可以指定任意的字符串，如示例中，其值为 id_0x。

read_csv 不需要指定每个字段的数据类型，Pandas 会自动推断列的数据类型，数据量大时，会对速度有一定影响，当然也可以指定列的类型。在实际使用过程中，Pandas 会推断列的类型，如果一列全部是数字，但其中有一条 NULL(\N）数据，则会被识别成是字符串类型，如果在这一列上进行数据筛选，如判断值大于或者小于多少，就达不到效果。

除了用到的几个参数，还有如下几个常用的参数。

```
sep：指定字段间的分隔符，如空格或者其他。
nrows：指定读取行数，在程序测试时非常有用。
na_values：指定将哪些字符当成 NULL 值。
```

另外，在使用这些参数的时候，很多参数都支持不同类型的值，比如 index_col 就支持 int、sequence 或者 False。前面的 index_col="id" 也相当于 index_col=0，因为第 0 列就是 id 列；当要禁止读取行索引时，则设置其为 False。

如果当前已经有一个 DataFrame，需要保存成文件，直接通过方法 to_csv 调用即可，该方法中有好几个有用的参数，使用时请查询手册。

03 行列索引

将数据读取进来后，可以通过索引选取相应的列或者行，如下图所示。

访问列索引，类似于访问字典，直接写上列名，可以选取一列，也可以选取多列，但其返回的类型不一样。如下图所示，sub_df 选取的是多列，通过其类型可以看出，其结构还是一个 DataFrame。但 col 只选取了一列，其类型却是 Series。

有必要说一下 Series，这是比 DataFrame 更基础的数据结构。说简单点，Series 就是带了索引的数组，使用方式类似于 Python 中的字典。Series 本身有一个名字，也有一个数据类型。

```
In [68]: sub_df = df[['city', 'brand']]
         col = df['city']
         row = df.loc['id_03']

         print(type(sub_df)); print(sub_df.head(3), '\n')
         print(type(col));print(col.head(3), '\n')
         print(type(row));print(row.head(3), '\n')

         <class 'pandas.core.frame.DataFrame'>
                city brand
         id
         id_02  洛阳市  北汽威旺
         id_03  聊城市    本田
         id_04  宿迁市    现代

         <class 'pandas.core.series.Series'>
         id
         id_02    洛阳市
         id_03    聊城市
         id_04    宿迁市
         Name: city, dtype: object

         <class 'pandas.core.series.Series'>
         date        7/20/16 23:59
         province              山东省
         city                  聊城市
         Name: id_03, dtype: object
```

通过 df.loc 的方式访问了行索引为 id_03 的数据，其结果也是一个 Series。从上图中可以看出，在 row 这个 Series 中，city 对应到“聊城市”，因此可以直接通过 row['city'] 取到对应的值。

通过取行索引与列索引的方式可以发现，Series 才是 Pandas 中最基础的数据结构，而 DataFrame 是由多个 Series 组合而成的。

前面使用了 df.loc 的方式进行按行索引取数据，其实除了使用行索引之外，取行数据还有另一种方式。每一行都有一个顺序号，从 0 开始，如果指定取第 ***n*** 条数据，也可以使用 df.iloc[n] 的方式，在 loc 的前面加了个字母 i，便是按顺序来索引行。这两种方式在实际中的应用都非常多。

对于取多行数据来构建一个新 DataFrame 的方式，在机器学习中十分常用。比如在进行特征选择的时候，通常会尝试一些特征组合后模型的效果，可以使用：

```
# 选择多列数据
X_cols = ['name', 'age']
X_train = data[X_cols]
```

04 行列操作

前面已经说了，在使用 read_csv 的时候，可能使用 index_col 指定行索引使用的列，使用 names 指定各列索引名字，而在使用 DataFrame 方法生成一个数据框的时候，也可以使用 index 指定行索引的值，使用 columns 指定列索引的名字，如下所示：

```
    l = [(1, 'joy', 28), (2, 'renewjoy', 30), (3, 'yunjie-talk', 32)]
    df = pandas.DataFrame(l, columns=['id', 'name', 'age'], index=
range(len(l)).set_index("id")
```

如果需要修改现有 DataFrame 的行索引名字，可以使用如下语句：

```
    df = df.set_index("id")

    给列索引指定一个名字：
    df.index.name = 'id'
```

而修改列的名字，可使用 rename 方法：

```
    # 就地替换
    df.rename(columns={'date': 'datetime'}, inplace=True)
    # 生成一个新的 DataFrame
    df = df.rename(columns={'date': 'datetime'})
```

删除行、列，都是使用 drop 命令进行操作，只不过需要区别维度而已。行的维度为 0，默认可以省略。列的维度为 1，维度参数用 axis 来设置，如下图所示。

```
In [86]: df = df.drop(['id_02', 'id_04'])
         df.head(3)
```

Out[86]:

	date	province	city	brand	series
id					
id_03	7/20/16 23:59	山东省	聊城市	本田	东风本田
id_05	7/20/16 23:59	内蒙古	鄂尔多斯市	哈弗	哈弗汽车
id_06	7/20/16 23:59	河北省	秦皇岛市	猎豹汽车	猎豹汽车

```
In [87]: df = df.drop(['city', 'series'], axis=1)
         df.head(3)
```

Out[87]:

	date	province	brand
id			
id_03	7/20/16 23:59	山东省	本田
id_05	7/20/16 23:59	内蒙古	哈弗
id_06	7/20/16 23:59	河北省	猎豹汽车

删除行，在建模的时候，如果需要指定删除一批数据，比如异常数据的时候，很有用。

在需要对 DataFrame 的数据进行条件选取的时候，可以用其强大的 query 功能，类似于 SQL 查询中的 where 条件，如下图所示。

```
In [97]: cd = df.query("city=='成都市' and brand=='丰田'")
         cd.head(3)
```

Out[97]:

	date	province	city	brand	series
id					
id_06080	7/20/16 16:39	四川省	成都市	丰田	丰田(进口)
id_06423	7/20/16 16:09	四川省	成都市	丰田	丰田(进口)
id_08714	7/20/16 12:50	四川省	成都市	丰田	丰田(进口)

在机器学习中，常用的将数据切分为训练数据与测试数据的时候，这种方式很有用：

```
train = data.query('cnt>=5 and b_year>0 and status=="ok"')
test = data.query('cnt<5 or b_year==0 or status!="ok"')
```

需要注意的是，query 中的条件，判断相等必须用两个等号，这和 SQL 中的 where 条件的写法不一样，和编程语言中的写法是一致的。

05 合并聚合

如果需要将两个 DataFrame 按相同的列进行合并（上下堆叠），可以使用 concat 命令，如下图所示。

```
In [104]: df1 = df.head(3)
          df2 = df.tail(3)

          df_6 = pd.concat([df1, df2])
          df_6
```

Out[104]:

	date	province	city	brand	series
id					
id_02	7/20/16 23:59	河南省	洛阳市	北汽威旺	北汽威旺
id_03	7/20/16 23:59	山东省	聊城市	本田	东风本田
id_04	7/20/16 23:59	江苏省	宿迁市	现代	北京现代
id_013207	7/20/16 0:00	四川省	成都市	玛莎拉蒂	玛莎拉蒂
id_013208	7/20/16 0:00	浙江省	杭州市	Jeep	广汽菲克
id_013209	7/20/16 0:00	江苏省	徐州市	奇瑞	奇瑞汽车

Pandas 还提供了另外一个与 SQL 中的 join 相同的功能，就是 merge/join 功能。因使用这个功能需要 SQL 的知识，不是简单几句话就可以说明白的，此处只借用官方的一个示例，如下图所示。

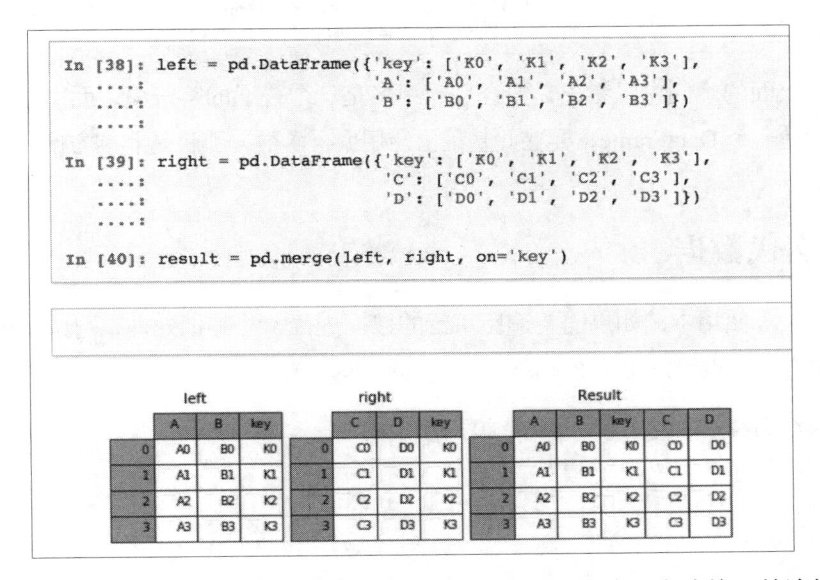

```
In [38]: left = pd.DataFrame({'key': ['K0', 'K1', 'K2', 'K3'],
   ....:                      'A': ['A0', 'A1', 'A2', 'A3'],
   ....:                      'B': ['B0', 'B1', 'B2', 'B3']})
   ....:

In [39]: right = pd.DataFrame({'key': ['K0', 'K1', 'K2', 'K3'],
   ....:                       'C': ['C0', 'C1', 'C2', 'C3'],
   ....:                       'D': ['D0', 'D1', 'D2', 'D3']})
   ....:

In [40]: result = pd.merge(left, right, on='key')
```

left

	A	B	key
0	A0	B0	K0
1	A1	B1	K1
2	A2	B2	K2
3	A3	B3	K3

right

	C	D	key
0	C0	D0	K0
1	C1	D1	K1
2	C2	D2	K2
3	C3	D3	K3

Result

	A	B	key	C	D
0	A0	B0	K0	C0	D0
1	A1	B1	K1	C1	D1
2	A2	B2	K2	C2	D2
3	A3	B3	K3	C3	D3

merge 完全支持 SQL 的几种连接方式（左连接、右连接、内连接、外连接），

其通过参数 how 来实现，how 支持的类型为：left、right、outer、inner，默认为 inner。

关于 concat 与 merge，在实际使用过程中，请参考官方文档中的说明，网址为 http://pandas.pydata.org/pandas-docs/stable/merging.html。

既然都支持 SQL 的 join 功能，那么 SQL 的另外一个强大功能 groupby 也应该支持吧。没错，且支持得很好，聚合后的每组数据依然是一个 DataFrame，方便后续更多的处理。示例如下图所示。

```
In [112]: gpd = df.groupby("province")
          for g, data in gpd:
              print(type(g), type(data), '\n')
              print(g, data)

          <class 'str'> <class 'pandas.core.frame.DataFrame'>

          四川省                      date province city brand series
          id
          id_013207  7/20/16 0:00      四川省  成都市  玛莎拉蒂   玛莎拉蒂
          <class 'str'> <class 'pandas.core.frame.DataFrame'>

          山东省                 date province city brand series
          id
          id_03  7/20/16 23:59      山东省  聊城市    本田   东风本田
          <class 'str'> <class 'pandas.core.frame.DataFrame'>

          江苏省                     date province city brand series
          id
          id_04      7/20/16 23:59      江苏省  宿迁市    现代    北京现代
          id_013209   7/20/16 0:00      江苏省  徐州市    奇瑞    奇瑞汽车
          <class 'str'> <class 'pandas.core.frame.DataFrame'>
```

从上面的示例可以看出，聚合后的组名是一个普通的字符串，而每组中的数据依然是一个 DataFrame，要在此基础上使用聚合函数，那也是非常方便的。

06 迭代数据

在实际使用中，如果需要遍历每行的数据进行一些其他处理，可以使用传统的遍历方式，也可以使用 Pandas 提供的 iterrows() 方法，如下所示：

```
for i in range(df.shape[0]):
    row = df.iloc[i]
    print(row['city'], row['brand']
```

```
for idx, row in df.iterrows():
    print(idx, row['city'], row['brand'])
```

推荐使用 iterrows() 方法，此方法对数据采用了生成器的方式来处理，性能上要好很多。

将一个自定义的函数应用到 Pandas 的数据结构中可以使用 map()、apply() 或者 applymap()，但不同的结构使用不同的方法。

Series 可以使用 map() 返回 Series，apply() 可能返回 Series 或者 DataFrame。当只给一个函数的时候，两者效果相同。只是 map() 还可以做映射用，支持传一个 dict 或者 list 作为参数，将对应的值进行映射替换，如下图所示。

```
In [186]: df['age'] = df['age'].apply(lambda x: x+3)
          df
Out[186]:
```

	id	name	age
0	1	joy	31
1	2	renewjoy	33
2	3	yunjie-talk	35
3	4	oyea9le	31

DataFrame 可以使用 apply() 与 applymap()，applymap() 只支持一个函数作为参数，对每个元素进行处理，返回 DataFrame。apply() 支持一个 axis 的参数，按维度（0：列，1：行）进行处理，返回值可能是 Series，也可能是 DataFrame。示例如下图所示。

```
In [192]: df = df.applymap(lambda x: str(x) + "-good")
          df
Out[192]:
```

	id	name	age
0	1-good	joy-good	28-good
1	2-good	renewjoy-good	30-good
2	3-good	yunjie-talk-good	32-good
3	4-good	oyea9le-good	28-good

07 结语

整理完上面的知识点后，你会发现，原来这些操作在 MySQL 中都只是非常普通的数据处理与查询功能，费这么大劲也并没有太多新鲜的技术。

确实，数据库对数据的研究已经非常成熟，只是数据库中更多业务的查询与存储，并非用于建模目的。要在代码中更加自然地操作数据，以及在如 Spark 的分布式环境中操作数据，DataFrame 的操作技能是必须掌握的。

本节只是以 Pandas 为例讲解了基础的 DataFrame 的使用，后续还会介绍 Spark 中 DataFrame 与 SQL 的使用。对于内存放不下的数据，又不想直接使用分布式环境，Dato 开源的 SFrame 也是一个不错的选择。

总之，Pandas 只是 DataFrame 的演示示例，和 scikit-learn 结合得非常好，但掌握 DataFrame 的核心操作思想才是关键。

0x44 Zeppelin，一统江湖

01 心潮澎湃

如果有一个工具，可以让你在同一个 Web 页面上写 Shell 代码、Python 代码和 Scala 代码，你想要吗？

如果还可以执行 PySpark 代码和 Spark 代码呢？心动了吗？

如果还可以写 Hive-QL、Spark-SQL 呢？

如果还可以把这些代码保存起来，并形成文档，支持 Markdown 语法，如何？

如果还可以将 SQL 的结果在 Web 界面上可视化出来呢？

如果还支持R语言，还支持Kylin呢？还支持Angular呢？还支持PostgreSQL呢？不信你不心动。

如果你看了上面这些，大脑根本没有任何反应，那抱歉，你可能不是搞数据科学的。

如果看了其中任意两条就已经激动得无法言表，那么请继续往下看，下面更精彩！

第一次看到 Zeppelin 的介绍是在 Hortonworks 的官方网站上，其支持 Web 界面进行 Spark 与 PySpark 的交互式分析，还支持 Hive 与 Spark-SQL，这不正是大数据环境下的 IPython Notebook 吗？于是迫不及待地将环境搭建起来，还好，HDP2 发行版本有官方的支持，经过简单的一些步骤即将环境搭建起来了，安装步

骤见后面小节。其界面如下图所示。

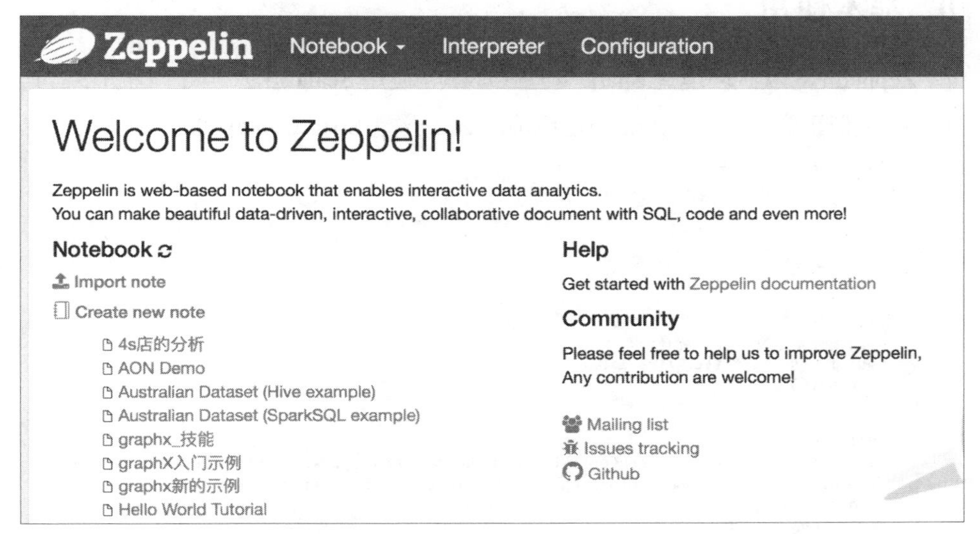

进行了一番测试，发现其果然不负所望，简直太喜欢它了。其原生支持Scala、Python、Shell、Markdown语法，一个环境就解决了几乎所有数据分析的相关问题。甚至可以将其直接当成一个WebShell来使用。Python有一个强大的Web交互环境Jupyter，但Scala目前却并没有基于Web的交互环境，有了这么强大的交互环境，从此数据交互领域，江湖一统。

Zeppelin的名字来源于一战期间的叫作齐柏林的硬式飞艇，借用到此处，估计是想夺取数据科学领域的制空权吧。从公开资料来看，国内团队中美团已经在使用了，相信随着Zeppelin越来越成熟，国内将会有越来越多的团队和个人使用。

Zeppelin实际上只是一套Web环境，主要用于进行数据分析与数据可视化，其后端通过不同的数据处理引擎接入相应的环境，比如默认支持的Spark，实际上运行的引擎还是集群中的Spark环境，只是加强了交互式的体验与提供了可视化的环境。

自然，对于整天都会和Python、Scala、Shell和SQL打交道的数据科学人员来说，Zeppelin为我们提供了一个统一的界面，用于构建各种不同的测试环境，同时还可以将测试步骤与文档保存下来，确实很让人喜欢。

Zeppelin可以建立多个不同的Notebook，Notebook之间是独立的，其流程和结果都会被保存下来。并且支持多人协同开发，如果大家共同更新一个Notebook中的代码，彼此可以看到对方修改的实时效果。

02 基本使用

Zeppelin 的默认环境是 Spark 交互式环境，使用 Scala 语法，如下图所示。其中的 sc 类似于命令行中 Spark 交互环境的 sc，这是 SparkContext 的一个实例，已经初始化好了。

```
// 默认在Spark的交互式环境                                    FINISHED
1+2

sc
// 读取本地文件，并统计行数
val f = sc.textFile("/tmp/tmp.csv")
f.count()

res1: Int = 3
res3: org.apache.spark.SparkContext = org.apache.spark.SparkContext@5a2d5291
f: org.apache.spark.rdd.RDD[String] = /tmp/tmp.csv MapPartitionsRDD[37] at textFi
le at <console>:30
res5: Long = 13209
Took 2 seconds
```

对于新手来说，有几点需要说明：

1. 在交互式环境中，可以使用对应语言的注释，如 Scala 的 // 注释。
2. 使用 Shift+Enter 组合键或者单击右上角的三角形箭头图标执行命令，执行时会有进度显示，出错时也会显示相应的错误信息。
4. 每个代码片段是一个 Tab，作为一个执行单元。
5. 每一个 Tab 可以设置宽度，默认为 12，如果设置为 6，可以两列并排显示。

Zeppelin 支持多种环境，需要通过一个标识符来指定，在第一行中以 % 和对应的关键字开头定义使用的 Interpreter（解析器），比如要使用 PySpark，需要指定为 %pyspark，如下图所示。

```
%pyspark                                                      FINISHED

cnt = sc.textFile("/tmp/tmp.csv").count()
print(cnt)

# 打印奇数
odd = [_i for _i in range(20) if _i%2!=0]
print(odd)

print(sc)

13209
[1, 3, 5, 7, 9, 11, 13, 15, 17, 19]
<pyspark.context.SparkContext object at 0x7efd0e2159d0>
Took 0 seconds
```

如果在测试的时候提示文件不存在，可以直接在 Zeppelin 中使用 Shell 命令上传一个文件到 Hadoop 的 HDFS 文件系统中，如下图所示，使用 %sh 解析器就可以解析 Shell 命令了。

```
%sh

hdfs dfs -put -f /tmp/tmp.csv /tmp
hdfs dfs -ls /tmp/tmp.csv

-rw-r--r--   3 zeppelin hdfs    1497386 2016-07-26 15:50 /tmp/tmp.csv
Took 6 seconds
```

Zeppelin 提供的 Web 界面，其后台执行数据引擎的时候，是以名字为 zeppelin 的用户去执行的。不同的用户有不同的权限，如果需要写 hdfs 目录，需要有相应的写权限。默认的 zeppelin 用户属于 hadoop 组，因此，最简单的方式是更改要写的目录组名为 hadoop，并且组用户具有写权限，相应的操作命令如下所示：

```
$ sudo su - hdfs
# 修改组名为hadoop
$ hdfs dfs -chown -R dmply:hadoop /data/
# 为组里面的用户增加写权限
$ hdfs dfs -chmod 775 -R /data/
```

03 SQL 与可视化

除了前面支持的 5 大主要的环境（Scala、Spark、Python、PySpark、Shell）外，Zeppelin 还支持另外一个强大的解析器——SQL，当然此处是指大数据环境下的 Spark-SQL。得益于 Spark-SQL 本身就可以读取 Hive 表的好处，因此也可以直接处理 Hive 表中的数据。

如下图所示，使用 %sql 解析器来解析 SQL 语句，此处是直接读取 Hive 中的表。

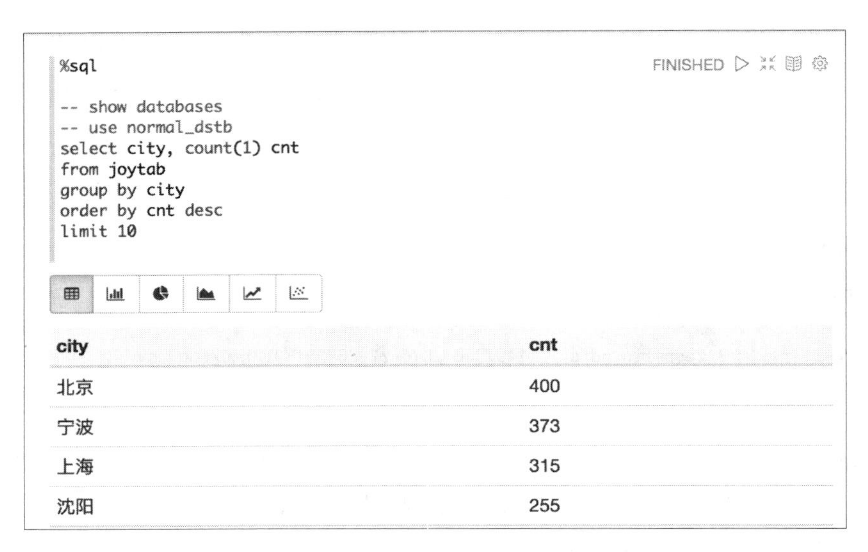

在使用 SQL 的时候，有一个特别需要注意的事项，就是 SQL 语句后面不能写分号。不能写分号的原因是每个 Tab 只支持一次执行一条 SQL 语句，而 Spark-SQL 引擎支持一次执行多条 SQL 语句，此处的限制是为了数据的可视化做的功能舍弃。

从上图中也可以看出，执行结果支持 6 种不同的显示结果，默认为表格形式。除此之外，还有饼图、柱状图、趋势图、峰形图、散点图。因为 Zeppelin 一次只能优化一条语句的显示结果，如果一次执行多条结果，显然很难同时显示多条结果。

因此，每个 Tab 一次只支持执行一条 SQL 语句，如果不想开太多的 Tab，可以将执行过的 SQL 语句注释掉，只保留当前需要执行的 SQL 语句为有效状态。

注释功能的用途十分广泛，因此 Zeppelin 也支持用快捷键来注释或反注释一行语句。其使用了 Emacs 的注释风格“ALT+;”（Alt+ 分号），按一次注释，再按一次反注释。目前的 0.6.0 版本，对 PySpark 的支持不太好，会使用 // 来注释。

前面说了，每条语句的结果都会以 6 种方式来优化显示，自动做到了可视化的效果，下图所示的是同样的语句，选择用柱状图来展示。

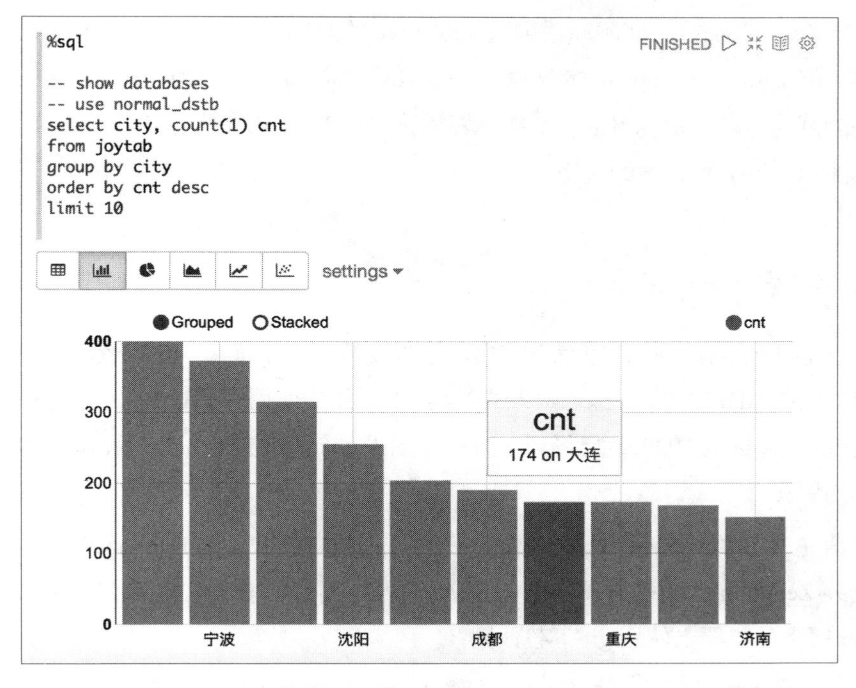

类似的，使用饼图来展示如下图所示。

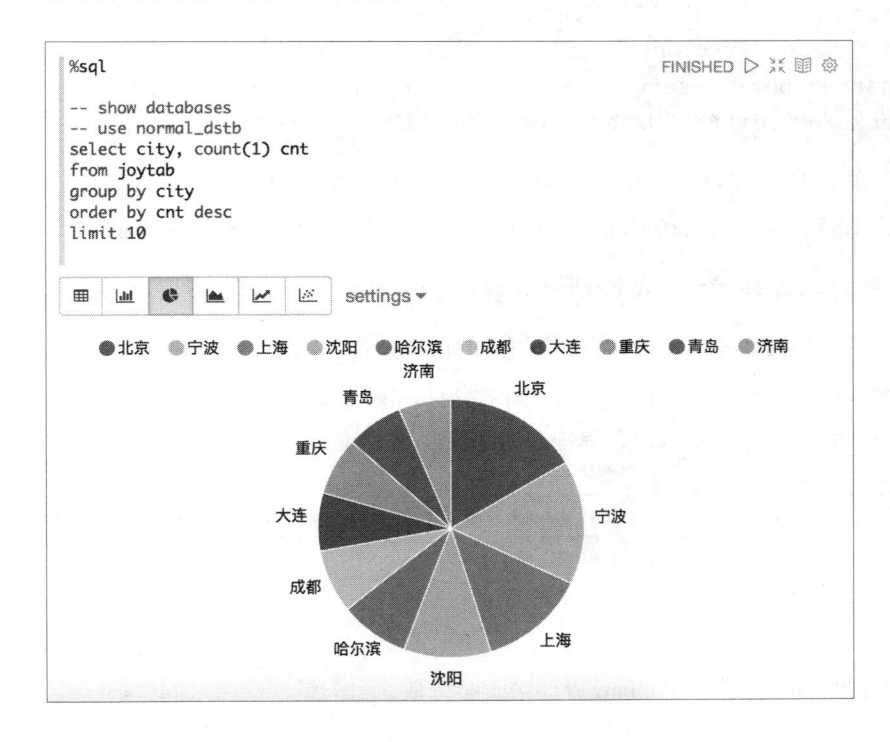

另外，默认的 %sql 解释器可以读取 Hive 的数据，就像是在使用 Hive 客户端一样。但实际上，Zeppelin 本身也支持纯 Hive 的解释器，使用 %hive 来定义，只是在测试的时候，发现 %hive 有些不好用，况且 %sql 的支持已经不错了。此处便不再演示 %hive 解释器的使用。

04 安装 Zeppelin

Zeppelin 还有一些其他使用方式，但主要的内容前面基本都介绍了，现在来看看如何在 HDP2 中安装这个强大的工具。如果用户使用的是 HDP2.5 以上的版本，请跳过本节，因为 HDP2.5 已经可以直接使用 Ambari 安装 Zeppelin 了，本节针对 2.4 版本的用户。

请先参考“大成就者，集群安装”一节，安装 HDP2.4 的 Hadoop 集成环境后，再安装 Zeppelin 就比较方便了。使用 Ambari 界面进行安装，需要在安装 ambari-server 服务的机器上使用 git 下载数据：

```
$ VERSION='hdp-select status hadoop-client | sed 's/hadoop-client - \([0-9]\.[0-9]\).*/\1/''
$ sudo git clone https://github.com/hortonworks-gallery/ambari-zeppelin-service.git  /var/lib/ambari-server/resources/stacks/HDP/$VERSION/services/ZEPPELIN
```

需要 HDP 离线下载的数据包，在下载包的主机上对应的目录下启动 HTTP 服务，里面带有大约 400MB 的安装包。完成上面的步骤后，重启 Ambari：

```
$ sudo service ambari-server restart
```

重启后，单击 Ambari 界面左下角的添加按钮添加服务，此时服务中应该出现 Zeppelin Notebook，如下图所示。如果没有，请确认前面的步骤是否正确。此时，选中此服务前面的复选框，单击 Next 按钮，进行后续安装。

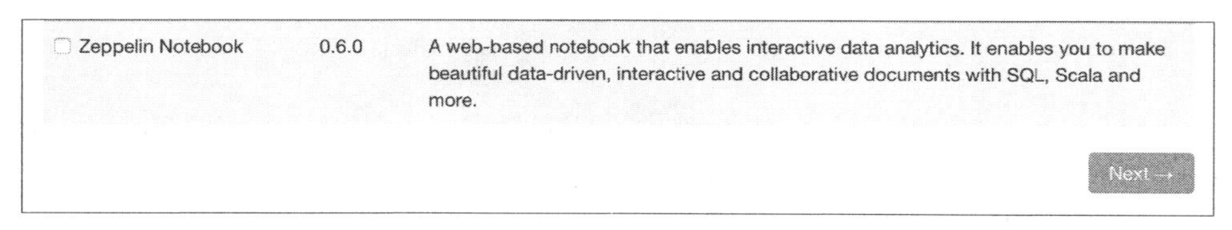

如果在接下来的 Ambari 界面中安装失败，可能是一些目录的权限问题。在命

令行执行以下命令：

```
$ sudo mkdir -p /etc/zeppelin/conf.dist
$ sudo mkdir -p /etc/zeppelin/conf/
$ sudo mkdir /var/lib/zeppelin
$ sudo chown -R zeppelin /etc/zeppelin
```

再尝试运行如下命令，看是否有错误提示，如果没有错误，安装就成功了。

```
$ sudo /usr/bin/apt-get -q -o Dpkg::Options::=--force-confdef
--allow-unauthenticated --assume-yes install zeppelin
```

安装成功后，使用浏览器访问地址 http://ip:9995 即可开始使用。

05 配置 Zeppelin

Zeppelin 在解析 Spark 代码的时候，使用基于 Spark on YARN 的分布式的模式来解析执行每个 Tab 里面的代码。类似于 spark-submit 命令行参数，如果需要修改，可以配置相应的运行参数。

需要在 Ambari 下进行配置，其界面如下图所示。

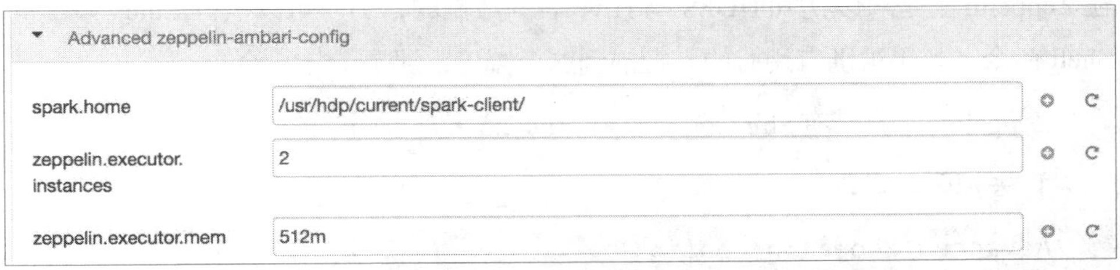

Advanced zeppelin-ambari-config

spark.home	/usr/hdp/current/spark-client/
zeppelin.executor.instances	2
zeppelin.executor.mem	512m

主要的配置参数和其对应到 spark-submit 的命令行参数如下所示：

```
zeppelin.executor.instances 对应于 --num-executors
zeppelin.executor.mem 对应于 --executor-memory
```

另外，如果需要使用 Python 3 来代替默认的 Python 2，如使用的 Anaconda 3 版本的安装路径为：/opt/anaconda3/bin/python，则需要先在“Interpreter”选项里面找到“zeppelin.pyspark.python”，并将其配置成 /opt/anaconda3/bin/ipython，如下图所示。

zeppelin.dep.localrepo	local-repo
zeppelin.pyspark.python	/opt/anaconda3/bin/ipython
zeppelin.spark.concurrentSQL	false

然后还需要修改 Spark 的提交脚本 /usr/bin/spark-submit（最好是所有节点都设置）：

```
# disable randomized hash for string in Python 3.3+
export PYTHONHASHSEED=0
# 添加下面两行内容
export PYSPARK_PYTHON=/opt/anaconda3/bin/python
export SPARK_YARN_USER_ENV=PYTHONHASHSEED=0
```

这样配置后，就可以使用 Python 3 来解析了，如果还提示各节点的版本不一样，请重新检查上面的配置。

06 数据安全

目前版本的 Zeppelin 默认没有开启权限认证，如果开启了外网的访问很危险。在 Zeppelin 上是可以访问 HDFS 与 Hive 表的数据的，另外可以执行 Linux 系统的 Shell 命令，如果被别有用心的人扫描到这个端口，那是十分危险的。

Zeppeline 本身带有 Shiro 的认证，在 HDP2.5 上进行简单的配置，就可以使用了。

1. 去掉匿名登录

```
Advanced zeppelin-config
⇨ zeppelin.anonymous.allowed:    false    (默认为 true)
```

2. 开启认证

```
> Advanced zeppelin-env ⇨ shiro_ini_content
这是对应到配置文件 /usr/hdp/current/zeppelin-server/conf/shiro.ini，
但直接修改配置文件，会被 HDP2 的配置信息覆盖。
```

对 shiro_ini_content 的内容进行配置，其主要信息如下所示：

```
[users]
joy = joypasswd     # 增加用户与密码，使用等号分隔
```

```
[main]
shiro.loginUrl = /api/login

[urls]
/api/version = anon
#/** = anon     # 去掉匿名登录
/** = authc     # 增加认证
```

配置参考链接如下所示：

https://zeppelin.apache.org/docs/0.6.0/security/shiroauthentication.html

如果在配置 Shiro 认证的时候出问题，或者在使用过程中出问题（作者在使用过程中，遇到过所有 Interpreter 加载不出来的问题），也可以使用 Nginx 认证加端口转发的功能来进行数据保护，这是一种通用的保护端口的方式，可以保护其他 Hadoop 上面的 Web 服务。

先配置让 Zeppelin 只监听内网端口，在 Ambari 管理界面的 Zeppelin 服务里，找到“zeppelin.server.addr”配置选项，默认为“0.0.0.0”，将其修改为机器的内网，假定为“10.1.2.3”，重启服务。

再配置 Nginx 的认证与端口转发。在 Ubuntu 下，安装 Nginx 与配置端口转发，首先要安装几个依赖库：

```
$ sudo apt-get install -y libpcre3-dev zlib1g-dev
```

编译安装：

```
# 下载
$ wget http://nginx.org/download/nginx-1.8.1.tar.gz
$ tar xf nginx-1.8.1.tar.gz
$ cd nginx-1.8.1
$ ./configure --prefix=/usr/local/nginx
$ make
$ sudo make install
```

安装密码生成工具，并且生成密码：

```
$ sudo apt-get install apache2-utils
$ htpasswd -c zeppelin.pwd admin
```

Nginx 的部分配置文件如下所示：

```
server {
    listen       9999;
    server_name  localhost;

    location / {
        auth_basic "zpl";
        auth_basic_user_file /usr/local/nginx/conf/zeppelin.pwd;
        proxy_pass http://10.1.2.3:9995;
    }
    location /ws {
        proxy_pass http://10.1.2.3:9995/ws;
        auth_basic_user_file /usr/local/nginx/conf/zeppelin.pwd;
        proxy_http_version 1.1;
        proxy_set_header Upgrade $http_upgrade;
        proxy_set_header Connection "upgrade";
    }
}
```

这样，通过访问 Nginx 的 9999 端口，先进行用户认证，认证成功后，Nginx 会转发到 Zeppelin 的 9995 端口，达到了保护数据安全的目的。

除了保护数据的安全外，还需要备份 Notebook 的数据，否则辛苦写了一个星期的 SQL，因为某种原因丢失就不值得了。

可以导出单个 Notebook 进行备份，也可以直接备份其数据目录。在配置界面可以看到 Notebook 的目录位置为：/usr/hdp/current/zeppelin-server/lib/notebook（该路径的地址由变量 zeppelin.notebook.dir 定义）。

07 使用心得

Zeppelin 能给你惊叹的使用体验，让你心潮澎湃，它是数据科学人员学习与使用 Scala、Python、PySpark、Spark 和 Hive 的最好的交互式环境。

前面已经把 Zeppelin 的基础使用介绍得差不多了，但在实际应用中，还有几点需要注意：

```
1. Zeppelin 服务重启后，第一次执行 Spark 代码可能会比较慢，因为后台要先
   初始化一些服务。
```

2. 与其他交互式环境（Jupyter）类似，前面 Tab 定义的变量，后面能继续使用。
3. Hive 与 SQL、PySpark 中使用的是单独的会话空间，同样是查询 Hive 表，在使用的时候，都需要先 use 库名。

另外，在使用过程中也发现一些不太友好或者还可以改进的地方：

1. 执行 SQL 语句时，一次只能执行一条命令，有些不太科学。还是应该支持多行命令，只解析最后一条命令的输出即可。尤其是当表存在时，再创建表，可以将删除表与创建表两条语句一起执行。
2. 如果能增加快捷键配置则更好，能支持快速地多行注释也会比较好。
3. 类似于一般的 SQL 客户端，能支持只执行选中的 SQL 语句会更好。

0x45　数据分组，聚合窗口

01 MySQL 聚合

当前有一个数据表，表名为 log，记录了每个用户访问的站点及时间，内容如下：

```
userid,site,ts
1,www.baidu.com,1471683762
2,www.google.com,1471683768
1,www.google.com,1471683778
3,www.joy.com,1471683873
1,www.renewjoy.org,1471685748
1,www.baidu.com,1471685416
```

需要统计每个用户访问的网站总数，访问相同网站不重复计数（即访问了多少个不同的网站）。

使用 MySQL 语言可以很简单地统计出来：

```
select userid, count(1) cnt, count(distinct site) dist_cnt
from log
group by userid;
```

其结果如下图所示。

userid	cnt	dist_cnt
1	4	3
2	1	1
3	1	1

其中的逻辑还是比较清楚的，使用了 group by 对数据按 userid 进行分组，分组就是将 userid 相同的数据放到一个组里面，有多少个 userid 就有多少个组，接着在每个组中使用聚合函数 count 进行计数，count 可以加一个 distinct 字段作为参数，统计的时候，会去除重复的数据。

02 Spark 聚合

为了便于深入理解，我们也在 Spark 中使用 RDD 的 groupByKey 算子进行了演示：

```
from pprint import pprint

data = sc.textFile('/tmp/log.csv')

data = data.map(lambda v: v.split(',')
               ).map(lambda v: (int(v[0]), (v[1], int(v[2])))
               ).groupByKey(
               ).mapValues(list)

pprint(data.collect())
```

```
[(2, [('www.google.com', 1471683768)]),
 (1,
  [('www.renewjoy.org', 1471685748),
   ('www.baidu.com', 1471685416),
   ('www.baidu.com', 1471683762),
   ('www.google.com', 1471683778)]),
 (3, [('www.joy.com', 1471683873)])]
```

在 RDD 中，将 userid 当成 key，剩下的组成一个元组，当成 value，使用 groupByKey 进行聚合，使用 mapValues(list) 将聚合后的数据展开为一个列表。

从上面的结果中可以很容易地理解将数据分组的逻辑。接下来就是在三个数据组中进行统计了，在 PySpark 中可以很容易地实现。

03 非聚合字段

如果将需求改成：统计每个用户最后访问的网站及时间。

对需求进行分析，首先还是需要对用户进行分组，最后的访问时间可以使用 max() 函数求最大值，而访问的网站直接输出即可。没错，看起来似乎是这样的，使用 MySQL 来实现也很容易：

```
mysql>
select userid, max(ts) latest, count(1) cnt, site
from log
group by userid;
```

执行的结果如下图所示。

userid	latest	cnt	site
1	1471685748	4	www.baidu.com
2	1471683768	1	www.google.com
3	1471683873	1	www.joy.com

但是这个结果并不正确。回到前面看一下，用户 1 最后访问的时间确实是 1471685748，可是最后访问的网站却不是 www.baidu.com，而是 www.renewjoy.org 这个网站。

问题出在哪儿呢？出在直接取 site 这个字段上。对数据按 userid 分组后，计算最后时间的 max(ts) 是没有错的，但如果直接取 site 的值，MySQL 并没有将其关联到取 max(ts) 那条记录的 site，而是在每组数据中随便取了一条，此处就是“很随便”地把第一条取出来了。

MySQL 的这种方式达不到效果，又不能把 site 也添加到 group by 里面，这样逻辑更不对了。

当然，如果使用上面的 RDD，通过排序的方式是可以达到效果的。因为在排序的时候，是整条数据一起参与的，也即是关联的，如下图所示。

```
%pyspark

latest = data.mapValues(lambda v: sorted(v, key=lambda _: _[1], reverse=True)[0])
pprint(latest.collect())

[(2, ('www.google.com', 1471683768)),
 (1, ('www.renewjoy.org', 1471685748)),
 (3, ('www.joy.com', 1471683873))]
```

04 Hive 实现

将同样的语句，在 Hive 中尝试一下。

在 Hive 中，选取非聚合字段的数据是一个比较麻烦的问题。将 MySQL 中的语句直接放到 Hive 中测试，会提示：

```
    FAILED: SemanticException Line 0:-1 Expression not in GROUP BY
key 'site'
```

将同样的语句放到 Spark-SQL 中去执行，提示更清楚了：

```
    org.apache.spark.sql.AnalysisException: expression 'site' is
neither present in the group by, nor is it an aggregate function.
Add to group by or wrap in first() (or first_value) if you don't
care which value you get.;
```

从 Hive 中和 Spark-SQL 中的提示都可以看出，site 字段不在聚合的字段中，不能直接取其数据，要么在字段上执行聚合函数，要么将其添加到 group by 中。

如果要完全类似于 MySQL 的方案，在 Hive 中通常的解决方案是使用 collect_set(site) 聚合函数，并取第一个值。collect_set 是将所有的 site 值形成一个集合（set），集合中的元素不能重复，且元素没有顺序。如果需要严格取第一个值，则必须使用 collect_list(site)，collect_list 会将所有的 site 形成一个列表（list），对元素不去重，且有顺序。

看一下 Hive 中这两个函数的说明文档：

```
    hive> desc function collect_set;
    collect_set(x) - Returns a set of objects with duplicate elements
eliminated

    hive> desc function collect_list;
```

```
collect_list(x) - Returns a list of objects with duplicates
```

collcet_list 与 collect_set 返回的都是一个数组结构，如果要连接成一个字符串，需要使用 concat_ws 连接，比如使用 '|' 进行连接：

```
select userid, max(ts) latest, count(1) cnt, concat_ws('|', collect_list(site))
from log
group by userid;
```

如果只需要取第一个元素，可以使用：

```
hive> select userid, max(ts) latest, count(1) cnt, collect_list(site)[0] site
from log
group by userid;
```

从上面 Spark-SQL 的提示中可以看到，除了上面的 collect_set 与 collect_list 聚合函数外，如果要取第一个值，还可以使用 first() 聚合函数：

```
spark-sql>
select userid, max(ts) latest, count(1) cnt, first(site) site
from log
group by userid;
```

虽然实现了 MySQL 中取非聚合列的功能，但遗憾的是，与 MySQL 一样，Hive 和 Spark-SQL 也同样没有完成前面的需求。在 Hive 与 Spark 中执行的时候，无论是使用 first() 还是 collect_list()，也许某次的结果是正确的，请多运行几次，会发现其结果是随机的，并不能保证总是得到正确的答案。

05 group_concat

类似于 Hive 中的 collect_list 功能，MySQL 中有另外一个强大的聚合功能——group_concat。

在 MySQL 中，实现 Hive 的 collect_list 功能的代码如下所示：

```
select userid, max(ts) latest, count(1) cnt, group_concat(site)
from log
group by userid;
```

在数据量大的情况下，需要设置 groun_concat_max_len 的值，设置成需要的长度或者 -1 不受限制：

```
SET group_concat_max_len = 1024;
SET group_concat_max_len = -1;
```

如果要实现 collect_set 的去重功能，可以使用 group_concat(distinct site) 的方式。

group_concat 支持指定连接的字符，可使用 separator 指定，如使用 '|' 进行连接：

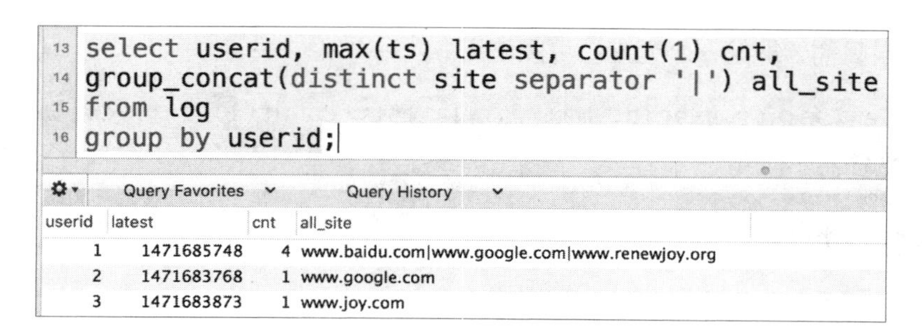

比 collect_list 函数更强大的是，group_concat 还支持在连接的时候使用 order by 方法，order by 同样支持用 asc 进行顺序排序和用 desc 进行逆序排序。

如果在 group_concat 中再对 ts 字段进行逆序排序，那么离前面的需要已经很近了。如果 group_concat 能再支持 limit 的话，只取前面一条数据，那么就完美了。可遗憾的是，没有 limit 功能，只能使用 substring_index 来自己实现 limit 功能。

既然 group_concat 默认使用逗号连接字符串，那么使用 substring_index(string, ',', 1) 就可以取出以逗号分隔后的第一个元素。

至此，使用 group_concat 终于可以实现前面找出用户最后访问的时间和站点的功能了。

```
select userid, max(ts) latest, count(1) cnt,
substring_index(
        group_concat(site order by ts desc),
        ',',
        1) site
from log
group by userid;
```

其结果如下图所示。

userid	latest	cnt	site
1	1471685748	4	www.renewjoy.org
2	1471683768	1	www.google.com
3	1471683873	1	www.joy.com

这个小小的任务已经把 group_concat 的功能差不多用全了，但也算是把需求给实现了。

06 Hive 窗口函数

Hive 中没有 group_concat 函数，但支持另外一类更强大的函数，叫作窗口（Window）函数，也有的地方将它翻译为开窗函数。其他很多关系型数据库，如 PostgreSQL 中都有窗口函数，唯独 MySQL 中目前没有。

与聚合函数一样，窗口函数也可以对行进行分组，再进行聚合计算，但是它不像普通聚合函数那样每组只返回一个值，窗口函数可以为每组返回多个值，因为窗口函数所执行的聚合计算的行集数量是随着窗口游走而变化的。

窗口函数的调用格式为：

```
函数名（列） over（选项）
```

SQL 标准允许将所有聚合函数当成窗口函数，而使用 over 关键字进行区分。

常用的几个窗口函数如下所述。

```
RANK()：返回数据项在分组中的排名，排名相等会在名次中留下空位。
DENSE_RANK()：返回数据项在分组中的排名，排名相等不在名次中留空位。
ROW_NUMBER()：为每条记录返回一个数字。
```

前面的需求在 Hive 或者 Spark-SQL 中使用窗口函数，很容易就可以实现了：

```
-- select userid, ts, site, rank() over (partition by userid order by ts desc) rank
select userid, ts, site, row_number() over (partition by userid order by ts desc) rank
from log
-- having rank=1
```

其执行的结果如下所示。

userid	ts	site	rank
1	1,471,685,748	www.renewjoy.org	1
1	1,471,685,416	www.baidu.com	2
1	1,471,683,778	www.google.com	3
1	1,471,683,762	www.baidu.com	4
2	1,471,683,768	www.google.com	1
3	1,471,683,873	www.joy.com	1

结合上面的结果来理解，假设去掉上面语句中 row_number() 之后的那些窗口描述函数，那么查询结果会返回上图中的前 3 列数据，这些数据需要保持不动。此时再在此结果集上使用 over 生成窗口，对 userid 进行 partition by 分区操作，在 userid 为 1 的这个分区中按 ts 字段进行逆序排序。同样的，为 userid 为 2 和为 3 的生成它们自己的窗口。

窗口生成好了，在每个窗口中执行窗口函数 row_number()，如 userid 为 1 的窗口里面，窗口指针首先指向第一行数据，生成一个数字 1，填入上面的第 4 个字段 rank，接着依次滑动当前窗口的指针，指向下面的 2、3、4 行数字，并填上相应的 row_number。userid 为 1 的分区填完了，接着在 userid 为 2 和为 3 的窗口里面依次填数字，直到填完所有分区。

从上面的介绍中可以知道，窗口也可以使用 partition by 对数据进行分组。与 group by 分组不同的是，窗口中的分组是在数据查询完之后进行的，可以理解为查询完数据之后再进行窗口划分，从而可以在每组数据中填入多个值。而 group by 是在数据查询之前进行，对每组数据只能使用聚合函数得到一个值。

得到了上面的数据后，要取每个组中的第一条数据，只需要再加上 having rank=1 即可。如果要取前 *N* 条数据，那也是非常方便的。

注意，此处因为 ts 字段没有重复数据，因此 rank()、dense_rank() 与 row_number() 这三个窗口函数的效果是一样的。

07 DataFrame 窗口

在 Spark 的 DataFrame 中，同样可以使用窗口函数功能。窗口的包位于 pyspark.sql.window 中，而窗口的函数还是在 pyspark.sql.functions 中，有了前面的 SQL 语句基础，这里就很容易实现了，其代码如下所示：

```
from pyspark.sql import HiveContext
from pyspark.sql.window import Window
```

```
    import pyspark.sql.functions as func

    hql = HiveContext(sc)
    df = hql.sql("select * from log")

    # 创建一个窗口，接着创建一个窗口函数 dense_rank
    windowSpec = Window.partitionBy(df['userid']).orderBy(df
['ts'].desc())
    rank = func.dense_rank().over(windowSpec)

    rank_list = df.select(df['userid'], df['ts'], df['site'],
rank.alias('rank'))
    rank_list.show()

    latest = rank_list.where('rank=1')
    latest.show()
```

在 Zeppelin 中执行上面的代码，结果达到预期，如下图所示。

```
+------+----------+----------------+----+
|userid|        ts|            site|rank|
+------+----------+----------------+----+
|     1|1471685748|www.renewjoy.org|   1|
|     1|1471685416|   www.baidu.com|   2|
|     1|1471683778|  www.google.com|   3|
|     1|1471683762|   www.baidu.com|   4|
|     2|1471683768|  www.google.com|   1|
|     3|1471683873|     www.joy.com|   1|
+------+----------+----------------+----+
+------+----------+----------------+----+
|userid|        ts|            site|rank|
+------+----------+----------------+----+
|     1|1471685748|www.renewjoy.org|   1|
|     2|1471683768|  www.google.com|   1|
|     3|1471683873|     www.joy.com|   1|
+------+----------+----------------+----+
```

08 结语

从最简单的 group by 功能开始，本节一步步地实现了一个看似简单的实际需求，其中却包括了大量的知识点。

聚合函数已经解决了很多问题，但窗口函数能给我们带来更多的便利。

0x46 全栈分析，六层内功

01 引言

假设有如下数据，第一列为员工的 ID，第二列为日期，第三列为代码数：

```
userid,   day,          lines
126882,   2016-03-08,   52
127305,   2014-07-09,   29
128194,   2016-07-05,   81
126882,   2013-04-09,   16
128194,   2016-09-01,   161
127305,   2016-05-08,   23
……
```

现在要统计过去一年（2016）中，每个用户写的代码总量，可以通过哪些技术来实现呢？

欲练数据神功，必先挥刀……嗯，先扎好马步吧。下面这几个方面的技能，是练好数据基本功必备的方法。

02 MySQL 版本

编写 SQL 语句是进行数据统计分析最基本的能力。在一般的统计分析中，掌握好聚合查询、关联查询和子查询等即可。与数据库相关的备份、恢复、存储过程之类的，在分析过程中很少用到。

按要求，只需要使用一个 group by 聚合函数即可进行处理，其 SQL 语句如下所示：

```
mysql> select userid, sum(lines)
from table
group by userid
where day between '2016-01-01' and '2016-12-31';
```

先按条件进行过滤，选取出 2016 年的数据行，然后对 userid 进行 group by 操作，group by 聚合后，相同的用户分到同一个组，最后对代码进行累加即可。

03 awk 版本

我们通常会将 SQL 作为常用工具，如果 SQL 不能满足你的需求，或者实现起来比较麻烦，你可以将数据导出成 CSV 格式的文本文件。

Shell 命令比通常想象得要强大，用好 Shell 命令，很多时候也可以方便地处理问题。在 Shell 命令行下，有一个强大的数据处理工具：awk，强大到能独立完成很多数据处理和分析任务，更多信息，请参考“快刀 awk，斩乱数据”一节。

```
#!/usr/bin/awk -f

BEGIN{
   FS = ",";
}

{
   userid = $1;
      day = $2;
    lines = $3;

   if(day >= "2016-01-01" && day <= "2016-12-31"){
       # 建立 hash 表
          user_lines[userid] += lines
   }
}

END{
   for(user in user_lines){
       # 遍历 hash 表的 key，并输出相应的 value
          print user, user_lines[user]
   }
}
```

上面一段简单的 awk 代码，把 awk 的一些基本概念都用上了，也算是“麻雀虽小，五脏俱全”了。涉及 awk 的三段式代码结构、数组与赋值、条件判断与循环等编程基础概念。

因为 awk 是按行读入文件，因此我们的思想就是建立一个 hash 表（字典），

key 为用户名，value 为行数的累加，这样遍历整个文件，就可以统计符合要求的数据了。

awk 处理文本文件的方式，自然与数据库的思想不太一样，但你需要习惯这种方式，因为这种处理文本文件的方式，也是很多 NoSQL 的处理方式。

04 Python 版本

前面介绍了很多 Python 语言的知识，处理这种简单的统计，我们也可以用 Python 来试试。

```
# cnt.py
import sys

last_id = None

for line in sys.stdin:
    line = line.strip().split(',')
    idx, day, count = int(line[0]), str(line[1]), int(line[2])

    if not ('2016-01-01' <= day <= '2016-12-31'):
        continue

    if idx == last_id:
        # 当前行与前一行 id 相同，累加
        sum_count += count
    else:
        # 遇到新的 id，输出上一 id 的统计值
        if last_id:
            print('{},{}'.format(last_id, sum_count))

        # 遇到新的 id 时，对当前 id 进行初始化
        last_id = idx
        sum_count = count

# 最后的一条数据
if idx == last_id:
    print ('{},{}'.format(last_id, sum_count))
```

需要注意，这个程序是需要对文件按 id 进行排序的，因为代码处理的是连续的行，并且假定相同的 id 是在连续的行上，因此运行的方式为：

```
$ cat code_lines.csv | sort | python cnt.py
```

处理的方式还是一样，按行读取文件并存储和记录，但逻辑实现起来感觉稍微有点绕，没有使用数组或字典之类的来存储数据。

当然，你肯定会说，这个代码写得有些复杂，不符合通常的思路。之所以写成这样，是因为我们后面在分布式环境中还要用到。

05 Hive 版本

也许你会想，如果文件很大，MySQL 或者 Python 单机都没有办法处理，此时应该怎么做？

单机不能满足你的需求，那么使用分布式。

假设 Facebook 有 20 亿用户，所有用户每天都发消息。20 亿用户，按 Facebook 上线 10 年算，3600 天，共 72000 亿条记录，够大了吧！分别找出每个用户发消息最多的那天和发消息的条数。

且来看看，由 Facebook 开源出来的 Hive 数据仓库，如何进行处理。

```
-- 代码见 MySQL 版本
```

你没有看错，我也没有骗你，还真是和 MySQL 用同样的代码。当然，Hive 有自己的优化策略，暂时先不管。

有个前提，你只需要把那 72000 亿条数据存放到 HDFS 文件系统上，然后建立一个外部表和 HDFS 文件进行关联，再输入和 MySQL 同样的语句，Hive 引擎会自然地将 SQL 语句转换为下层的 map-reduce 代码运行。

重要的是，你的 Hadoop 集群有多强大，这个 Hive 语句就能达到多强大。还不用自己写 map-reduce 程序，就是分析师最熟悉的 SQL 语句。

如果你觉得 Hive 也是 SQL 语句，有些自定义的函数或者方法比较麻烦，那么 Hive 还可以调用外部脚本，只要是可执行脚本都行：Python、Ruby、Bash、Scala、Java、Lisp。

06 map-reduce 版本

如果你追求完全的原生，或者追求完全的可控性，但又不熟悉 Java 代码，那么还可以用 Python 来写 map-reduce 程序。

```
# mapper.py 代码见 Python 版本
# reducer.py 代码见 Python 版本，因为 reducer 的输入是 mapper 的输出，因此 reducer 的输入只有两个字段，需要去掉其中的 day 字段与条件。
```

这就可以实现分布式了？确实，这就可以。通过 Hadoop 的 Streaming 接口进行调用，只需要自定义 mapper 和 reducer 程序即可。上面的 mapper 和 reducer 可以直接用纯粹的 Python 单机版本。

分布式最基本的原理就是数据分块，在 map 阶段，对每个块的数据调用 mapper 程序，求出当前块里面每个 id 的行数。把这些输出作为 reducer 的输入，再进行一次聚合，那么结果便是全局的统计量了。

07 Spark 版本

如果你觉得用 Hive 太落后，跟不上时代的步伐。或者，你觉得 SQL 的自定义功能太弱，或者你觉得就算是调用外部脚本很麻烦，或者你觉得用原生的 map-reduce 程序也很麻烦，光调用 Streaming 就要写一堆参数。那么我们使用当前最热的技术，来自“火星”的 Spark（Spark 的图标就像是冒着“火星”）。

```
%pyspark

data = sc.textFile('/tmp/code_lines.csv')
data = data.map(lambda v: v.split(',')
          ).filter(lambda v: "2016-01-01" <= v[1] <= "2016-12-31"
          ).map(lambda x: (x[0], int(x[2]))
          ).reduceByKey(lambda x, y: x+y
          )

for key, value in data.collect():
    print('{},{}'.format(key, value))
```

Spark 支持多种编程接口，如 Scala、Java、Python，最近也开始支持 R 了。

首先 map 将数据分割成三个字段，再使用 filter 过滤出需要的条件，然后按相同的 key 进行 reduce，将其值进行相加即可。

逻辑够简单，代码也够简洁。Spark 强大的功能得益于 Scala 强大的数据结构与数据处理能力。

08 结语

数据分析基本功，按上面介绍的几个方面，扎好了马步，离数据神功第一层就不远了。

不要兴奋，也许会突然冒出来一个小姑娘，告诉你：上面的功能我用 Excel 也可以完美地实现。

当然可以了，聪明如你，Excel 还能实现比这强大得多的功能呢。

从理论上来说，上面所有工具都能完成统计分析任务。只是不同的地方，实现的方式各有不同，有的复杂，有的简单，有的快，有的慢而已。选择你觉得最简单的方式，完成任务即可。

0x5 机器学习，人类失控

0x50 机器学习，琅琊论断

人类的未来就是失控，就是人与机器共生、共存。机器越来越人性化，人越来越机器化。《失控》这本书，主要就体现了这一思想。

琅琊榜首，江左梅郎，得之可得数据科学之天下。

电视剧《琅琊榜》是一部良心好剧，精心制作的剧情，外加画面精美和台词的古典韵味，说其是一部男人的宫斗剧也不假，但更是一部数据分析的作品。其中，最让人感到神奇的是琅琊阁中神奇的情报分析中心，简直就是一整套完整的数据分析流程，采集江湖与朝廷上重要人物、事件的信息，放到一个大的数据库中存储起来，然后对当前的时势进行预测分析。

用现在流行的话来说，琅琊阁就是一个大数据分析中心，专门产出各种数据。主要涉及：排名算法（对江湖高手进行武力值排名），社交网络分析（重要人物都与哪些人有联系）。他们提供了一个著名的问答系统，世间难题，只要给得起价，都可以在这儿得到答案。它还会做人才推荐引擎，向世间推荐人才，梅郎也是因为他们的人才推荐系统，才能名正言顺地进入朝廷。

琅琊阁地下室有一个非常庞大的数据仓库，用于存储与处理各种数据。实际上，他们使用了很多数据挖掘算法，放到现在，就是构成机器学习的重要内容。

ML 是一个非常有意思的词汇，初中生会告诉你，这是毫升的缩写。搞数据科学的人会告诉你，这是 Machine Learning（机器学习）的缩写。人都会随着认识的不断改变，从而改变最初的一些认识。

机器学习，本身是一门交叉学科，以算法理论作为基础，其中涉及大量的统计学、线性代数、微积分、凸优化等数据理论，还包含数据库、编程等计算机知识，因此学好机器学习，着实不那么容易。

下面是本章的知识图谱：

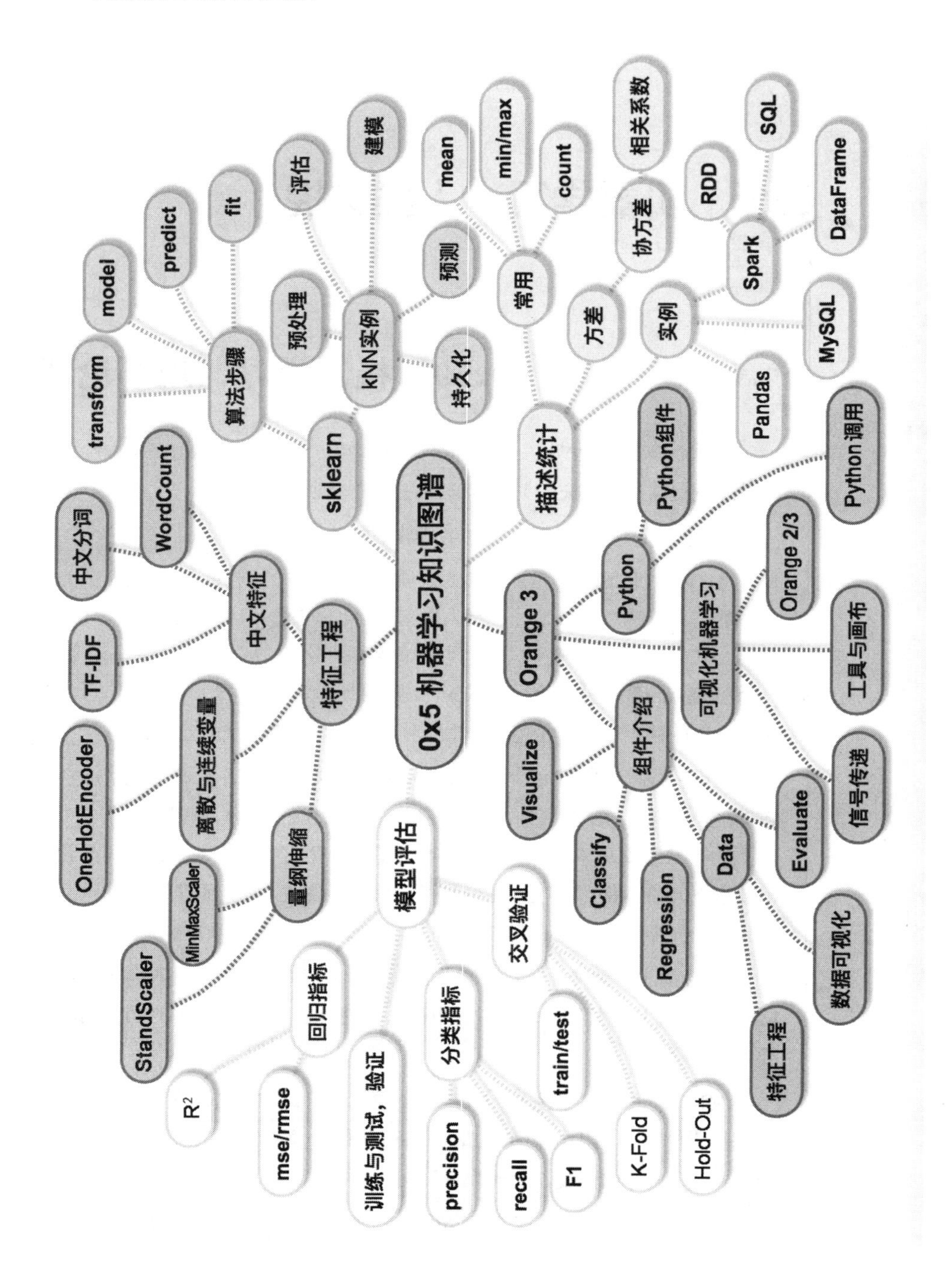

0x5 机器学习知识图谱
sklearn
算法步骤
transform
model
predict
fit
kNN实例
预处理
评估
建模
预测
持久化
描述统计
常用
mean
min/max
count
方差
协方差
相关系数
实例
Spark
RDD
SQL
DataFrame
MySQL
Pandas
Orange 3
Python
Python组件
Python调用
可视化机器学习
Orange 2/3
工具与画布
信号传递
组件介绍
Visualize
Classify
Regression
Data
Evaluate
数据可视化
特征工程
特征工程
中文特征
中文分词
WordCount
TF-IDF
离散与连续变量
OneHotEncoder
量纲伸缩
MinMaxScaler
StandScaler
模型评估
回归指标
R^2
mse/rmse
训练与测试，验证
分类指标
precision
recall
F1
交叉验证
train/test
K-Fold
Hold-Out

0x51　酸酸甜甜，Orange

01 可视化学习

Orange 是 Python 生态中不可多得的可视化机器学习环境，支持三大主流的操作系统：Mac、Linux 与 Windows。其设计的宗旨是可直接通过拖曳小组件（widget）构建一个机器学习流程。

Orange 的界面，如下图所示。

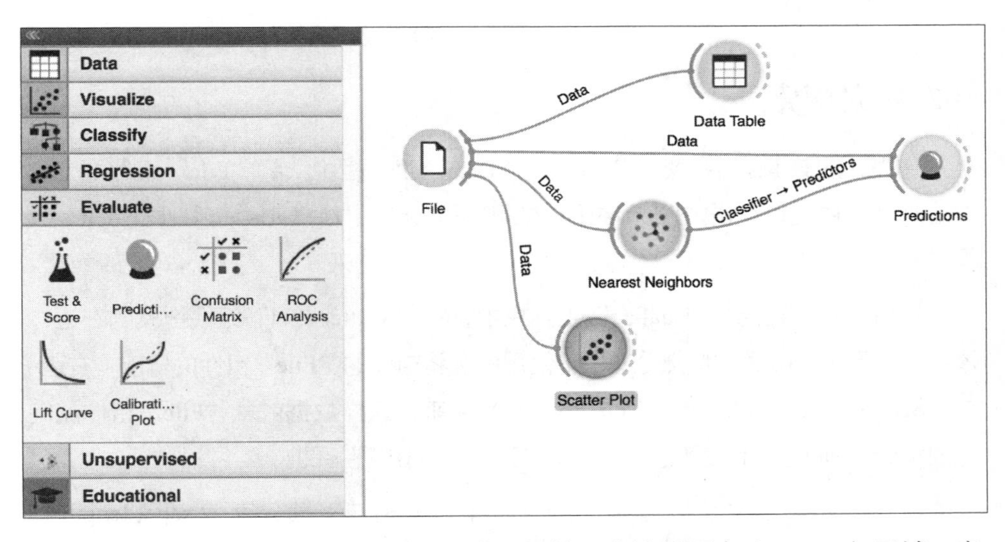

左边的工具栏中提供了各种机器学习组件，右边是画布（Canvas）区域，直接用鼠标将左边的 widget 拖曳到右边的区域，再使用连线将各组件按一定的顺序连接起来，就构建了一个机器学习的流程。

Orange 之前的版本使用 C++ 和 PyQT 开发，接口支持 Python 2。目前最新的版本是 Orange 3，全部迁移到 Python 3，底层数据格式也使用了 numpy，并舍弃了 C++ 代码，尽可能地使用 scikit-learn 代码和 CPython 来重构了这个版本。

在 Mac 的图形界面中，Orange 2 比较模糊，Orange 3 好很多，应该是官方迁移到 PyQtGraph 的原因。Orange 3 的文档也重写了，因此强烈建议直接使用 Orange 3 环境。在 Mac 与 Windows 系统下，都是直接下载一个包就可以安装使用，非常简单。

Orange 是新手入门机器学习的好工具，它提供了如下功能：

```
1. 拖曳组件，以可视化的方式构建机器学习流程。
2. 集成了数据与结果的可视化。
3. 在可视化界面中，结合 Python 代码，本身也有 Orange 库，可以在 Python 代码
   中调用。
4. 使用信号传递的方式来构建流程，通常只需要处理输入、输出信号，与 sklearn
   和 Spark ML 中的 Pipeline 非常相似。
```

使用 Orange 构建机器学习流程非常简单。下面我们来一步步构建一个基于 Iris 数据集的分类模型。

02 数据探索

首先，加载 Iris 数据集，从左边的“Data”工具栏中，将“File”组件拖曳到右边画布空白处，双击“File”组件，在出现的选框中选择 iris.tab 数据集。Iris 数据是 Orange 内置的数据，这样就可以把数据集加载进来。

接着，从左边的“Visualize”工具栏中，将“Scatter Plot”组件拖曳到右边，该组件用于画出数据的散点分布图。使用鼠标将前面的“File”组件的输出（右边）与“Scatter Plot”组件的输入（左边）连接起来，这样数据就从“File”组件流向了“Scatter Plot”组件。双击此散点图组件，即可出现下图。

从左上角的信息可以看到，当前选择的 ***X*** 轴与 ***Y*** 轴分别为 sepal length 和 sepal width，右边为数据的散点图，显示了网格（Show gridlines）与类密度（Show class density），可以尝试不同的 ***X*** 轴与 ***Y*** 轴，从而了解数据各特征的分布情况。

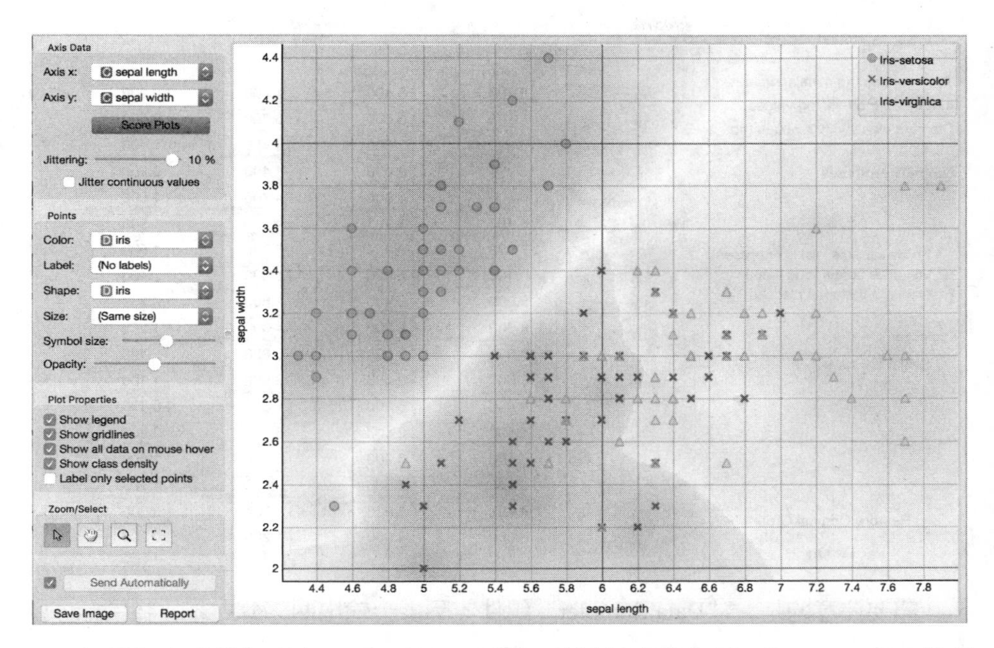

如果想查看数据内容，可以从“Data”工具栏中添加一个“Data Sampler”组件，该组件可以对数据进行抽样，同样与“File”的输出进行连接。双击该组件，在选框中选择抽取固定比率的数据（Fixed proportion of data），如下图所示。选择12% 的数据，从图中的 Information 可以知道，数据集中共有 150 条数据，当前共抽取了 18 条数据。

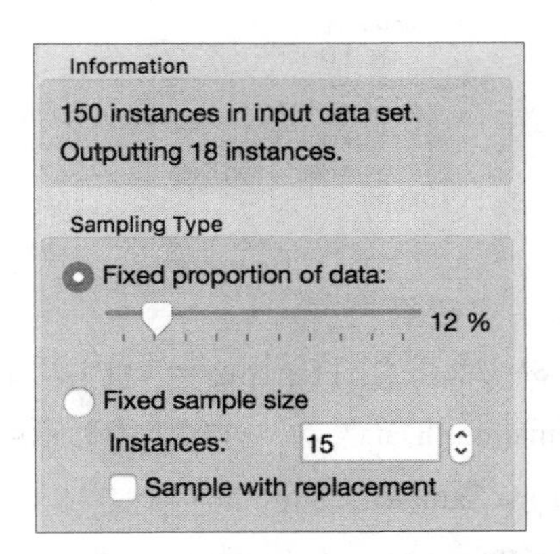

抽样后要查看数据，还需要添加一个“Data Table”组件并与“Data Sampler”连接，双击该“Table”组件，出现如下图所示的界面。

Info

18 instances (no missing values)

4 features (no missing values)

Discrete class with 3 values (no missing values)

No meta attributes

Variables

☑ Show variable labels (if present)

☑ Visualize continuous values

☑ Color by instance classes

Selection

☑ Select full rows

Restore Original Order

Report

	iris	sepal length	sepal width	petal length	petal width
1	Iris-setosa	5.400	3.400	1.700	0.200
2	Iris-virginica	6.500	3.000	5.200	2.000
3	Iris-versicolor	6.600	3.000	4.400	1.400
4	Iris-setosa	5.200	3.400	1.400	0.200
5	Iris-versicolor	6.300	3.300	4.700	1.600
6	Iris-versicolor	6.400	3.200	4.500	1.500
7	Iris-virginica	7.300	2.900	6.300	1.800
8	Iris-virginica	6.100	2.600	5.600	1.400
9	Iris-setosa	5.000	3.400	1.500	0.200
10	Iris-versicolor	6.600	2.900	4.600	1.300
11	Iris-virginica	6.500	3.000	5.800	2.200
12	Iris-versicolor	5.600	2.500	3.900	1.100
13	Iris-setosa	4.400	3.200	1.300	0.200
14	Iris-virginica	6.400	2.800	5.600	2.200
15	Iris-virginica	6.500	3.000	5.500	1.800
16	Iris-versicolor	6.700	3.000	5.000	1.700
17	Iris-setosa	4.400	3.000	1.300	0.200
18	Iris-setosa	5.800	4.000	1.200	0.200

需要注意的是，“Data Sampler”组件实际上会输出两部分内容，将鼠标停留在该组件上，一会儿就会显示该组件的相关输入、输出信息，如下图所示。

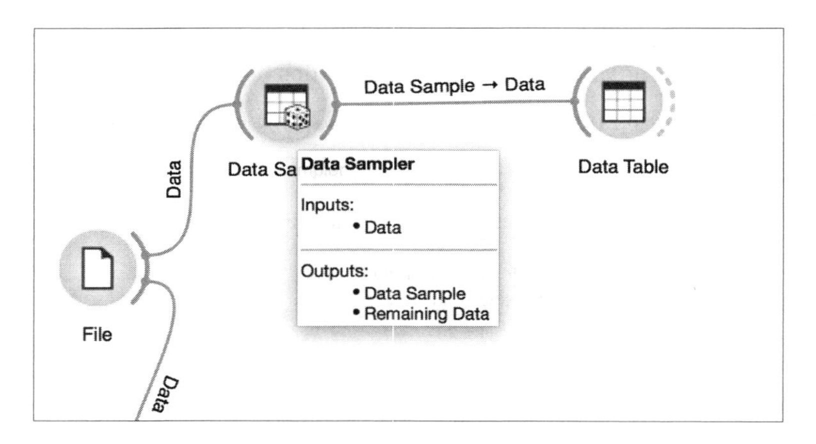

可以看到，“Data Sampler”组件输出两个信息（两组数据），其一为“Data Sample”，另一为“Remaining Data”。从连线上的标示可以知道，输出到“Data Table”组件的数据为“Data Sample”部分，即看到的18条数据。因为有这个特性，“Data Sampler”可以将数据切分为训练数据与测试数据。

03 模型与评估

数据探索完了，使用两个分类算法来测试一下效果吧！首先从左侧“Evaluate”工具栏中加载一个评估模型的组件“Test & Score”，与“File”组件相连，然后从“Classify”栏中加载 kNN 算法组件“Nearest Neighbors”和随机森林算法组件“Random Forest Classification”，并分别与“Test & Score”组件的输入信号相连，最后的流程图如下所示。

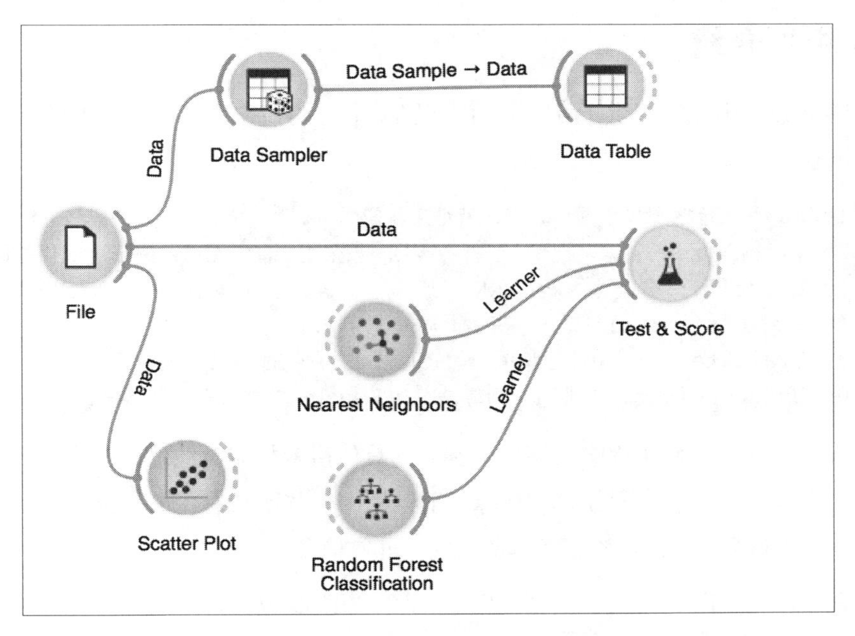

双击“Test & Score”组件，可以看到两个算法的性能分析结果，如下图所示。

Sampling

- Cross validation
  - Number of folds: 10
  - Stratified
- Random sampling
  - Repeat train/test: 10
  - Training set size: 80 %
  - Stratified
- Leave one out
- Test on train data
- Test on test data

Evaluation Results

Method	AUC	CA	F1	Precision	Recall
kNN	0.980	0.973	0.973	0.974	0.973
Random Forest Classification	0.970	0.960	0.960	0.960	0.960

注意模型评估的数据，直接从“File”中流入，并没有使用抽样的数据。在“Test

& Score”的界面左边可以选择评估的数据分割方式，当前使用 k-fold 交叉验证（Cross Validation），并设置了 k 为 10，还勾选了分层抽样（Stratified）的选项。这样评估的效果与 sklearn 中使用 sklearn.cross_validation.StratifiedKFold 评估的效果相同。

除了评估各种分数，还可以输出各个算法的 ROC 曲线图、Confuse Matrix（混淆矩阵）等参数，这些都可以在“Evaluate”工具栏中找到相应的组件。

04 组件介绍

Orange 3 中默认提供了 6 个方面的组件，涵盖了主要的机器学习内容，内容如下所述。

```
1. Data: 数据源与数据预处理，特征工程等组件。
2. Visualize: 数据可视化，包括散点图、箱形图、直方图以及树形可视化等组件。
3. Classify: 分类算法，如 kNN、决策树、朴素贝叶斯、随机森林、AdaBoost 等。
4. Regression: 回归算法，基本上与分类算法对应。
5. Evaluate: 与模型评估相关，如 ROC 曲线、混淆矩阵等。
6. Unsupervised: 非监督学习算法，如 Kmeans 聚类、PCA 降维等。
```

大部分算法的使用都比较简单，到后面具体讲解相应算法的时候会进行详细分析。在本节中，我们只挑选“Data”工具栏中一些比较有用的来说明，因为其中包括了大量数据处理与特征工程的方法，非常值得深入研究。

在“Data”栏中，除了使用“File”从文件读取数据外，还可以使用“SQL Table”从 PostgreSQL 中读取数据，但该组件目前尚未对其他的如 MySQL 数据库提供支持。

读取数据后，如果要过滤数据中的行或者列，可以使用“Select Rows”或者“Select Columns”。如果数据中有缺失值，可以使用“Impute”进行填充，其支持多种不同的填充方式，可以直接在界面中进行选择。还可以使用“Outliers”组件识别数据中的离群点，其算法有两种，其中一种与 sklearn 中一样，使用 OneClass SVM 算法。

在特征工程中，Orange 3 也支持离散变量连续化的 Continuize 组件，连续变量离散化的 Discretize 组件，特征构建与转换的 Feature Constructor 组件。另外，还有一个强大的预处理组件 Preprocess，它可以将各种特征工程组成在一起同时作用在数据上，其支持的类型非常多，如下图所示。

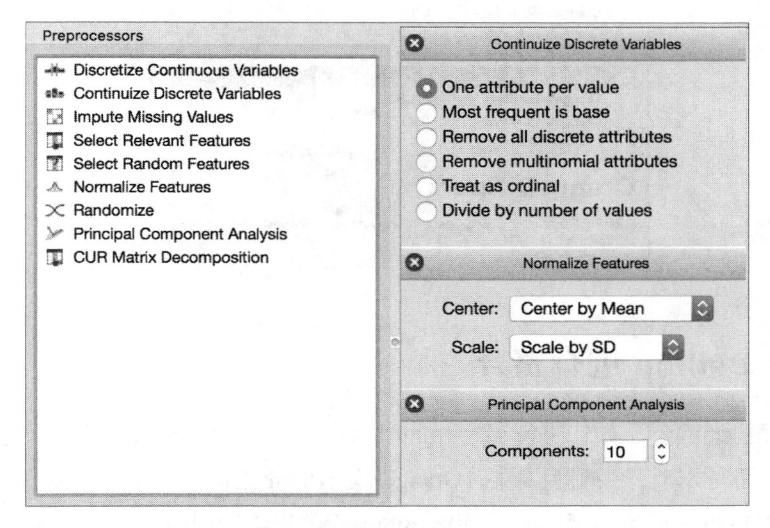

直接将左边框中支持的方法，拖到右边就可以作用到数据上了，图中拖了三个方法，离散变量连续化的 OneHotEncoder、数据标准化与 PCA 取主成分。

在进行特征选择的时候，还有一个非常有用的组件叫作 Rank，它可以对各个特征输出多组不同指标，为进行特征选择提供了数据支撑。

下图所示的是在 Iris 数据集中使用 Rank 组件输出的各特征的分析数据。

Rank

	#	Inf. gain	Gain Ratio ▼	Gini	ANOVA	Chi2	ReliefF	FCBF
petal length	C	1.086	0.544	0.211	1179.034	98.946	0.341	0.607
petal width	C	1.059	0.532	0.204	959.324	94.162	0.347	0.592
sepal length	C	0.624	0.313	0.124	119.265	79.243	0.121	0.000
sepal width	C	0.361	0.183	0.077	47.364	50.082	0.132	0.203

其指标从左到右分别为：信息增益（Information gain），信息增益率（Gain Ratio），基尼系数（Gini），方差分析（ANOVA），卡方检验（Chi2），ReliefF 与 FCBF。前面三个指标，在决策树算法中还会详细介绍。

除了系统自带的这 6 大类的组件，Orange 3 还将一些其他组件形成了插件，直接通过菜单中的插件管理进行安装。下图是目前支持的一些插件，差不多有一二十种了，只是有些还不太成熟，比如连安装都出错的 Orange3-spark 插件。

	Name	Version	Action
	Orange3-Associate	1.1.2	
	Orange3-Text	0.1.11	
	Orange3-Network	1.1.2	
	Orange3-Timeseries	0.1.0	
	Orange3-spark	0.2.6	
	Orange3-Datasets	0.1.3	
	Orange3-Prototypes	0.4.7	
	Orange-Infrared	0.0.5	

Orange3-Spark

A set of widgets for Orange data mining suite to work with Apache Spark ML API.

05 与 Python 进行整合

前面已经演示了如何进行可视化的机器学习，直接拖动组件即可快速构建一个流程。可是本节开头明明说了，Orange 是 Python 生态中重要的一员，难道在开发层面和 Python 没有关系吗？上面构建的流程能直接导出成 Python 代码吗？

目前构建的可视化流程还不能导出成 Python 代码，但并不是说开发中它就和 Python 没有关系了，它是以另外的方式与 Python 进行整合的。

细心的你也许会发现，在“Data”组件中，提供了一个“Python Script”组件，它就可以在流程中融合 Python 代码。

使用一个官方的例子来演示。在 Iris 数据集中，加入一些高斯噪声。建立一个“File”组件，一个“Python Script”组件，一个“Data Table”组件，其流程如下图所示：

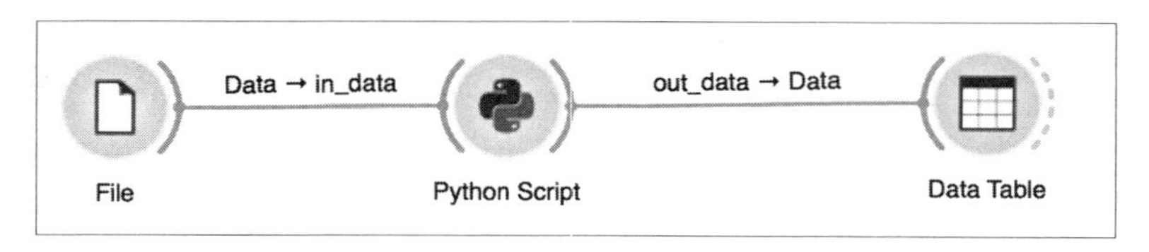

双击“Python Script”组件，在输入框中输入如下代码：

```
import random
#from Orange.data import Domain, Table

# 复制一份数据
new_data = in_data.copy()[:5, :]
```

```
for inst in new_data:
    for f in inst.domain.attributes:
        # 加入高斯噪声
        inst[f] += random.gauss(0, 0.02)

out_data = new_data
print(in_data[:5, :])
print(type(out_data))
print(out_data)
```

在这段代码中，有几点需要注意：

1. 作为管道流，必须指定输入、输出信号。输入数据为 in_data，最后需要指定输出数据为 out_data。
2. Orange.data.table.Table 为 Orange 的核心数据结构，类似于 numpy 的二维数组。
3. inst.domain.attributes 为全部的列名，是一个元组结构。
4. 提供的 Python 版本为 Orange 自带的环境，如果平时使用的是 Anaconda 环境，需要重新安装一些库。

执行的效果如下图所示。

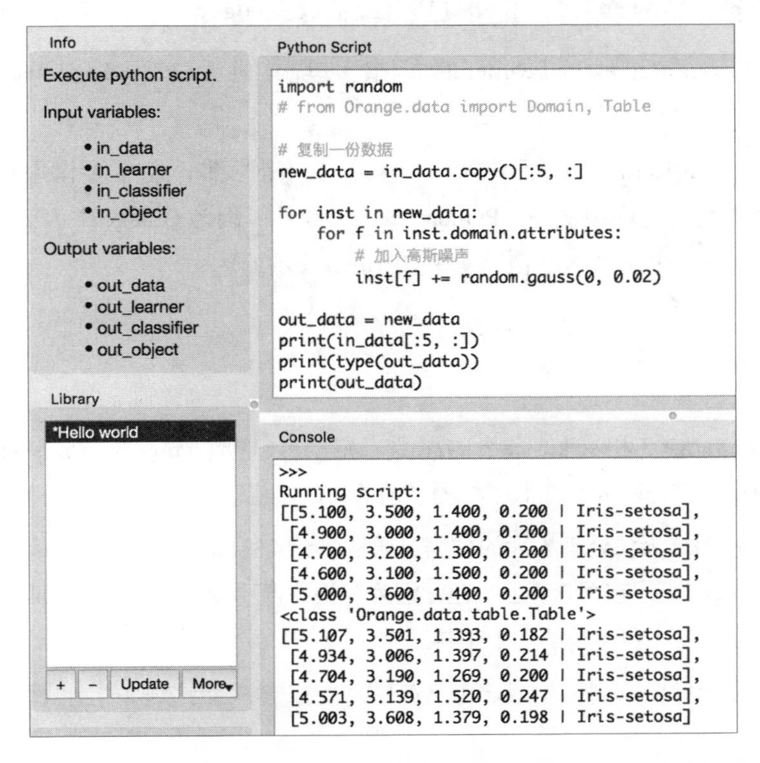

除了在可视化程序中使用 Python 代码外，还可以直接调用 Orange 库来实现机器学习。在自己的 Anaconda 环境中，需要进行安装：

```
$ pip install Orange3  # 必须带上 3
```

安装成功后，可以直接调用 Orange 库，如使用线性回归对波士顿房价数据进行预测分析，可以使用如下代码：

```
from Orange.data import Table
from Orange.regression import LinearRegressionLearner

# 波士顿房价数据
data = Table("housing")
# 线性回归模型
learner = LinearRegressionLearner()
model = learner(data)

pred = model(data)

for (_true, _pred) in zip(data[:3], pred[:3]):
    print("true:{} pred:{}".format(_true.get_class(), _pred))
```

查阅 LinearRegressionLearner 的文档，发现其只不过是 sklearn.linear_model.base.LinearRegression 的一个封装而已。

因为 scikit-learn 的强大和流行，一般情况下很少有人会需要调用 Orange 的库，更多的是在界面中使用“Python Script”组件。因为 Orange 中大部分都只是 sklearn 的封装，只有少数是自己使用 CPython 实现的。

06 结语

因为 Orange 3 和 scikit-learn 的渊源，完全可以把 Orange 3 当成 sklearn 的界面版来使用，这样就大大降低了机器学习的入门门槛。

Orange 可能无法处理太大的数据，通常用于实验环境，测试不同算法的效果。另外，Orange 很受老师与学生欢迎，因为可视化便于演示和理解，同时也是初学者上手机器学习不可多得的一个工具。

在每个组件中都可以生成一个当前信息的报告，用于实验与测试环境的效果对比，确实不错。

因为可视化简单易懂的特点，后面章节中的一些算法与模型也会使用本程序来进行演示与说明。

Orange 的图标就是一个戴着眼镜的黄橘子，这个橘子到底好不好吃，请君自己品尝。

0x52 sklearn，机器学习

01 sklearn 介绍

scikit-learn 是 Python 语言开发的机器学习库，一般简称为 sklearn，目前算是通用机器学习算法库中实现得比较完善的库了。其完善之处不仅在于实现的算法多，还包括大量详尽的文档和示例。其文档写得通俗易懂，完全可以当成机器学习的教程来学习。

如果要说 sklearn 文档的重要性，个人觉得，应该可以与佛经中的《金刚经》相比。如果能将其当成《金刚经》一样来阅读，你的机器学习水平一定会有质的提升。

一般初阅佛经，肯定会被其中的一些名词弄糊涂，就像初次阅读 sklearn 的文档一样，会被诸如 training data、testing data、model select、cross validation 等这样的词汇弄糊涂。但实际上，只要肯用心读，把这些基础概念弄明白，后续学习就比较容易了。sklearn 必须要结合机器学习的一些基础理论来理解，就像佛经必须要结合一些佛法基础理论来理解一样。

既然是通用的机器学习库，sklearn 中包含了大量常用的算法。正如其介绍一样，基本功能主要分为 6 个部分：分类、回归、聚类、数据降维、模型选择与数据预处理，如下图所示。

Classification

Identifying to which category an object belongs to.

Applications: Spam detection, Image recognition.
Algorithms: SVM, nearest neighbors, random forest, ...　— Examples

Regression

Predicting a continuous-valued attribute associated with an object.

Applications: Drug response, Stock prices.
Algorithms: SVR, ridge regression, Lasso, ...　— Examples

Clustering

Automatic grouping of similar objects into sets.

Applications: Customer segmentation, Grouping experiment outcomes
Algorithms: k-Means, spectral clustering, mean-shift, ...　— Examples

Dimensionality reduction

Reducing the number of random variables to consider.

Applications: Visualization, Increased efficiency
Algorithms: PCA, feature selection, non-negative matrix factorization.　— Examples

Model selection

Comparing, validating and choosing parameters and models.

Goal: Improved accuracy via parameter tuning
Modules: grid search, cross validation, metrics.　— Examples

Preprocessing

Feature extraction and normalization.

Application: Transforming input data such as text for use with machine learning algorithms.
Modules: preprocessing, feature extraction.　— Examples

要深入理解机器学习，并且完全看懂 sklearn 的文档，需要较深厚的理论基础。但是，要将 sklearn 应用于实际的项目中，却并不需要特别多的理论知识，只需要对机器学习理论有一个基本的掌握，就可以直接调用其 API 来完成各种机器学习问题。

对于具体的机器学习问题，通常可以分为三个步骤：

- 数据准备与预处理
- 模型选择与训练
- 模型验证与参数调优

下面就通过一个具体的示例来介绍这三个步骤。

02 数据预处理

在这个示例中，使用 sklearn 自带的 Iris 数据来做演示，而算法使用 kNN 来进行分类，要了解 kNN 算法的详细信息，请参考“近朱者赤，相亲 kNN”一节。

使用 load_iris 方法，加载 Iris 数据。Iris 是一个非常有名的公共数据集，描述了鸢尾花的三种不同的子类别，共有 4 个特征，分别为花萼的长度与宽度，花瓣的长度与宽度。可以不用关注具体分哪三类，只需要知道在数据中类标签分别用 0、1、2 表示即可。

加载数据的代码如下：

```
%pyspark

from sklearn.datasets import load_iris
```

```
from sklearn.cross_validation import train_test_split

# 加载数据
iris = load_iris()
data_X = iris.data
data_y = iris.target

# 数据维度、特征与目标值的前 3 项
print('data:', data_X.shape, data_y.shape)
print('features:', data_X[:3, :])
print('target:', data_y[:3])

# 数据切分
train_X, test_X, train_y, test_y = train_test_split(data_X,
data_y, test_size=0.2)

# 训练数据与测试数据的维度
print('train:', train_X.shape, train_y.shape)
print('test: ', test_X.shape, test_y.shape)
```

将数据的特征加载为 data_X，将类别标签加载为 data_y，一般的命名习惯是，使用大写的 X 表示特征是多维的，而用小写的 y 表示目标值为 1 维。不同的命名习惯，比较符合人类以貌取人的特点，程序员不仅是人，更是聪明的人，因此也有这样的习惯。

加载完数据，使用 sklearn 自带的 train_test_split 方法将数据按 0.8 与 0.2 的比例进行划分，切分为训练数据 train 与测试数据 test，并将特征与目标值分别命名为 train_X、train_y 与 test_X、test_y。

其执行结果如下图所示。

```
data: (150, 4) (150,)
features: [[ 5.1  3.5  1.4  0.2]
 [ 4.9  3.   1.4  0.2]
 [ 4.7  3.2  1.3  0.2]]
target: [0 0 0]
train: (120, 4) (120,)
test:  (30, 4) (30,)
```

03 建模与预测

准备好数据后，就可以从 neighbors 近邻类中导入 kNN 分类算法了，其代码如下所示：

```
%pyspark

from sklearn.neighbors import KNeighborsClassifier

# 构建 knn 模型
knn = KNeighborsClassifier(n_neighbors=3, n_jobs=-1)

# 拟合数据
knn.fit(train_X, train_y)

# 预测
preds = knn.predict(test_X)

print('knn model:', knn)
print('First 3 pred:',preds[:3])
```

通过使用两个自定义参数 n_neighbors（参考的近邻数）与 n_jobs（使用的 CPU 核数）来导入 KNeighborsClassifier 模型，这样就生成了一个 knn 的模型。n_neighbors 是 knn 中最重要的参数，可以通过交叉验证来设置一个合理的值。而 n_jobs 是 sklearn 中所有支持并行的算法都会支持的参数，sklearn 中有很多算法都可以将单台机器的全部 CPU 进行并行运算，设置为 -1 即是使用机器的全部 CPU 核，也可以设置成具体的数字值。

接着使用 fit 方法在训练数据上进行拟合，kNN 是一个有监督的学习算法，因此在拟合数据的时候，需要将已知的类别标签 train_y 与特征 train_X 一起输入到模型中进行数据拟合。

模型在训练数据上完成了拟合，便可以对测试数据进行预测了，使用 predict 方法来对测试的特征进行预测。因为是使用特征来预测其类别，此处自然不能传入测试数据的类别标签数据 test_y，这个数据是在后面对模型进行评估时使用的。打印 knn 模型，会输出其用于构建的参数，也可以打印出预测的前三个值，如下图所示。

```
knn model: KNeighborsClassifier(algorithm='auto', leaf_size=30, metric='minkowski',
           metric_params=None, n_jobs=-1, n_neighbors=3, p=2,
           weights='uniform')
First 3 pred: [2 2 1]
```

在上面的建模与预测过程中，sklearn 的这种简洁 API 方式已经成为现代机器学习库争相模仿的对象，就连 Spark 的 ML 库，也在学习这种简洁的方式，可以说几乎已经成为大众接受的标准方式了。

04 模型评估

评估一个模型的好坏是机器学习中非常重要的任务。否则，无法评价模型的好坏，也就无法更好地优化模型。归根到底，所有的机器学习算法都是一堆数学运算，其预测的值与标准的值是可以进行数学上的对比的。在这一点上，与教育中所用的考试分数来评估一个人的能力不一样，也与公司中所用的 KPI 来考核一个人对公司的贡献是不一样的。

在分类算法中，通常的评价指标有精确率、召回率与 F1-Score 等几种。

前面构建的 knn 模型，本身也有一个 score 方法，可以对模型的好坏做一个初步评估，其使用的指标为 F1-Score。当然，也可以使用 sklearn 中提供的更多的评价指标来评估模型。其代码如下所示：

```
%pyspark

from pprint import pprint

# 使用测试的特征与测试的目标值
print(knn.score(test_X, test_y))

from sklearn.metrics import precision_recall_fscore_support

# 打印出三个指标
scores = precision_recall_fscore_support(test_y, preds)
pprint(scores)
```

对每个类别的数据都进行了精确率、召回率与 F-beta Score 的评估，其结果如下图所示。

```
1.0
(array([ 1.,  1.,  1.]),
 array([ 1.,  1.,  1.]),
 array([ 1.,  1.,  1.]),
 array([11, 11,  8]))
```

05 模型持久化

辛辛苦苦训练好一个模型后，总希望后面可以直接使用，此时就必须要对模型进行持久化操作了。模型本身就是一个 Python 的对象，可以使用 pickle 的方式将模型转储到文件，但 sklearn 推荐使用其 joblib 接口，保存与加载模型都非常简单：

```
import joblib

# 保存模型
joblib.dump(model, '/tmp/model.pkl')

# 加载模型
model = joblib.load('/tmp/model.pkl')
```

06 三个层次

前面已经演示了一个完整的使用 sklearn 来解决实际问题的例子，可以发现，如果只是调用 sklearn 的 API，确实不需要太复杂的理论知识。在学完上面的示例后，你或许都并不清楚 kNN 算法是如何工作的，但学习是分层次的。

也许有的人认为，只会调用 API 来实现，并不是真正会用机器学习了。确实，不理解 kNN 算法，就不清楚如何进行算法的参数调优。但个人认为，从 sklearn 入门机器学习是最好的途径，尽管你以前完全没有接触过机器学习。

我所理解的，学习机器学习算法的三个层次如下所述。

```
1. 调用：知道算法的基本思想，能应用现有的库来做测试。简单说，就是了解 kNN
   是做什么的，会调用 sklearn 中的 kNN 算法。
2. 调参：知道算法的主要影响参数，能进行参数调节优化。
3. 嚼透：理解算法的实现细节，并且能用代码实现出来。
```

上面三个层次是不是很押韵呢，但不幸的是，有的人一上来就想达到第三个层次，于是刚开始就被如何实现 kNN 算法吓到了，过不了三天就从入门到放弃了。

作为应用型的机器学习，能达到第三阶段固然好，但在实际应用中，建议能调用现有的库就直接调用好了。不理解的地方，能看懂源码最好。不太建议自己从头实现，除非能力确实够了，否则写出来的代码并不能保证性能与准确性。

当然，从另外一个角度来说，尤其是在分布式环境下，机器学习还有另外三个层次，想知道的话，请参考“机器之心，ML 套路”一节。

0x53 特征转换，量纲伸缩

01 特征工程

机器学习算法越来越多，每种算法都有一些特定的适用领域。每种算法的研究也都比较成熟，对同样的特征，很多算法的效果其实差别也不太大。关键在于各种算法对数据特征的理解不一样，如何更好地从原始数据中提取出算法能理解的特征，这是特征工程（Feature Engineering）的内容。

特征工程是机器学习中非常重要的内容，主要描述如何从原始数据中提取出机器学习能理解的特征，包含特征提取（Extract）、特征转换（Transform）与特征选择（Select），简称 ETS，与这个类似的是大数据中的 ETL 概念，ETL 是指数据抽取（Extract）、数据转换（Transform）与数据加载（Loading）。

ETS 这三个步骤，也是三个层次的需求。从数据中提取出特征，通常是数值型，算法才能运行，直接给算法一串文本或者一张图片，算法根本无法理解。对特征进行转换，以便满足算法的要求，如算法必须对归一化的数据才有效。最后在大量的特征中选择出重要的特征，以使机器学习算法达到更好的效果。

在特征工程中，被引用较多的一句话是：Actually the sucess of all Machine Learning algorithms depends on how you present the data（机器学习算法的成功，取决如何对数据进行表现）。这句话来自问答社区 Quora 的一个回答，地址为 https://www.quora.com/What-are-some-general-tips-on-feature-selection-and-engineering-that-every-data-scientist-should-know。

由此可见，特征工程对机器学习算法的影响很大，特征提取得好坏，直接会影响到算法模型的效果。

功能再强大的算法，也处理不好糟糕的特征。正如大音乐家肖帮，他弹奏不出你的忧伤，因为无法从你的忧伤中提取出肖帮能处理的特征！

在深度学习出现之前，对文本、图片、语音的特征提取比较困难，数据完整地放在那里，没有任何丢失，但就是太难提取出特征，因此准确率一直不高。深度学习，又叫 Unsupervised Feature Learning（无监督特征学习），原因也正是深度学习具有自动学习特征的能力。

由于特征工程涉及的内容太多，本节只涉及特征转换中的一些实用的内容，包括了数据的连续化、离散化、标准化与归一化。

02 独热编码

在“描述统计，基础指标”一节中，我们会介绍，有连续型的变量，也有离散型的变量。那么，如何把这些特征传入机器学习算法呢？比如其中的水果名称，apple、orange、banana 这种类别变量，如果直接传入算法，算法通常并不能理解。

最容易想到的就是使用数字进行表示，比如 apple 用 1 表示，orange 用 2 表示，banana 用 3 表示。这种表示方法，对于决策树和随机森林这类树形结构的算法，都是没有问题的，因为这类算法本身支持类别变量。但考虑到最简单的一种应用，计算它们之间的距离，如果按这种方式的话，apple 与 orange 之间，orange 与 banana 之间，它们的距离都是 1，没有问题，但 apple 与 banana 之间的距离为 2，明显不合理。

于是出现了独执编码（One Hot Encoder），即将离散型的类别变量变成多维的 0 和 1 表示，每个变量中只有一位是激活（热）的，如对上面的 apple、orange 与 banana 这三个变量，使用一个三维的数据来表示，如下所示：

	fruit=apple	fruit=orange	fruit=banana
apple	1	0	0
orange	0	1	0
banana	0	0	1

上面对每个变量进行编码，将其编码为三维的变量，如 apple 为 1,0,0。在这个三维变量中，只有第一维的值是激活的，这也是“独热”名字的来源。因此，我们也可以为这个三维变量每一维指定一个名字，如第一维为 fruit=apple，如果这个维度的值为 1，则表示是 apple，以此类推，剩下两维命名为 fruit=orange 和 fruit=banana。

这样编码，解决了前面所说的距离问题了吗？当然解决了。在三个类别中，任意两类的距离是完全相等的。

从另外一个角度来理解，假设进行独热编码后，使用线性回归得到一系列系数，其中这三个维度（fruit=apple,fruit=orange,fruit=banana）的系数分别为0.001,0.0015,0.0013。此时，将这些系数与上面的三维编码分别相乘，会发现在apple类别中，只有值0.001这个系数起作用，其他两个系数与0相乘，相当于没有使用。同理，orange只有0.0015起作用，banana也只有0.0013系数起作用。因此，这就达到了区别类别变量的目的。

03 sklearn 示例

在scikit-learn中，提供了一个数据预处理的模型，sklearn.preprocessing，里面提供了一个OneHotEncoder，可以直接使用。

依然以前面的水果数据为例，加载并处理以下数据：

```
    import pandas as pd

    df = pd.read_csv('~/fruit.csv', index_col="id")
    print(df)
    print()

    df['fruit'] = df['fruit'].map({"apple": 0, "orange": 1,
"banana": 2})
    df['condit'] = df['condit'].map({"good": 4, "bad": 3, "best": 5})

    print(df)
```

因为sklearn不支持字符串变量，必须将其转换成数值型，于是使用了map方法将其进行映射，映射的值不需要连续，可以是任意的，只要能区别类型即可。原数据与映射后的数据如下图所示。

```
       fruit condit  price  sale
id
1      apple   good    1.5   1.3
2      apple    bad    0.8   0.7
3     orange   good    2.3   2.1
4     banana   good    2.5   2.5
5     banana   best    3.8   3.5
6     banana    bad    1.7   1.5

      fruit  condit  price  sale
id
1         0       4    1.5   1.3
2         0       3    0.8   0.7
3         1       4    2.3   2.1
4         2       4    2.5   2.5
5         2       5    3.8   3.5
6         2       3    1.7   1.5
```

对上面的数据进行独热编码：

```
from sklearn.preprocessing import OneHotEncoder

onehot = OneHotEncoder(categorical_features=[0,1],
                       sparse=False)
model = onehot.fit(df.values)
cont_df = model.transform(df.values)

print(cont_df)
```

代码通过 categorical_features 指定了只有前面 2 个维度是类别变量，使用 sparse=False 返回一个稠密的数组，否则会返回稀疏数组，其结果如下图所示。

```
[[ 1.   0.   0.   0.   1.   0.   1.5  1.3]
 [ 1.   0.   0.   1.   0.   0.   0.8  0.7]
 [ 0.   1.   0.   0.   1.   0.   2.3  2.1]
 [ 0.   0.   1.   0.   1.   0.   2.5  2.5]
 [ 0.   0.   1.   0.   0.   1.   3.8  3.5]
 [ 0.   0.   1.   1.   0.   0.   1.7  1.5]]
```

可以看到，前面 3 维表示 fruit 类别，中间 3 维表示 condit 类别，后面 2 维本身是连续型的变量，没有改变。

在平常的使用中，也可以使用一个更方便的方法——DictVectorizer，直接对字典数据结构进行处理，配合 Pandas 的 DataFrame 使用，会更加方便。

```
from sklearn.feature_extraction import DictVectorizer

df = pd.read_csv('~/fruit.csv', index_col="id")
# 将df中的每行变成一个dict
dic = df.to_dict('record')

vec = DictVectorizer(sparse=False)
vec.fit(dic)
vdata = vec.transform(dic) #.toarray()
# 打印列名
# print(vec.get_feature_names())

# 将各列数据与列名组合成DataFrame
cont_df = pd.DataFrame(vdata, index=df.index, columns=vec.get_
feature_names())
cont_df
```

执行结果如下图所示。

	condit=bad	condit=best	condit=good	fruit=apple	fruit=banana	fruit=orange	price	sale
id								
1	0.0	0.0	1.0	1.0	0.0	0.0	1.5	1.3
2	1.0	0.0	0.0	1.0	0.0	0.0	0.8	0.7
3	0.0	0.0	1.0	0.0	0.0	1.0	2.3	2.1
4	0.0	0.0	1.0	0.0	1.0	0.0	2.5	2.5
5	0.0	1.0	0.0	0.0	1.0	0.0	3.8	3.5
6	1.0	0.0	0.0	0.0	1.0	0.0	1.7	1.5

具体的列的顺序和前面使用 OneHotEncoder 有一定区别，但不影响使用。使用 DictVectorizer 的 get_feature_names 方法输出列名，更好理解。

对于 Spark 中的 ML 库的实现，请参考“机器之心，ML 套路”一节。

04 标准化与归一化

在一般性的分类、聚类中，计算相似性度量之前，还需要考虑数据的量纲，尽量在相同的值域内。比如一个特征的取值范围为 1000 到 2000，另外一个特征的取值范围为 5 到 10，那么在计算相似性距离的时候，第一个特征会明显作为主导，第二个特征起到的作用就非常小。此时对数据进行归一化处理，将两个特征的范围都缩放到 0 到 1 或者 -1 到 1，再进行相似性计算。

在数据规范化操作中，常用的方法是标准化（Standardization）和归一化（Normalization）。对应于 sklearn 和 Spark ML 中，就是 StandardScaler 与 MinMaxScaler 方法。

```
from sklearn.preprocessing import StandardScaler, MinMaxScaler
from pyspark.ml.feature import StandardScaler,MinMaxScaler
```

标准化的数据有两个特点，均值为 0 和标准差为 1。标准化有时也叫 Z 分数，其公式为：

$$Z_{score} = \frac{X - \mu}{\sigma}$$

其中 μ 为特征的均值（mean），σ 为特征的标准差（std）。

归一化的方式就是将数据映射到 [0,1] 区间，其公式为：

$$X_{norm} = \frac{X - X_{min}}{X_{max} - X_{min}}$$

其中，X_{min} 为特征的最小值，X_{max} 为特征的最大值。

05 sklearn 与 Spark 实现

如在 sklearn 中实现标准化，代码如下所示：

```
from sklearn.preprocessing import StandardScaler, MinMaxScaler

scale = StandardScaler()
scaled_data = scale.fit_transform(df[["price", "sale"]])
print('特征的均值：', scaled_data.mean(axis=0))
print('特征的标准差：', scaled_data.std(axis=0))
scaled_data
```

```
特征的均值: [  3.33066907e-16  -5.55111512e-17]
特征的标准差: [ 1.  1.]

array([[-0.63839421, -0.699874  ],
       [-1.38318746, -1.36291252],
       [ 0.21279807,  0.18417737],
       [ 0.42559614,  0.62620305],
       [ 1.8087836 ,  1.73126725],
       [-0.42559614, -0.47886115]])
```

从结果可以看出，每个特征的均值为 0，标准差为 1。其中，均值为科学计算法，e-16 次，表示是数字 3 前面有 16 个 0 的一个小数，实际就是 0。

归一化的代码如下：

```
minmax = MinMaxScaler()
minmax_data = minmax.fit_transform(df[["price", "sale"]])
print('特征的最小值:', minmax_data.min(axis=0))
print('特征的最大值:', minmax_data.max(axis=0))
minmax_data
```

```
特征的最小值: [ 0.  0.]
特征的最大值: [ 1.  1.]

array([[ 0.23333333,  0.21428571],
       [ 0.        ,  0.        ],
       [ 0.5       ,  0.5       ],
       [ 0.56666667,  0.64285714],
       [ 1.        ,  1.        ],
       [ 0.3       ,  0.28571429]])
```

而如果是使用 Spark，其代码也非常简单。首先是引入相应的库与加载数据，假设数据已经在 Hive 的表里面了，使用 Spark - SQL 读取数据：

```
%pyspark

from pyspark.sql import HiveContext
from pyspark.ml import Pipeline
from pyspark.ml.feature import VectorAssembler, StandardScaler,
MinMaxScaler

hql = HiveContext(sc)
hql.sql("use default")

data = hql.sql("select * from default.fruit")
data.show()
```

数据如下图所示。

```
+---+------+------+-----+----+
| id| fruit|condit|price|sale|
+---+------+------+-----+----+
|  1| apple|  good|  1.5| 1.3|
|  2| apple|   bad|  0.8| 0.7|
|  3|orange|  good|  2.3| 2.1|
|  4|banana|  good|  2.5| 2.5|
|  5|banana|  best|  3.8| 3.5|
|  6|banana|   bad|  1.7| 1.5|
+---+------+------+-----+----+
```

前面已经从 pyspark.ml.feature 中引入了相应的方法，剩下的就是将这几个方法组合起来使用了，代码如下：

```
%pyspark

# 将两个特征组成一个向量特征
assemble = VectorAssembler(inputCols=["price", "sale"],
outputCol="feature")

# 标准化
feature_scale = StandardScaler(inputCol="feature",
outputCol="feature_scale", withMean=True)
# 归一化
feature_minmax = MinMaxScaler(inputCol="feature",
outputCol="feature_minmax")

# 使用管道整合
pl = Pipeline(stages=[assemble, feature_scale, feature_minmax])

# 转换数据
data = pl.fit(data.select("price", "sale")).transform(data.
select("price", "sale"))
data.show(truncate=False)
```

在机器学习中，每个模型都可以指定输入的数据列和输出的数据列，对于没有指定的数据列，会保持数据原样。

开始使用 VectorAssembler 将两个特征转换成一个向量特征，如果此处只有一个特征需要处理，也是需要使用 VectorAssembler 转换成向量特征的，否则会报错。

接下来就是构建一个标准化模型与归一化模型了，然后使用 Pipeline 将这三个模型串联起来进行 fit 与 transform。过程清晰且简单，其执行结果如下图所示。

```
+-----+----+---------+----------------------------------------+----------------------------------------+
|price|sale|feature  |feature_scale                           |feature_minmax                          |
+-----+----+---------+----------------------------------------+----------------------------------------+
|1.5  |1.3 |[1.5,1.3]|[-0.5827715174143586,-0.6388946243490877]|[0.2333333333333333,0.21428571428571433]|
|0.8  |0.7 |[0.8,0.7]|[-1.2626716210644435,-1.2441632158376972]|[0.0,0.0]                               |
|2.3  |2.1 |[2.3,2.1]|[0.19425717247145258,0.16813016430239158]|[0.49999999999999994,0.5000000000000001]|
|2.5  |2.5 |[2.5,2.5]|[0.3885143449429056,0.5716425586281311]  |[0.5666666666666667,0.6428571428571429] |
|3.8  |3.5 |[3.8,3.5]|[1.651185966007349,1.5804235444424801]   |[1.0,1.0]                               |
|1.7  |1.5 |[1.7,1.5]|[-0.3885143449429058,-0.4371384271862179]|[0.3,0.28571428571428575]               |
+-----+----+---------+----------------------------------------+----------------------------------------+
```

06 结语

前面已经介绍了进行特征转换的三种方法，还有一个更简单的特征转换方法，就是将连续变量进行离散化。比如年龄特征，这是一个连续变量，可以把年龄分成 13 ～ 22 岁为学生，23 ～ 29 岁为刚参加工作的人，30 ～ 44 岁为事业有成的人，45 ～ 60 岁为中老年人，划分层次后，同一类人的消费特点可以更有意义，也不会因为一个人年龄增加一岁而变化太大。

要实现离散化，在 sklearn 中可以使用 preprocessing.Binarizer，在 Spark 中可以使用 Binarizer（二分离散）、Bucketizer（变量分桶）和 QuantileDiscretizer（百分位离散化）。

另外，有一点需要注意，OneHotEncoder 通常是在整个数据（包含测试与训练）上进行，保证所有类别的变量都被正常处理。而标准化与归一化，一般是需要在训练数据上得到一个模型，再将模型应用到测试数据上去。关于这个问题，ResearchGate 网站上有相应的讨论，可以参考如下网址：

```
    https://www.researchgate.net/post/If_I_used_data_normalization_x-meanx_stdx_for_training_data_would_I_use_train_Mean_and_Standard_Deviation_to_normalize_test_data。
```

0x54 描述统计，基础指标

01 描述性统计

变量，分为连续变量与离散变量。如下图所示，连续变量是一系列连续的数值型变量，如价格 price 字段和实际售价 sale 字段，其值有大小之分。而离散变量又称为类别变量，如水果名称 fruit 字段和水果的好坏 condit 字段，其值仅代表一个类别，没有大小之分。

id	fruit	condit	price	sale
1	apple	good	1.5	1.3
2	apple	bad	0.8	0.7
3	orange	good	2.3	2.1
4	banana	good	2.5	2.5
5	banana	best	3.8	3.5
6	banana	bad	1.7	1.5

在进行初步统计分析的过程中，需要分清楚这两种类型的变量，因为每种都有自己独特的描述性度量。

对于类别变量，比较简单，通常需要描述的度量只有统计总类别个数及每个类别中数据的个数。

比如，使用 MySQL 来统计总的水果种类：

```
mysql>
select count(distinct(fruit)) fruit_cnt from desc_stat;
3
```

此处使用 distinct 函数来去重，只留下不重复的数据，再使用 count 函数统计类别的数目。对于去重后再统计，还可以使用 group by 加子查询来完成：

```
mysql>
select count(1)
from (
    select fruit from desc_stat group by fruit
)t;
```

统计每种水果的数量，如下图所示。

```
12 select fruit, count(1) cnt
13 from desc_stat
14 group by fruit;
```

Query Favorites　Query History

fruit	cnt
apple	2
banana	3
orange	1

对于连续型的变量，统计中常用的描述性统计量有平均值（mean）、最大值（max）、最小值（min）以及求和（sum）。当然，这些数值类型的函数必须要作用在纯数值的序列上才行。

比如，统计所有水果的价格中最高的价格、最低的价格和平均价格，如下图所示。

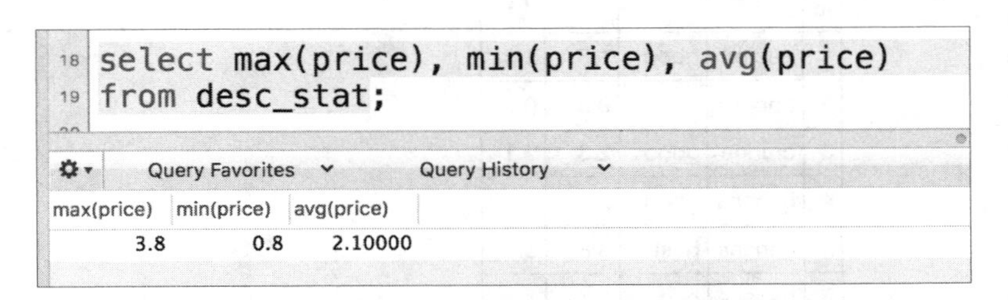

```
18 select max(price), min(price), avg(price)
19 from desc_stat;
```

Query Favorites　Query History

max(price)	min(price)	avg(price)
3.8	0.8	2.10000

除了对总体进行统计外，还可以按水果种类分开进行统计，只需要加一个 group by 即可，如下图所示。

```
18 select fruit, count(1),
19 max(price), min(price), avg(price),sum(price)
20 from desc_stat
21 group by fruit;
```

Query Favorites　Query History

fruit	count(1)	max(price)	min(price)	avg(price)	sum(price)
apple	2	1.5	0.8	1.15000	2.3
banana	3	3.8	1.7	2.66667	8.0
orange	1	2.3	2.3	2.30000	2.3

从上图中可以对每种水果的售价有一个大致的了解，这也正是描述性统计的意义，对整个数据有一个初步的认识，方便后续进行各种分析。

02 Pandas 实现

前面使用 MySQL 数据库进行了一些描述性的统计，如果你常使用 Python，一定会想，Pandas 实现这些统计是不是也很方便呢?

当然了，没有 Python 办不到的事情，如果有，那一定也有人正在完善这方面的库。

使用 Pandas 来测试，将上面 MySQL 中的表导出为 CSV 文件，加载到 Pandas 中，如下图所示。

```
In [50]: import pandas as pd

         data = pd.read_csv('/tmp/desc_stat.csv', index_col="id")
         data
```

Out[50]:

	fruit	condit	price	sale
id				
1	apple	good	1.5	1.3
2	apple	bad	0.8	0.7
3	orange	good	2.3	2.1
4	banana	good	2.5	2.5
5	banana	best	3.8	3.5
6	banana	bad	1.7	1.5

Pandas 中有一个方便的函数叫作 describe，可以对连续变量进行描述统计，如下图所示。

```
In [80]: # 整个DataFrame的描述
         print(data.describe())

            price      sale
count    6.000000  6.000000
mean     2.100000  1.933333
std      1.029563  0.991295
min      0.800000  0.700000
25%      1.550000  1.350000
50%      2.000000  1.800000
75%      2.450000  2.400000
max      3.800000  3.500000
```

```
In [81]: # 单独的Series的描述
         print(data.price.describe())

         count    6.000000
         mean     2.100000
         std      1.029563
         min      0.800000
         25%      1.550000
         50%      2.000000
         75%      2.450000
         max      3.800000
         Name: price, dtype: float64
```

使用 describe 可以一目了然地对几个参数进行统计，如 count、mean、min、max。除这几个常用的参数外，还显示了四分位数，25% 为四分之一位数，50% 为四分之二位数，75% 为四分三位数，其中 50% 又叫中位数，即位于序列中间的那个值。如果序列中有奇数个数，则取中间那个值，如果为偶数个数，则取中间两个值的平均数值，此处序列中共有 6 个数，即是取中间两个值的平均值。

对于离散型变量，最常用于词频统计功能。在 MySQL 中通常使用 group by 与 count(1) 一起使用，而在此处，可以直接利用 value_counts() 方法，如下图所示。

```
In [86]: # 统计水果种类
         print(data['fruit'].value_counts())

         print()

         # 统计水果好坏种类
         print(data.condit.value_counts())

         banana    3
         apple     2
         orange    1
         Name: fruit, dtype: int64

         good    3
         bad     2
         best    1
         Name: condit, dtype: int64
```

03 方差与协方差

对于连续型变量，除了前面常用的几个统计外，还有几个重要的概念：方差、标准差、协方差和相关系数。

方差（variance）描述了数据集内各值的集中（或离散）程度，方差越小，说明数值越集中，彼此之间相差不大。方差越大，说明其值越分散，彼此之间相差较大。而方差的算术平方根即为标准差（stdev），标准差可以用来描述各数据偏离其平均值的距离的平均数。

在上面的 DataFrame 基础上，计算方差与标准差都很方便，如下图所示。

```
In [52]: var = data.price.var()          # 方差
         std = data.price.std()          # 标准差
         print(var, std, std**2)         # 标准差为方差的平方根

         1.0599999999999998 1.0295630140987 1.0599999999999998
```

协方差（covariance）是描述两个数值序列之间的关系，描述两个数值序列之间是向同一趋势（增加或者减少）变化，还是一个增加，另外一个减小。协方差为正，说明两个序列变化趋势相同，协方差为负，说明两个序列变化趋势相反。

要描述两个序列之间更为明显的相关性，有一个皮尔逊相关系数（corr），简称相关系数。相关系数的取值范围为[-1,1]，大于0表示正相关，小于0表示负相关，为0表示不相关，其值的绝对值越大，表示相关性越强。

计算协方差与相关系数如下图所示。

```
In [66]: price_std = data.price.std()
         sale_std = data.sale.std()

         cov = data.price.cov(data.sale)     # 协方差
         corr = data.price.corr(data.sale)   # （皮尔逊）相关系数
         print('协方差:{} 相关系数:{}'.format(cov, corr))

         print('相关系数:', corr)
         print('计算公式: corr = cov(x,y)/(std(x) * std(y)) =', cov /(price_std * sale_std))

         协方差:1.016 相关系数:0.9954917450920819
         相关系数: 0.995491745092
         计算公式: corr = cov(x,y)/(std(x) * std(y)) = 0.995491745092
```

从图中可知，要价 price 与售价 sale 之间，变化趋势是相同的。并且，相关性非常高，达到了0.995。另外，也演示了（皮尔逊）相关系数可以通过两个序列的标准差与其协方差计算得来。

04 Spark-RDD 实现

前面展示了如何在 MySQL 与 Pandas 中进行统计，如果数据量太大，需要在分布式环境下进行统计，在 Spark 中使用 RDD 算子也很方便。

还是使用前面的 CSV 文件，加载数据到 Spark 中，可进行简单的解析，如下图所示。

```
%pyspark

from pprint import pprint

data = sc.textFile('/tmp/desc_stat.csv')

data = data.map(lambda v: v.split(',')
                ).map(lambda v: (int(v[0]), v[1], v[2], float(v[3]), float(v[4])))

pprint(data.collect())

[(1, 'apple', 'good', 1.5, 1.3),
 (2, 'apple', 'bad', 0.8, 0.7),
 (3, 'orange', 'good', 2.3, 2.1),
 (4, 'banana', 'good', 2.5, 2.5),
 (5, 'banana', 'best', 3.8, 3.5),
 (6, 'banana', 'bad', 1.7, 1.5)]
Took 0 seconds
```

借助于RDD本身灵活的算子操作，就可以进行简单的描述性统计，如下图所示。

```
%pyspark

cnt = data.count()
print('count: ', cnt)

fruit = data.map(lambda v: v[2])
price = data.map(lambda v: v[3])

# 频度统计
print(fruit.countByValue())

print(price.mean(), price.max(), price.min(), price.sum())
# 方差与标准差
print(price.variance(), price.stdev())
# 描述性
print(price.stats())

# 区间统计
print(price.histogram([0.5, 1.8, 2.5, 3.5]))

count:  6
defaultdict(<class 'int'>, {'good': 3, 'best': 1, 'bad': 2})
2.1 3.8 0.8 12.6
0.8833333333333334 0.939858145325
(count: 6, mean: 2.1, stdev: 0.939858145325, max: 3.8, min: 0.8)
([0.5, 1.8, 2.5, 3.5], [3, 1, 1])
Took 0 seconds
```

如上图所示，除了用 count 统计总数外，还可以使用 countByValue 进行类别频度统计。计算常规的如平均、最大、最小与求和，这些和其他语言差不多。

另外，类似于可视化图形中常用的直方图，histogram 用于进行区间统计，如上图所示，统计了 [0.5,1.8)、[1.8,2.5)、[2.5,3.5) 这三个前闭后开区间内的值的个数，其结果为 [3, 1, 1]，从中可知，x 的值满足 $0.5 \leqslant x<1.8$ 之间的个数为 3 个。

RDD 还提供了一个类似于 Pandas 中的 describe 功能，叫作 stats。通过它可对数值序列的描述性统计量有一个更全面的了解，只是 RDD 中提供的 stats 没有 Pandas 中的 describe 使用方便。

05 DataFrame 实现

当然，Spark 也有强大的 DataFrame，而且从 2.0 版本开始，已经成为新的核心数据结构，同时也使用了机器学习库来代替旧的 MLlib 库。

Spark 的 DataFrame 也从 Pandas 中借鉴了不少东西，尤其是 Python 的 API，增加了好几个别名，这是为了更好地让 Pandas 用户习惯。

如下图所求，只需要使用 toDF 方法即可将 RDD 转换成 DataFrame，转换时提供了列名。从打印的类型来看，df 确实是一个 DataFrame 结构。

```
%pyspark

# 将RDD转换为DataFrame
df = data.toDF(["id", "fruit", "condit", "price", "sale"])
print(type(data), type(df))
df.show(1)

print("covariance:", df.cov("price", "sale"))
print("corr:", df.corr("price", "sale"))

df.describe("price", "sale").show()

<class 'pyspark.rdd.PipelinedRDD'> <class 'pyspark.sql.dataframe.DataFrame'>
+---+-----+------+-----+----+
| id|fruit|condit|price|sale|
+---+-----+------+-----+----+
|  1|apple|  good|  1.5| 1.3|
+---+-----+------+-----+----+
only showing top 1 row
covariance: 1.016
corr: 0.9954917450920818
+-------+--------------+------------------+
|summary|         price|              sale|
+-------+--------------+------------------+
|  count|             6|                 6|
|   mean|           2.1|1.9333333333333333|
| stddev|1.029563014098|0.9912954487269003|
|    min|           0.8|               0.7|
|    max|           3.8|               3.5|
+-------+--------------+------------------+
```

计算了协方差、皮尔逊相关系数以及使用 describe 对多个字段进行了统计。

06 Spark-SQL 实现

如果学习了上面的内容，你还没有尽兴，还可以使用 Hive 的 SQL 语句，或者使用 Spark 的 SQL 语句，总之只要表存储在 Hive 中，两者都可以读就行了。

直接将 Spark 中的 DataFrame 表保存成 Hive 中的表，使用默认数据库 default，如下图所示。

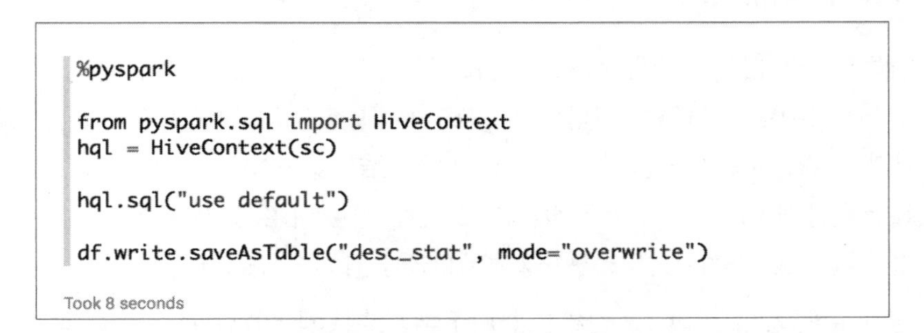

只要保存成 Hive 表，就可以直接使用 sql 进行查询了，无论是使用 Hive 引擎，还是使用 Spark 引擎，效果都差不多，如下图所示。

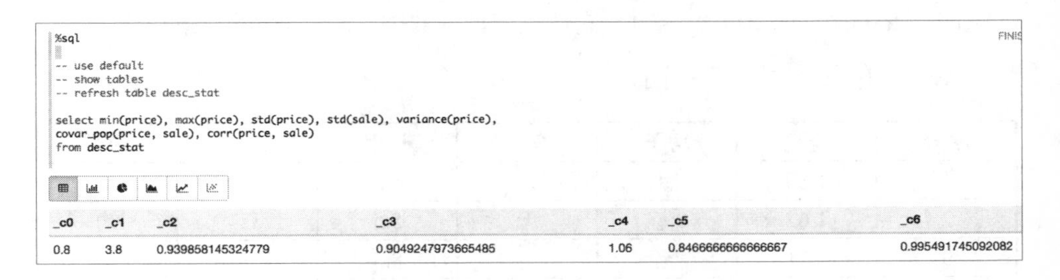

07 结语

本节通过多种不同的实现方式演示了几个常见的描述性统计参数，其中包含 MySQL、Pandas、Spark RDD、Spark DataFrame、Spark-SQL 以及 Hive-QL 等技术。也许很多内容需要结合本书后面的内容来理解，但并不妨碍学习常规数据分析中最基础的一些描述性统计。因为本书着重于全栈的数据技术，况且在不同的场景要应用不同的技术，描述性统计是一个数据科学工作者需要掌握的技能。

最后，无论是否专业做数据分析，这些描述性的统计对了解数据特性，都是非常有用且重要的，不要拒绝学习。

0x55 模型评估，交叉验证

01 测试与训练

机器学习的目的是让程序从已知的数据中自己找出规律，然后将规律应用到未知的数据中去。不同于常规程序的步骤，由程序员事先设置好各种条件与跳转指令或者步骤，由程序一步步执行，直到程序结束。机器学习的程序，程序员只负责设计程序如何去学习，至于学到什么规律，主要由给定的数据来决定。将学到的规律应用到未知的数据上去，这才是机器学习的核心魅力。

这其中涉及两份数据，一份给机器用于学习的数据，通常也叫训练数据（training data），机器学习到的知识，通常叫模型。最后机器使用学习到的模型，对未知数据进行预测，这份数据通常叫测试数据（testing data）。因此，在程序中，会看到大量的与 train 和 test 相关的变量，它们是与训练数据与测试数据相关的。

比如，有一份数据如下所示。

序号	身高	房子	车子	长相	工作	约否
1	1.80	有	无	6.5	fact	约
2	1.62	有	无	5.5	IT	约
3	1.71	无	有	8.5	bank	约
4	1.58	有	有	6.3	bank	约
5	1.68	无	有	5.1	IT	不约
6	1.63	有	无	5.3	bank	不约
7	1.78	无	无	4.5	IT	不约
8	1.64	无	无	7.8	fact	不约

这份数据是过往的约会记录，全部信息都来自于真实的记录，本身并不需要我们进行预测。我们的目的是希望通过这份数据来构建一个预测模型，预测一个新的对象会不会约会的模型。

那么，问题来了：构建机器学习模型时最重要的是什么？是模型的评估，即如何评价一个模型的好坏，或者说模型的准确率（或者误差率）到底如何。当然，如果还有另外一份过往的记录数据，我们可以用上面 8 条数据构建一个模型，然后用那份记录来进行测试，看预测结果和记录的结果相同的次数，从而计算模型的准确率。

但问题是，假定只有这 8 条过往记录，没有更多的数据，如何评价构建的模型的好坏呢？聪明如你，肯定已经想到了。可以把这 8 条记录分成两份，第一份为 6 条数据，第二份为 2 条数据，用第一份的 6 条数据来构建预测模型，然后将模型应用到第二份的 2 条数据，进行预测。预测时只需要传前面 5 个特征，最后的“约”与“不约”不作为特征，这是要预测的结论。看预测的“约”与“不约”结论是否和本身的记录一致，如果 2 条预测结果与原来数据记录的结果一致，那么说明模型的准确率为 100%；如果只预测对一条，那么为 50%；如果全部预测错误，那么模型的准确率为 0，此时就需要重新分析一下，看模型是否用对，或者参数是否都设置正确了。

02 评价指标

无论以何种算法构建模型，接下来都是对模型进行评估。如果不进行模型评估，总不能说：我感觉这个模型效果还不错。

必须引入相应算法进行模型评估，主要的模型评估分为两类，一是分类评估，一是回归评估。

分类的目标变量是离散型的，二分类就是非此即彼。而回归的目标变量是连续的，如预测的值可以是 [0,1] 之间的任何实数。

在分类指标中，主要研究的多是二分类的指标，通常用准确率（Precision）、召回率（Recall）与 F1-Score 来评价。

先看一下预测的表格：

真实的类别	预测为 1	预测为 0	
1（阳性）	1（真阳性）	0（假阴性）	从左到右，推出召回率
0（阴性）	1（假阳性）	0（真阴性）	
	从上到下，推出准确率		

准确率的公式为：

$$P（准确率）=\frac{真阳性}{真阳性+假阳性}$$

准确率描述的是，在预测的结果中，有多少比例是对的。

召回率的公式为：

$$R（召回率）=\frac{真阳性}{真阳性+假阴性}$$

召回率描述的是，预测的结果覆盖原来的比例。

准确率和召回率这两个比率，不可能同时升高。一般现实的问题是，根据实际的问题，提升其中一个值即可。

一般使用综合性的评价指标，F_1 指标，其公式为：

$$F_1=\frac{2*P*R}{P+R}$$

另外，还可以画出相应的 ROC 曲线和计算 AUC 面积，这通常在多个模型进行对比的时候使用。

对于回归问题，一般使用均方误差（Mean Squared Error，MSE），评估预测值与真实值之间的平均误差，还有均方根误差（Root Mean Squared Error，RMSE）等。

另外，判断一个回归模型拟合的程序，可以使用 R^2 系数，这个叫判定系数。

scikit-learn 中的 sklearn.linear_model.LinearRegression 文档，对方法 score() 的说明中有 R^2 系数的定义：

```
    The coefficient R^2 is defined as (1 - u/v), where u is the
regression sum of squares ((y_true - y_pred) ** 2).sum() and v is
the residual sum of squares ((y_true - y_true.mean()) ** 2).sum().
    Best possible score is 1.0 and it can be negative (because
the model can be arbitrarily worse). A constant model that always
predicts the expected value of y, disregarding the input features,
would get a R^2 score of 0.0.
```

从上面的定义中可以知道，R^2 系数为 1.0 是最好的情况，也可以为负数，那么这个模型实在是太差了。这个和统计学中判定系数 R^2 的定义不太一样，统计学中是相关系数的平方，因此其值在[0,1]之间，越接近 1，说明模型拟合的程序越好。

03 交叉验证

验证模型准确率，是机器学习非常重要的内容。前面将数据手工切分为两份，一份做训练，一份做测试便是最常用的手段。

术语上叫交叉验证（Cross Validation），上面的方式，便是其中的“留一手”（Hold-Out）交叉验证。

交叉验证，在 scikit-learn 中，位于 sklearn.cross_validation 包中，而“留一手”的方式，使用 train_test_split 方法很容易实现：

```
    from sklearn.cross_validation import train_test_split
    X_train, X_test, y_train, y_test = train_test_split(X, y, 
test_size=0.1, random_state=42)
```

其中的 X 为特征数据，y 为响应变量，test_size=0.1 表示将数据按 90% 的训练与 10% 的测试比例进行划分。因为程序会对原数据进行随机切分，而设置 random_state 是为了在对程序进行调试的时候，能保证每次都按固定的随机序列进行划分。

上面的“留一手”划分方式，通常留下的“一手”不止一个。在极端情况下，“留一个”（Leave-One-Out），即只保留一条数据作为测试数据，剩下全部用于训练模型。训练好的模型，用这留下的一条数据来进行测试，在分类上，准确率要么是 0，要么是 100%。

当然，你肯定也想到了，上面的方式也有局限。因为只进行一次测试，并不一定能代表模型的真实准确率。因为模型的准确率和数据的切分有关系，在数据量不大的情况下，影响尤其突出。自然，前辈们也早就想到了，并提出了比较好的解决方案。

那就是采用 K 折（K-Flod）交叉验证，将数据随机且均匀地分成 K 份，常用的 K 为 10，数据预先分好并保持不动。假设每份数据的标号为 0~9，第一次使用标号为 0~8 的共 9 份数据来做训练，而使用标号为 9 的这一份数据来进行测试，得到一个准确率。第二次使用标记为 1~9 的共 9 份数据进行训练，而使用标号为

0的这份数据进行测试，得到第二个准确率，以此类推，每次使用9份数据作为训练，而使用剩下的 1 份进行测试，这样共进行 10 次，最后模型的准确率为 10 次准确率的平均值。这样便避免了由于数据划分而造成的评估不准确的问题。

下图所示的方式，就是进行 10 折交叉验证：

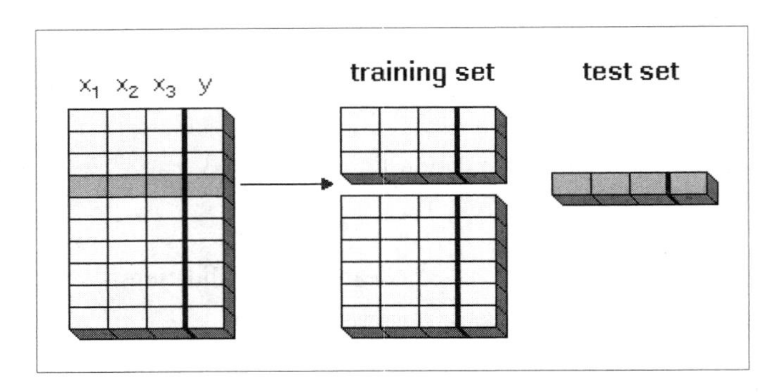

K-Flod 交叉验证的方式经常在实际的项目中使用。通常一个模型没有经过 K-Fold 的评估，那么得出的准确率都是不太可靠的。

也可以在 K-Fold 交叉验证的时候使用“留一个”的方式，即训练多个模型，让每条数据都有机会做一次测试，而除了作为测试的那条数据外，剩下的全部用于训练。这样有多少条数据，就训练多少个模型，然后这些模型的平均准确率为最后模型的准确率。但因为这样的训练代价太高（通常是太费时），实际上很少采用。

04 验证数据

使用训练数据与测试数据进行了交叉验证，只有这样训练出来的模型才具有可靠的准确率，也才能期望模型在新的、未知的数据集上，能有更好的表现。这便是模型的推广能力，也即泛化能力的保证。

除了常用的训练数据与测试数据外，在一些算法中，还会用到 validation data（验证数据），其作用和测试数据差不多。

验证数据通常是直接应用于模型的构建过程中，尤其是多次迭代的算法中，比如多层神经网络算法中。算法在每一轮迭代过程中，会更新网络连接中各层的权重值，当完成一轮更新后，算法会使用验证数据来进行一次验证，以测试在这份数据上，算法的改进效果。

和测试数据的主要区别是，验证数据用来调整模型的参数，以及用来设置提前停止的条件，比如在深度学习框架 Keras 中，有如下示例代码：

```
    save_best = ModelCheckpoint('model.nn', verbose=1, save_best_
only=True)
    early_stop = EarlyStopping(monitor='val_loss', patience=10,
verbose=1)
    model.fit(X_train, y_train,
        batch_size=64,
        nb_epoch=100,
        show_accuracy=False,
        validation_split=0.1,
        callbacks=[save_best, early_stop],
        verbose=1)
```

代码说明如下：

1. 通过参数 validation_split 设置在训练数据中分出 10% 来作为验证数据，剩下 90% 作为训练数据。
2. early_stop 这个回调方法，就是让程序监控 val_loss(validation loss) 这个条件，容忍度为 10 次，即在迭代 10 次的过程中，验证数据上的验证效果（通过 val_loss 体现）都没有改善（降低），那么就停止运行。
3. 另外一个回调方法 save_best 保证在每轮迭代的过程中，只要在验证数据上效果有改善，就将训练好的模型进行覆盖保存，没有改善则不保存。这样保证在 early_stop 退出的时候，保存的模型是训练过程中最好的。

05 OOB 数据

在随机森林（Random Forest）算法中，构建每棵树的时候，对原始数据都采取有放回抽样。根据统计发现，每次都有大约 1/3 的数据不会被选中，即用于构建每棵决策树的数据都大约只有原数据的 2/3，那么其中 1/3 未被选中的数据，就叫作袋外数据 OOB（Out Of Bag）。

这部分数据没有参与构建决策树，正好可以被用来对模型进行评估。它甚至可以取代前面使用的测试集来评估模型误差，因为它并没有参与模型的训练，正是天然的测试数据。每棵树的 OOB 数据都是不太相同的，测试的时候，也是用每棵树自己的 OOB 数据来进行测试，最后组合所有 OOB 数据的测试结果，并求平均（回归问题）。

在 scikit-learn 的随机森林中，参数 oob_score（布尔型）用于配置是否使用 oob 样本来评估模型的泛化误差的参数。当设置为 true 后，在最后的模型上，即可以通过 oob_score_ 这个属性来打印模型的 oob 分数。oob_score_ 这个属性获取的是使用 OOB 数据测试的 R^2（判定系数）分数，也即是在 oob_prediction_ 数据上的 R^2 分数。

比如，一共有 10 棵树，第一棵树没有被选中的袋外数据（OOB）的编号为 1、5、8、9，那么就用这些编号的数据，来对第一棵树进行测试，得出的值为 y_{11}、y_{15}、y_{18}、y_{19}（第一个下标为树的编号，第二个下标为数据编号），依此类推。测试全部的 10 棵树，其中可能编码为 1 的数据，测试了 2 次，最后求两次的平均（回归问题），即编码为 1 的数据在随机森林模型中的预测值。将所有的 OOB 数据的预测值与真实值求一次 R^2 系数，即为模型 oob_score_ 的值。

另外，如果需要对训练数据本身进行预测，需要使用 oob_prediction_ 这个属性，这个属性是使用 oob 的样本来对模型进行预测，而不是对训练数据。如果直接将训练数据送入 predict() 方法中，得出的结论和原来的基本上是一样的。因为完全生长的决策树会简单存储所有的分支，使用训练数据构建得出的决策树，再对训练数据进行测试，结果当然不会变。

0x56 文本特征，词袋模型

01 自然语言

人类的语言经过了几千年积累，已经形成了完整体系。对人而言，识别其中的意思是比较容易的。可电脑却不同，要想识别其中的字词是很困难的。

在自然语言的处理中，最简单的是判断两个文本的相似性。简单地说，就是两段话或者两篇文档，判断它们是否表达相同的意思。又或者，发表了一篇论文，论文审核的人会去论文库里面搜索是否涉及抄袭。再比如，把 10 篇文档按内容描述的大意分成 3 个类别，提供文档的主题，并判断主题之间的相似性，把相似性高的聚在一起，这是简单的文档聚类。

机器只能处理数值类型的数据，所以首先遇到的一个问题就是将文本内容转换成数值类型，即后面要用到的向量。只有转换为向量后，才能通过模型来进行计算。一篇文章通常由大量的词语组成，在转换为向量的过程中，首先会遇到词语的抽取问题。将抽取出的词语转换为向量后，然后计算向量之间的相似性。

02 中文分词

中文中最小的单位为字，词由字组成，词与词之间没有分隔符。不同于英文，英文每个单词之间有空格进行分隔，因此处理中文的很多地方都会用到分词。

比如，“佛陀是彻底的觉悟者”这句话，人很容易对它进行分词：佛陀 / 是 / 彻底 / 的 / 觉悟者 /，但程序不一定做得到。因为人的大脑在阅读了大量的书籍后，已经在潜移默化中积累了很多词语，比如“佛陀”、“彻底”，以及“的”单独成词。

要想让程序识别其中的词语“佛陀”和“彻底”，最开始大家找了很多语言学家，企图让计算机能像人一样理解其中的意思，然后再来进行分词。但经过大量的尝试后，发现效果并不理想。于是基于统计学的方式开始流行。其想法就是：只简单地喂给计算机大量的文本资料，按一定的算法，让其进行统计，从中发现出哪些可能组成词语，哪些是单字。在整个过程中，计算机并不需要理解其中的意思。

通常，如果不做深入的自然语言处理（NLP），可以不用太关心分词使用的具体算法，直接使用现有的库即可。Python最有名的中文分词库，应该算是Jieba（结巴）了，这个名字很形象，结巴说话是一个词一个词的，中间有停顿，停顿的地方便是单词的分隔。

Jieba 支持几种模式：精确模式、全模式、搜索引擎模式，各个模式有不同的适合场景。它还支持自定义词库，比如：“彻底觉悟的人便是觉者”这句话，正确的分词为：彻底 / 觉悟 / 的 / 人 / 便是 / 觉者，假设你喂给程序的文档里面不包含这个词，Jieba 分词也能通过新词识别算法识别出来。

假设算法也没有识别出来，那么可能会把“觉者”这个词分成“觉”和“者”，这是不合理的。在这种情况下，可以用 Jieba 的自定义词库功能，将“觉者”写入文本文件，在调用 Jieba 之前加载这个自定义词典即可。其他一些网络新词汇，如“然并卵”，或者领域专用词汇，或者人名等都可以进行自定义。

在 Jieba 中自定义词汇的代码如下所示：

```
import jieba
# 加载字定义词典
jieba.load_userdict('/tmp/joy.dic')
```

03 词袋模型

一段文本，究竟用一个什么样的向量来表示，才能完整表达其中的含义，这是处理自然语言的一大核心问题。比较简单的有词袋模型和主题模型。计算文本相似性，可以使用最简单的词袋模型。

假定一篇文档中包含的信息，可以只由其中包含的词语来描述，并且与词语在文档中的位置没有关系，这便是词袋模型，英文为 bag of words，意为单词的袋子。例如，一篇文档包含大量“佛陀”、“菩萨”等词，和一篇包含大量的“学校”、“班级”的文档，只由它们包含的词语便可以知道，它们描述了两个不同的主题，因此相似性很低。

抽取文档中出现的所有词汇，放入一个袋子里面，再对袋子里的词进行一些处理，便可以完成向量化，也即使用词袋模型进行向量化。对袋子进行处理的方法中，最简单的便是统计袋子里面各个词在各文档中出现的频度，下一小节的 CountVectorizer 方法便专门做这件事情。

与对每个词进行单纯计数不一样的，还有一个方法，TF-IDF，词频和逆文档词频，这个主要用于设置文档中一些词语的权重。其原理是：文档之间的区别，通常是由在两个文档中都出现得少的词来区别，因此增加这些词语的权重，降低那些公共出现的词的权重，从而达到有效区分文档的目的。

向量化需要注意的是，要保证两个文档在相同的向量空间里面，也即使用的词袋相同。训练数据与测试数据必须在同一向量空间进行向量化，以保证两个向量的维度一样，这样对于后续的相似性比较才有意义。

这个会导致两个问题：

```
1. 向量维度非常高。
2. 向量非常稀疏，在 scikit-learn 中，使用 scipy 的稀疏矩阵来保存。
```

04 词频统计

我们使用 scikit-learn 中的 CountVectorizer 方法来进行说明，这个方法把词袋模型中的概念基本都介绍清楚了。CountVectorizer 位于 sklearn.feature_extraction.text 包中，从包名也可以看出，这个方法用于提取文本的特征。

其中的一个参数 analyzer，用于设置使用字符还是单词对文本进行切分。在中文状态下，假定已经预先使用 Jieba 分词对文本进行了分词，词之间用空格分开，这是使用“word”的切分方式。“char”的方式即对单字进行切分，在某些情况下会用到。假设下面的句子，则可以使用“char”的方式进行切分：这 5 个字是写在茶壶外面一圈的 5 个字，从任何一个字开始读，都可以读通：

```
可以清心也
以清心也可
清心也可以
心也可以清
也可以清心
```

如果你需要处理 2 元词或 3 元词，即认为词与词之间的顺序是有一定关系的。每个词的出现会与前面 1 个词或者 2 个词有关系，那么就可以使用 n-gram（n 元词），常用的有 bi-gram（2 元词）和 tri-gram（3 元词）。

依然以上面的 5 句话为例子，使用每个字为一个词的方式（char 的方式），且使用 2 元分割，则第一句话的分割为：可以 - 以清 - 清心 - 心也，第二句话的分割为：以清 - 清心 - 心也 - 也可，其他类似。参数 ngram_range 用来指定最小的元数和最大的元数。

回到 CountVectorizer 这个方法上来，Count 为计数的意思，假定要向量化上面“可以清心也”的前两句，使用 char 分割，ngram_range 使用 (2, 2)，即只使用 2 元组合，则词袋为两个句子中的全部词语。词袋为：可以，以清，清心，心也，也可，共 6 个词。对照这个词袋，第一句的向量为：1，1，1，1，1，0，第二句为：0，1，1，1，1，1。这里全为 1 和 0，是因为句子很短，词都只出现 1 次或者不出现，在实际应用中可以大于 1，这便是 Count 的意义。当然，如果只关心词语是否出现，而不关心词出现的次数，可以加一个参数 binary=True，这个参数在一些实际问题中比较有用。

上面用了分词和分割两个描述，分词是专门针对中文的，而分割是针对CountVectorizer这个方法的。处理中文时，将中文进行分词后，使用空格进行分隔，可以使用上面介绍的方法直接处理。如果词中有自定义的词，而自定义的词中有特殊符号，默认的token_pattern可能不能满足，此时需要自定义这个正则表达式。token_pattern的默认正则表达式为：(?u)\b\w\w+\b， 要求单词最少有两个字符，以单词的分界进行判断。

在scikit-learn的源码中，是这样的两条语句：

```
token_pattern =re.compile(self.token_pattern)
return lambda doc: token_pattern.findall(doc)
```

如果修改了正则表达式，可以使用re.findall(string, pattern)来测试在分词的基础上的分割，看是否满足需求。

05 TF-IDF

在词袋模型中，除了使用Count计数方式统计每个词出现的频度，还有另外一种广泛使用的方式——TF-IDF。

TF-IDF由以下两个核心词汇组成。

```
TF：词频（Term Frequency）
IDF：逆向文档词频（Inverse Document Frequency）
```

TF很好理解，表示某词条在文档中出现的频率，而IDF就比较不易理解了。IDF的核心思想是，对不同的词，给予不同的IDF值，是为了更好地区分文档。

某个词的IDF表示的意思为：在所有文档中，如果包含该词条的文档数越少，其IDF值越大，说明该词条具有更好的类别区分能力。相反的，如果某个词被很多文档所包含，其IDF值比较小，因为此词对文档的区分能力不强。

比如，在一堆IT科技文档中，其中“互联网”，“电脑”，“网站”等词汇会出现在大部分文章中，它们对这些文档的区分度很小。而“数据挖掘”、“机器学习”、“Spark”等词只会出现在与数据科学相关的文档中（数据科学这种文档只占这堆科技文档中很少一部分），这些词汇具有更好的区分度，应该给定更高的IDF值。

关于 TF 和 IDF 总结如下。

TF 值：在同一个文档中，出现次数多的，TF 权重高。

IDF 值：在所有文档中，出现次数多的词的 IDF 权重低，因为这些词对于区分性作用不大。出现次数少的词的 IDF 权重高，因为其具有更好的区分性。

在 scikit-learn 中有如下用法：

```
# TF-IDF 向量化
vectorizer = TfidfVectorizer(min_df=1,
            ngram_range=(1, 2), # 最小几元，最多几元
            analyzer='word',
            token_pattern=r'(?u)\b[-/.\w+]+\b',
            use_idf=True,
            stop_words = ["的", "地", "得"],
            max_df=0.8, # 大于这个的频率，应该去掉
            #vocabulary=voc,
        )
```

参数 use_idf 很重要，表示是否使用 IDF 的值。

06 结语

机器处理文本，最重要的是提取文本的特征。扩展开来，机器学习的很多任务都需要提取特征，提取出来的特征好坏，很大程度上决定了任务执行结果的好坏。机器学习处理文字、语音、图片、视频等任务，很重要的就是从原始信息中提取出机器可以理解的特征，这也是基于自动特征提取的深度学习算法能火起来的主要原因。

对于本节介绍的中文特征提取，只是提取出数字特征，对人而言，并不具有可读性，必须要结合具体的任务来理解。因此，请参考“很傻很天真，朴素贝叶斯”一节，在提取中文特征的前提下，使用朴素贝叶斯算法可对中文文本数据进行分类。

0x6　算法预测，占天卜地

0x60　命由己做，福自己求

佛法将世间分为六道，佛是过来人，人是未来佛，生命会在世间六道中一次次轮回。通过修行，能使人变成佛。

唐朝人写的《推背图》能预测中国几千年的国运大事，正是说明世间万物的发展都是有规律的和相互联系的。

《易经》发展到后来，有两个主流的派系，其一为易理派，用易经的思想来指导为人处世。另一为象术派，用易经的方法来预测与算命。

数据挖掘也是预测，那和易经的预测有什么区别呢?

它们的前提都是要求有“规律”，数据的产生需要有规律，这样算法能有效。

数据算法预测的核心理念：

```
1. 数据的产生是有规律的。
2. 有一种算法，能找出其中的规律。
```

数据算法需要靠自己的技能研究数据，找到一个合适的算法，从而构建一个预测模型，对未知数据进行预测。

下面是本章的知识图谱：

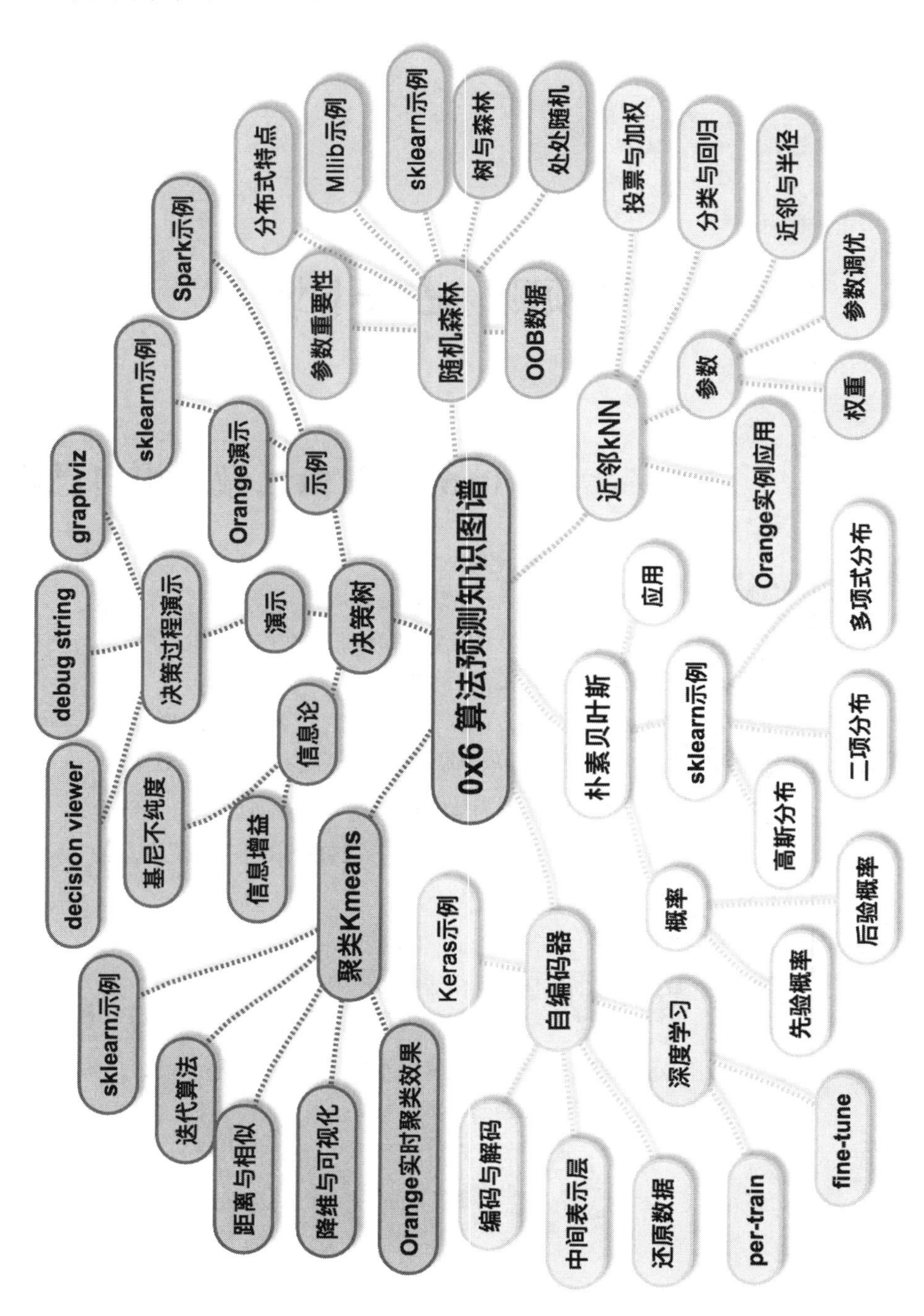

0x6 算法预测知识图谱
决策树
演示
决策过程演示
debug string
graphviz
decision viewer
信息论
基尼不纯度
信息增益
示例
Orange演示
sklearn示例
Spark示例
随机森林
参数重要性
分布式特点
Mllib示例
sklearn示例
树与森林
处处随机
OOB数据
近邻kNN
投票与加权
分类与回归
近邻与半径
参数
参数调优
权重
Orange实例应用
朴素贝叶斯
应用
sklearn示例
多项式分布
二项分布
高斯分布
概率
后验概率
先验概率
自编码器
Keras示例
深度学习
fine-tune
per-train
编码与解码
中间表示层
还原数据
聚类Kmeans
sklearn示例
迭代算法
距离与相似
降维与可视化
Orange实时聚类效果

0x61 近朱者赤，相亲 kNN

01 朴素的思想

城市越大，圈子越小，人越感到孤单。怀念家乡的小城市，随便走一圈，几乎处处都有熟人。城市大了，汇聚了全国的人，逛上一天，也不见得遇到一个熟人。于是，寻找异性伴侣的新兴方式——相亲，便出现了。

在对相亲对象一无所知的情况下，怎样快速掌握对方的信息呢？可以通过对方的朋友来识别。聊一下对方的亲密朋友，聊他们去哪儿旅行，聊他们平时常逛的地方。话题也多，也不至于太直白地问对方收入、兴趣等。

通过他的朋友，你便可以间接地了解他。因为人都会和自己有共同兴趣爱好的人交朋友。或者说，他们在一起久了，自然会有很多相似的地方。这便是古老的哲学思想：近朱者赤，近墨者黑。我们可由他的朋友来推断出他的兴趣爱好等。

当然，此章以一个大众热爱的相亲问题为开篇来介绍简单的算法 kNN，确实有“标题党”的嫌疑。因为在现实中，相亲能否成功，靠这个算法似乎还欠点火候。

02 算法介绍

在数据挖掘中，最常用也是较简单的一个算法便是 kNN，英文为 k-Nearest Neighbor，即 K 近邻算法，这个算法可以很好地解决相亲的问题。

算法非常简单，一句话便可以说清楚，要想知道一个未知事物的类别，找出和它邻近的几个邻居，统计邻居中的多数情况，便可以代表未知事物的情况。比如，想知道眼前的帅哥有没有房子，假设你知道他的 5 个朋友中 3 个都有房子，那么，他很有可能是有房子的。

上面我们对这个帅哥进行了类别划分，有房子还是没有房子。这便是用 kNN 的思想，其中的“邻居”用“朋友”关系来代替。他和这些人做朋友，表示他和这些人走得近，换个专业术语来说，他和这些人的相似度很高，比如平时都喜欢出去唱歌，周末都喜欢去钓鱼，甚至很可能都是搞 IT 的。

总结起来便是：在一堆物品之间，通过计算它们各属性的相似度，找到和某个样本最近的 ***N*** 个样本，通过计算这 ***N*** 个样本所属的类别中的大多数，来归类未知样本的类别。这是一个基于案例的算法，没有实际的模型训练阶段，直接就是测试。因为不需要事先建立模型，便可直接对物品进行分类。

其实还隐藏了一个思想，即由邻居进行投票决定，每人一票：少数服从多数，近邻中哪个类别的数目最多就划分到该类。如下图所示。

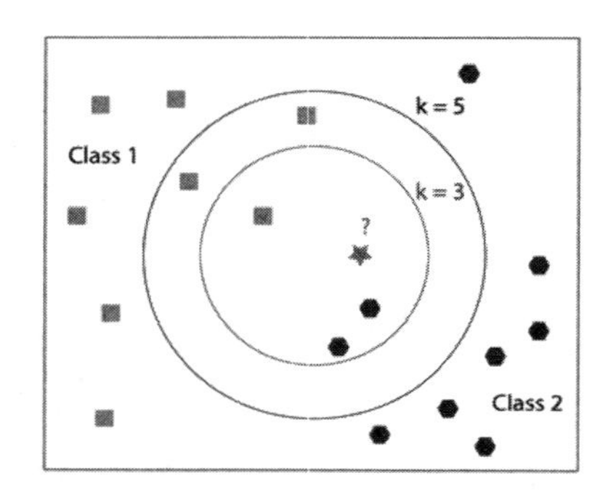

其中的五角星应该属于哪个类别呢？是正方形还是六边形呢？假设选择 k=3，即选择 3 个邻居，那么可以发现，该五角星应该属于六边形这个 Class 2 的类别。

03 分类与回归

kNN 算法不仅可以用于分类，还可以用于回归。通过找出一个样本的 ***k*** 个最近邻居，将这些邻居的属性的平均值赋给该样本，就可以得到该样本的属性。比如，在一个大会中，你想知道 Facebook 上的 John 身价值多少钱。你观察到，发现某大公司 CEO、某银行家和 John 他们三个经常聚在一起讨论，那么你便可以通过计算 CEO 和银行家身价的平均值，来近似表示 John 的身价。虽然，现实中可能误差比较大，但至少你不会认为 John 的身价和一个不认真工作的程序员没有区别。

这便是回归与数值预测的应用。当然，更有用的方法是将不同距离的邻居对该样本产生的影响给予不同的权值，如权值与距离成反比。这便是加权投票法：根据距离的远近，对近邻的投票进行加权，距离越近则权重越大（可以取权重为距离的倒数），如 John 和 CEO 站得距离近些，和银行家的距离远一些，那么最后算平均值的时候，就按他们距离的倒数来进行加权求取平均值，通常在某些情况下，这样会比单纯求平均值的误差要小一些。

kNN 算法的思想虽然简单，但在实际应用中却是被广泛使用的一种算法。既可以用于二分类问题，也可以用于多分类问题，还可以用于回归问题。

使用 kNN 算法的一些比较有名的应用如下所示：

- 用于手写数字识别
- 文本分类
- 异常检测（攻击检测、欺诈侦测）
- 二手车价格预测
- 缺失值填充

04 k 与半径

在 kNN 算法中，最重要的参数就是 k 的取值问题。k 取不同的值，对结果是有一定影响的。比如，还是前面那张五角星属于哪组的图，如果选择 k=5，那么五角星应该属于正方形的类别 Class 1。

在实际应用过程中，通常会根据具体问题来分析和尝试，多次尝试后会有一个比较好的结果。一个比较科学的方法是，在训练数据上使用交叉验证，分析 k 取值导致的误差。最后，如果实在没有好的方法，可以试着取 3，也许结果并不会太差。

另外，在取近邻的方法中，以待测试对象为基础，根据相似性取其最近的 k 个邻居，这也是 kNN 最原始的方法。一种改进的方法是以待测试对象为基础，设定一个相似性的值 R，凡是相似性在 R 范围内的对象都作为近邻。现实中的情况类似于，凡是在家附近 R 距离（比如 1 公里）范围之内的都是邻居，有多少算多少，而不是硬性设置邻居的数目。

在 scikit-learn 中，支持这两种方法：

```
neighbors.KNeighborsClassifier：固定 k 值，分类
neighbors.KNeighborsRegressor：固定 k 值，回归
```

```
neighbors.RadiusNeighborsClassifier：固定距离 R，分类
neighbors.RadiusNeighborsRegressor：固定距离 R，回归
```

其中，RadiusNeighbors 就是以一定的半径为值，将在此半径范围内的样本都作为其近邻，最后再使用投票的方式进行分类或者回归。

需要注意的是，在基于半径取近邻时，如果半径设置得比较小，有可能此时某待测样本取不到邻居，那么就会被标记成离群样本。

在设置 k 值的时候，还需要注意，k 值必须要小于样本数，否则会报错。如总样本只有 19 个，此时如果设置 k 的值为 30，那么就会报错，如下所示：

```
    ValueError: Expected n_neighbors <= n_samples, but n_samples =
19, n_neighbors = 30
```

05 优化计算

kNN 的计算量很大，在很多算法的实现中都会进行计算优化。

计算相似度，这是数据挖掘中非常通用的一个问题，很多地方都会遇到。最简单的方法当然是取两者的欧氏距离了，直观理解就是二维平面或者三维空间中的两个点的直线距离，越近表示越相似。还有很多计算相似性度量的方法，请查询相关手册。

在实际应用中，通过对样本进行特征向量的提取，预先选择参数 k 和相似性度量方法，便可以开始计算了。kNN 是一种 lazy-learning（懒惰学习）算法，分类器不需要使用训练集进行训练，因此对测试样本进行分类/回归时的计算量比较大，内存开销也较大。但最后的结果比较具有解释性，因为你可以分析样本的 k 个近邻的特征，从而判别结论的好坏。

另外有一些常用的技巧，比如进行加权计算，可使结果更准确；还可以采用均衡投票，也可以使用相似性的线性函数来表示。

在减少计算方面，还可以通过缩小训练计算的样本数来进行，比如可以排除掉相亲美女周围的已婚女性，毕竟她们的行为有很多不一致的地方，这些人通常不太会出现在她的近邻里面。也可以对她的朋友进行聚类，比如把她朋友中 20~30 岁的聚在一起，已婚的聚在一起，未婚的聚在一起，这样在每个类别中找出一个具有代表性的人进行 kNN 算法。

最后，为了能有效地找到近邻，通常还有两种优化的数据结构：kd-tree 和 ball-tree，它们都会事先对所有样本进行结构划分和存储，以便在测试的时候更快地找到需要的近邻样本。如果使用 Python 的话，scikit-learn 实现的 kNN 内置支持这两种数据结构，可以加快算法的执行速度。

06 实例应用

使用 Orange 3 来对波士顿房价进行一个回归拟合，算法就使用 kNN。在 Orange 3 中构建一个如下图所示的流程图。

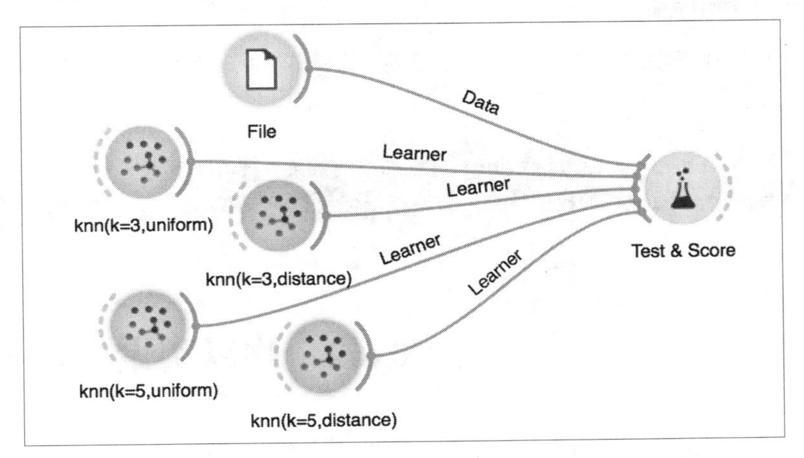

双击“File”组件，加载 housing.tab 数据集，并依次修改和配置 4 个 kNN 算法的参数与显示的名字相同，如名字为“knn(k=3,uniform)”的这个 Learner，配置其参数 k=3，权重为 uniform（相同）权重。knn 学习器的参数配置界面如下图所示。

这里只需要配置两个重要的参数，邻居数量 k，以及权重（uniform 为相同权重，distance 为距离的倒数）。

配置 4 个 knn 学习器，再进行模型评估，从而分析各参数对最后结果的影响。其模型评估的结果如下图所示。

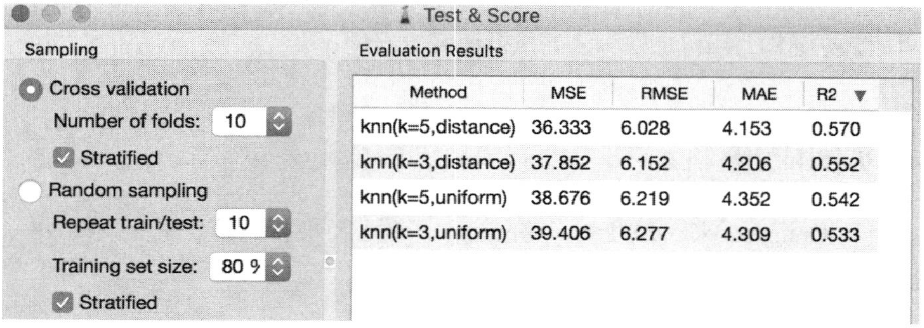

Test & Score

Sampling

Cross validation

Number of folds: 10

Stratified

Random sampling

Repeat train/test: 10

Training set size: 80 %

Stratified

Evaluation Results

Method	MSE	RMSE	MAE	R2
knn(k=5,distance)	36.333	6.028	4.153	0.570
knn(k=3,distance)	37.852	6.152	4.206	0.552
knn(k=5,uniform)	38.676	6.219	4.352	0.542
knn(k=3,uniform)	39.406	6.277	4.309	0.533

使用了 10 折交叉验证的方式对每个算法进行评估，分析结果，可以得出两个重要的结论：

```
1. 参数 knn=5，使用 distance 进行加权的效果，要好于其他三种。
2. 使用 distance 加权的效果，普遍好于使用相同权重。
```

0x62　物以类聚，Kmeans

01 算法描述

Kmeans，也叫 K 均值聚类，是数据挖掘十大经典算法之一，用于对数据集进行聚类。原理是通过计算数据集元素之间的距离（用相似性表示），让距离相近的元素聚焦在一个簇里，最后形成 K 个簇。算法使得各个簇内元素之间距离最近，而簇与簇之间的元素距离最远。

用一个简单的例子来说，在一个班级中，如果通过身高将学生分成三类，那么可以将身高特别高的聚成一个类，将身高中等的聚成一个类，而身高低的聚成一类。这样使得在每个类里面，身高大体相近，而类与类之间，身高有明显的差异。

算法过程描述如下：

```
1. 给定数字 K，并选取 K 个元素作为初始的中心。
2. 给定元素之间相似性计算方法，计算各元素到 K 个中心的距离（相似性），并将
```

该元素归类到其最近的中心一簇。
3. 在每个簇里面，计算各个簇的新的中心。
4. 重复步骤 2 与 3，进行迭代，直到结果收敛或者达到了给定的计算次数。

从数学上来说，Kmeans 的优化目标就是要使所有样本到其中心的距离平方之和最小化。

对于评价 Kmeans 的效果，一般使用 SSE（Sum of Squared Error，误差平方和）指标，SSE 的值越小表示数据点越接近它们的质心，聚类效果也越好，SSE 的数学表达为：

$$SSE = \sum_{i=1}^{k} \sum_{p=\in C_i} (p - m_i)^2$$

（k 为簇个数，C 是每个簇里面样本的集合，m 为簇的中心，p 是簇里面的样本。）

Kmeans 算法的优点与缺点如下所述。

优点：属于无监督式机器学习算法，不需要提供训练样本，实现简单。
缺点：每次迭代计算量比较大，而且需要事先指定 K 值，K 值不同，对结果影响较大。

02 建立模型

在 scikit-learn 中，已经有实现好的 Kmeans 聚类方法了，可以直接调用。还是以前面介绍过的 Iris 数据集为例，Iris 是对鸢尾花的三种分类的描述，主要用于分类算法。此处假定没有花的类别标签（data.target），只通过花的四个属性（花萼的长、宽，花瓣的长、宽）来对花进行聚类。

聚类算法中并不能确定聚出来的每个类属于什么花，只能理解为每个类里面的花都可能属于同一个类。

先加载数据集，查看一下数据的属性，代码如下：

```
from sklearn.cluster import KMeans
from sklearn.datasets import load_iris
from sklearn.preprocessing import StandardScaler

# 加载数据
iris = load_iris()
data_X = iris.data
```

```
data_y = iris.target

# 数据维度，特征与目标值的前 3 项
print('data:', data_X.shape, data_y.shape)
print('features:', data_X[:5, :])
print('target:', data_y[:5])
```

执行上面的代码，结果如下图所示。

```
data: (150, 4) (150,)
features: [[ 5.1  3.5  1.4  0.2]
 [ 4.9  3.   1.4  0.2]
 [ 4.7  3.2  1.3  0.2]
 [ 4.6  3.1  1.5  0.2]
 [ 5.   3.6  1.4  0.2]]
target: [0 0 0 0 0]
```

通过上面的属性数据可以明显看出，每个特征的值域范围都不太一样，因为它们描述的是不同的属性。花瓣的宽度，其值明显比其他值要小，如果直接参与相似性计算，其值对整条数据相似性的影响非常小。

因此，在使用聚类算法之前，需要对数据进行标准化，即将每个特征的范围值域进行统一，这样才能更好地计算每条数据之间的相似性。

标准化数据后，就可以直接调用 Kmeans 算法了，其代码如下所示：

```
# 将数据进行标准化处理
scaler = StandardScaler()
data = scaler.fit_transform(data_X)

# 调用 Kmeans 算法
model = KMeans(n_clusters=3,
               init='k-means++',
               n_init=10,
               max_iter=300,
               n_jobs=4)
print(model)
```

代码执行的效果如下图所示。

```
KMeans(copy_x=True, init='k-means++', max_iter=300, n_clusters=3, n_init=10,
    n_jobs=4, precompute_distances='auto', random_state=None, tol=0.0001,
    verbose=0)
```

03 理解模型

在调用 Kmeans 的时候需要注意，n_clusters 参数指示了需要将数据聚集成几个类别，这个参数必须事先进行指定。我们知道数据集包含 3 个类别的花，因此上面指定了聚成 3 个类别，如果事先并不知道数据应该聚集成几个类别，那么指定这个类别数目本身就是一个难题，可以通过尝试不同的值来看最后的效果。

init 参数指定了使用什么方法来获取初始的 K 个中心，其值为“random”时使用随机的数据集，值为“k-means++”时，通过一个优化的方式来选择初始的 K 个中心，k-menas++ 用于选择中心的步骤如下所述：

```
1. 从数据集合中随机选择一个点作为第一个聚类中心。
2. 对于数据集中的每一个点 X，计算它与最近聚类中心（指已选定的聚类中心）的
   距离 D(x)。
3. 选择一个新的数据点作为新的聚类中心，选择的原则是：D(X) 较大的点，被选
   取作为聚类中心的概率较大。
4. 重复第 2、3 步骤，直到选出 K 个聚类中心。
```

其中重点在第 3 步，可以参考如下地址中的 Python 实现：

```
http://rosettacode.org/wiki/K-means++_clustering#Python
```

尽管使用“k-means++”优化了初始化中心的选取，但由于不同的初始化中心对最后的聚类结果有一定的影响，因此 n_init 参数指定了将 Kmeans 算法运行多少次，上面指定了 10 次，即将 10 次运行结果中最好的作为最后的结果。

max_iter 参数是指算法最多迭代的次数，即使此时算法本身并没有收敛，那也必须停止。

由于计算量很大，尤其是计算每个点到中心的距离，因此算法也支持并行计算，通过 n_jobs 来设置使用的 CPU 数目。

构建好模型之后，就可以进行拟合与预测了，其代码如下所示：

```
# 拟合数据
model.fit(data)
pred = model.predict(data)

print('centers:', model.cluster_centers_)
print('pred   labels:', model.labels_)
```

```
print('target labels:', data_y)
```

运行上面的代码，其结果如下图所示。

```
centers: [[ 1.16743407  0.15377779  1.00314548  1.02963256]
 [-1.01457897  0.84230679 -1.30487835 -1.25512862]
 [-0.01139555 -0.87288504  0.37688422  0.31165355]]
pred   labels:
 [1 1 1 1 1 1 1 1 1 1 1 1 1 1 1 1 1 1 1 1 1 1 1 1 1 1 1 1 1 1 1 1 1 1 1 1 1
 1 1 1 1 1 1 1 1 1 1 1 1 1 0 0 0 2 2 2 0 2 2 2 2 2 2 2 2 0 2 2 2 2 0 2 2 2
 2 0 0 0 2 2 2 2 2 2 2 0 0 2 2 2 2 2 2 2 2 2 2 2 2 2 2 0 2 0 0 0 0 2 0 2 0 0
 2 0 2 2 0 0 0 0 2 0 2 0 2 0 0 2 2 0 0 0 0 0 2 2 0 0 0 2 0 0 0 2 0 0 0 2 0
 0 2]
target labels:
 [0 0 0 0 0 0 0 0 0 0 0 0 0 0 0 0 0 0 0 0 0 0 0 0 0 0 0 0 0 0 0 0 0 0 0 0 0
 0 0 0 0 0 0 0 0 0 0 0 0 0 1 1 1 1 1 1 1 1 1 1 1 1 1 1 1 1 1 1 1 1 1 1 1 1
 1 1 1 1 1 1 1 1 1 1 1 1 1 1 1 1 1 1 1 1 1 1 1 1 1 1 2 2 2 2 2 2 2 2 2 2 2
 2 2 2 2 2 2 2 2 2 2 2 2 2 2 2 2 2 2 2 2 2 2 2 2 2 2 2 2 2 2 2 2 2 2 2 2 2
 2 2]
```

算法输出了三个类的中心 centers，并且打印了每条数据所属类的类标号。

特别需要注意的一个地方是，聚类出来的类标号 0、1、2 与数据集本身 data.target 中的标号不是同一个概念。聚类出来的类标号中的 0、1、2 并没有实际的意义，只能说明类标号相同的为同一个类别，并不对应到数据集中的类标号。

上面的聚类结果，如果要对应到数据集本身的话，应该是标号为 1 的类对应第 0 类，而标号为 2 的类对应第 1 类，剩下的标号为 0 的类对应第 2 类。

04 距离与相似性

在聚类的时候，需要计算样本之间的距离，距离越近，相似性越高。这里就涉及一个选择相似性的计算度量问题。

相似性度量（similarity）的方式有很多种，最常用的当然是空间中的距离度量，也叫欧式距离，Kmeans 中使用的就是这种距离度量。剩下的还有常见的余弦相似性、街区距离、杰卡德相似系数等。scikit-learn 中两个主要地方描述了相似性度量，一个是近邻方法中的 sklearn.neighbors.DistanceMetric，另一个是度量相关的 sklearn.metrics.pairwise.pairwise_distances。

距离和相似性常被混合使用，具体应用的时候需要注意一些问题。一般来说，相似性的取值在 [0,1] 之间，而距离的值却可以大于 1。另外，距离的值越小，其相似性越高。比如，在 scikit-learn 中，cosine 距离就是用 1 减去 cosine 相似性。

在选择相似性度量的时候，需要参考向量的类型。在 scikit-learn 中，按向量的数据类型区分三种类型：实数型、整数型、真假二值型。比如杰卡德相似系数，就只适用于真假二值型的数据。

三类不同的数据类型有各自不同的距离（相似性）度量：

```
1. 实数距离
2. 整数距离
3. 二值数距离
```

详细的距离度量方法可参见文档：

```
    http://scikit-learn.org/stable/modules/generated/sklearn.
neighbors.DistanceMetric.html
```

另外，如果要自己实现相似性的方法，通常而言，需要满足以下 4 点要求。

```
1. 非负性：相似性不可以为负数。
2. 相等为零：当且仅当两个向量相等时，相似性为 0。
3. 对称性：A 与 B 的相似性等于 B 与 A 的相似性。
4. 三角不等式：d(x, y) + d(y, z) ⩾ d(x, z)，类似于三角形两边之和大
   于（等于）第三边。
```

05 降维与可视化

前面的 Iris 数据集包含三个不同的类别，上面通过聚类的方式，也将数据集分成了三个类别。如果可以将上面的聚类效果通过图形的方式直观体现出来，那么就容易理解聚类的本质了。

通常的数据可视化都是针对二维或者三维数据的，但 Iris 数据集包含了 4 个维度的数据，因此，可以采用主成分分析（PCA）的方法，先将数据进行降维处理，将原始的 4 个维度的数据用 2 个维度来代表。

调用 PCA 的方法很简单，只需要设置一个降维后的维度参数，此处为 2，直接将数据进行拟合与转换即可，其代码如下所示：

```
from sklearn.decomposition import PCA

# 压缩为 2 维数据
pca = PCA(n_components=2)
```

```
print('PCA model', pca)

feature2 = pca.fit_transform(data_X)
print('First 5 sample:\n', feature2[:5, :])
```

执行代码，结果如下图所示。

```
PCA model PCA(copy=True, n_components=2, whiten=False)
First 5 sample:
 [[-2.68420713 -0.32660731]
 [-2.71539062  0.16955685]
 [-2.88981954  0.13734561]
 [-2.7464372   0.31112432]
 [-2.72859298 -0.33392456]]
```

结果中显示了前 5 条数据，可以看出每条数据只有 2 维。需要注意，这 2 维数据并非直接从原始的 4 维数据中选取 2 个维度，而是完全无意义的 2 个维度，用于近似代表原来的 4 维数据，而这其中的转换，就是 PCA 模型做的。

数据压缩为 2 维了，就可以使用 Python 中著名的可视化工具 matplotlib 来作图了。

其代码如下所示：

```
import matplotlib.pyplot as plt
%matplotlib inline

plt.figure(figsize=(12, 12))
plt.subplot(221)
color = {0: 'r',  1:'y', 2:'b'}
plt.scatter(feature2[:,0], feature2[:,1], c=[color[_] for _ in pred])
plt.title(" 聚类的效果 ")

# 重新设置颜色
color = {0: 'y',  1:'b', 2:'r'}
plt.subplot(222)
plt.scatter(feature2[:,0], feature2[:,1], c=[color[_] for _ in data_y])
plt.title(" 原始数据效果 ")

plt.show()
```

因为是在 Jupyter 的 Notebook 中执行代码，所以需要使用 %matplotlib inline

来指示在Notebook中内嵌渲染结果。使用scatter来画散点图，指定***X***轴与***Y***轴的值，分别为压缩后的第1个和第2个维度。其中，对每个点进行不同的着色，这样不同的类别就会以不同的颜色渲染出来。

执行的结果如下图所示。

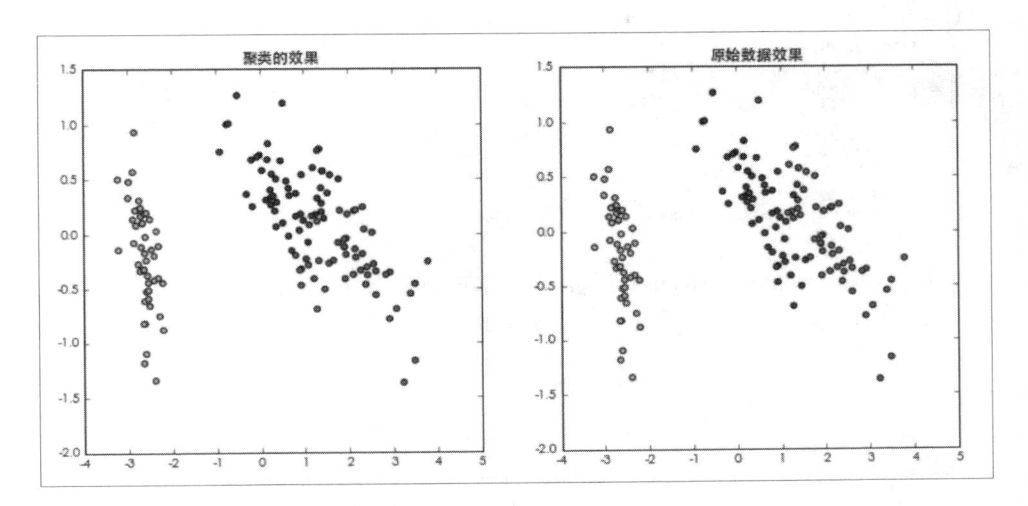

06 无监督学习

Kmeans算法是聚类中最常用、最基础的一个算法，其变种kmeans++也只是在选择初始化中心的时候进行了更复杂的处理，以期望得到更稳定的聚类结果。

在聚类的过程中并不需要事先给定标记的样本数据用于学习，而是算法对数据本身的属性进行学习，因此这是一种无监督的学习算法。

在无监督学习算法中，除了聚类算法，还有降维算法。如前面用过的PCA算法，也属于无监督学习算法。

在Orange 3中，安装一个教育插件（Educational），里面有一个交互式的Kmeans演示组件（Interactive k-Means），可以与PCA一起来演示聚类的变化过程。

添加“File”组件，加载iris.tab数据集，使用PCA降维到2个维度，再结合Interactive k-Means，就可以实时查看Kmeans的聚类过程了。在Orange 3中，构建如下图所示的流程。

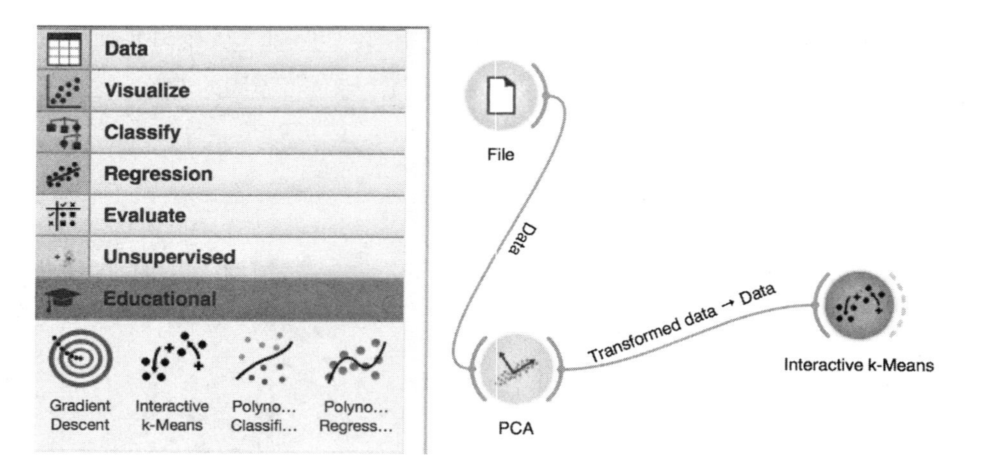

双击“Interactive k-Means”组件，单击左边的“run”按钮，就可以实时看到Kmeans算法的计算过程了，其中的一个效果如下图所示。

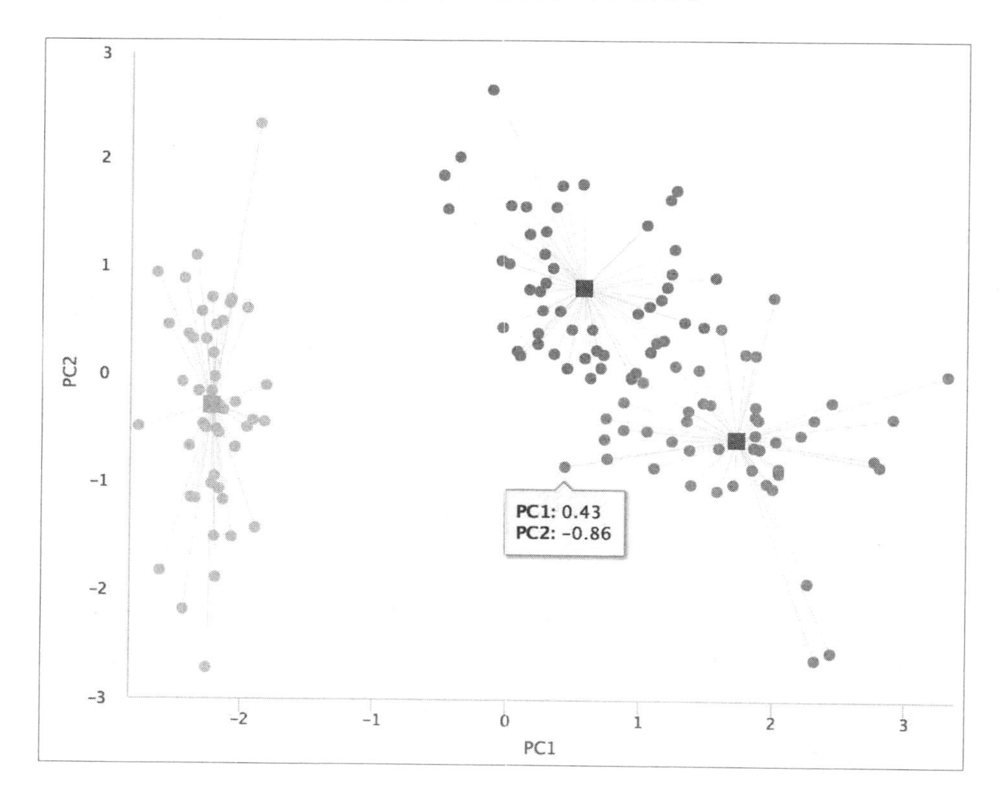

0x63 很傻很天真，朴素贝叶斯

01 朴素思想

朴素贝叶斯（Naive Bayes）分类算法，用于对数据集进行分类。最著名的应用案例是垃圾邮件的识别，垃圾邮件识别是典型的二分类问题（结果为两类，要么是正常邮件，要么是垃圾邮件）。但朴素贝叶斯算法更是一种解决通用的多分类问题的算法，比如能对新闻数据进行分类（结果有多种可能，如财经、娱乐、科技、互联网等类别）。

朴素贝叶斯算法是一种典型的监督学习算法，需要预先给定训练样本数据，算法通过训练样本中的词汇的先验概率（通过对文本进行统计得出），利用贝叶斯公式计算出后验概率，选择具有最大后验概率的类作为该对象所属的类。

用通俗的话来理解就是，给定 100 封正常邮件和垃圾邮件，分析其中的词汇可发现，在垃圾邮件中，“发票”出现的概率为 0.1，而在正常邮件中，其出现的概率为 0.02，这两个概率都是通过给定的训练数据进行统计得出的，因此称为先验概率。现在的问题是，给定一封待测邮件，其中包含了“发票”这个词，那么其为垃圾邮件的概率为多少？

按贝叶斯公式进行计算：

$$P(\text{垃圾邮件}\mid\text{发票})=\frac{P(\text{发票}\mid\text{垃圾邮件})}{P(\text{发票}\mid\text{垃圾邮件})+P(\text{发票}\mid\text{正常邮件})}=\frac{0.1}{0.1+0.02}=0.833$$

从上面的计算中可以看出，如果一封邮件中出现了“发票”这个词，那么它是垃圾邮件的概率达到了 0.83，已经非常高了。在实际使用中，会通过计算多个词的概率来共同决定其是否是垃圾邮件。

02 概率公式

本来是为了避免出现公式的，可是朴素贝叶斯的核心概念就只有一个概率公式，没有其他的算法思想，因此这个公式还是有必要介绍一下。

先验概率

在没有任何前提知识的情况下，事件发生的概率，称为先验概率。即面对一封邮件，在什么都不知道的情况下，其属于正常邮件与垃圾邮件的概率假定相等，都为0.5。朴素贝叶斯算法，其中最朴素的就是假定其中的特征是相互独立的。假定一篇文章中的词完全相互独立，这看起来很傻，听起来也很天真，但在实际的使用中，用这个朴素的假定，在很多时候能起到作用。

条件概率

条件概率也叫后验概率，是指在条件 W 发生的前提下，事件 A 的发生的概率，记为：*P(A|W)*。前面提到的 *P*(发票 | 垃圾邮件)，就表示已经知道当前邮件是垃圾邮件了，那么其中出现发票这个词的概率，直接通过训练数据进行统计即可计算。

而前面的 *P*(垃圾邮件 | 发票)，是指在邮件中出现了发票这个词的条件下，其为垃圾邮件的概率，这也是问题的关键。通过朴素贝叶斯公式，将其他转换为两个已知的条件概率的计算公式。

复合概率

复合概率指在多个事件同时发生的情况下，另一个事件发生的概率有多大。

在判断是否为垃圾邮件的时候，通常会使用多个词来计算其复合概率，类似于前面的“发票”，其为垃圾邮件的概率 *P1* 为 0.833，假设此时还有另外一个词，“出售”，其为垃圾邮件的概率为 *P2* 为 0.728，那么在出现这两个词的条件下，邮件为垃圾邮件的概率为多少呢？

利用复合概率公式进行计算：

$$P(\text{垃圾邮件}|\text{发票},\text{出售})=\frac{P1.P2}{P1.P2+(1-P1).(1-P2)}=\frac{0.833*0.728}{(0.833*0.728+(1-0.833)*(1-0.728))}=0.930$$

可见，同时出现“发票”与“出售”这两个词，那么其为垃圾邮件的概率就大大增加了。

朴素贝叶斯算法仅是对条件概率公式的一个非常实际的用法而已，将未知的后验概率（条件概率）转换为对已知的条件概率的计算。再结合复合概率，利用多个特征（词汇）计算复合的后验概率，从而更准确地进行判断。

03 三种实现

作为一个典型的分类算法，sklearn 中自然不会少了它的实现。如下图所示，在 sklearn 中实现了三种类型的朴素贝叶斯算法。

sklearn.naive_bayes: Naive Bayes

The sklearn.naive_bayes module implements Naive Bayes algorithms. These are supervised learning methods based on applying Bayes' theorem with strong (naive) feature independence assumptions.

User guide: See the Naive Bayes section for further details.

naive_bayes.GaussianNB	Gaussian Naive Bayes (GaussianNB)
naive_bayes.MultinomialNB ([alpha, ...])	Naive Bayes classifier for multinomial models
naive_bayes.BernoulliNB ([alpha, binarize, ...])	Naive Bayes classifier for multivariate Bernoulli models.

分别是如下三种。

```
GaussianNB: 高斯模型
BernoulliNB: 伯努利模型
MultinomialNB: 多项式模型
```

不同的贝叶斯算法实现对特征的概率分布 $P(X_i|y)$ 做出了不同的假设，三种方法假设的概率分布情况如下所示。

- GaussianNB：主要用于连续型的特征变量，且服从高斯分布。
- BernoulliNB：用于特征是离散型，且其服从多元伯努利分布。在全部特征中，每个特征的取值都是二元值。如在文本的特征提取中，使用CountVectorizer方法提取文本是否出现（设置其中的binary参数为True）的特征，这样提取出来的特征，就只有0和1两种二元值。
- MultinomialNB：用于离散型的特征（文本特征通常是离散型的特征），且特征服从多项式分布。在文本特征提取中，对于CountVectorizer提取的词汇计数特征是典型的离散型、多项式分布特征。虽然用TF-IDF提取的特征不是离散型的，在实际中用此算法，效果也比较好。

朴素贝叶斯算法的核心的原理和公式都很简单，在实际应用中，尤其是在垃圾邮件与文本分类中，都有非常不错的表现。

前面提到过，垃圾邮件的识别是典型的二分类问题，而朴素贝叶斯算法本身是一个很好用的多类分类器，如文本的分类。但并不是所有算法都能直接用于多类分类问题。

多类的分类问题，在实际中应用非常广泛，比如将全部文档分成10类（新闻、娱乐、科技、搞笑等），或者识别一些图片中的动物（狗、猫、鸟等）。

面对多类分类问题，算法会使用最大后验概率的机制，选出所有类中条件概率最大的那个分类，此时便不限于二分类了。

总结起来，算法天生具有处理多类分类的能力。并且，根据特征的不同分布，有三种不同的实现。对于连续型的高斯分布数据，使用高斯模型；对于离散的二值型的分布，使用伯努利模型；对于离散型的计数型数据，使用多项式分布。

文本数据提取的特征是离散型的，如果是二值类型，可以使用伯努利模型。如果是计数型的数据，或者使用 TF-IDF 方法提取的特征，可以使用多项式分布。

04 sklearn 示例

在前面的“文本特征，词袋模型”一节中，已经介绍了通过词袋模型对中文文本进行特征提取的方法。本例中使用 CounterVectorizer 方法进行计数，这样提取出的特征，正好可以使用多项式分布的朴素贝叶斯模型。

在开始写代码之前，导入相应的库，以便后面使用：

```
import re
import jieba
import pandas as pd
from sklearn.naive_bayes import MultinomialNB
from sklearn.feature_extraction.text import CountVectorizer
```

首先是使用词袋模型进行向量化：

```
def to_vec(train, test):
    ch_jieba_token = lambda rawtext:  [_.lower() for _ in jieba.
lcut(rawtext, cut_all=False) if re.match(r'(?u)\b\w\w+\b', _)]
    ch_vec = CountVectorizer(analyzer='word',
                             ngram_range=(1, 1),
                             tokenizer=ch_jieba_token,
                             #binary=True,
                             lowercase=True,
                             token_pattern=r'(?u)\b\w+\b',
                         )
    dfdata = pd.concat([train,test])
    data = ch_vec.fit_transform(dfdata.as_matrix())
    data = data.toarray()

    tok = ch_vec.build_tokenizer()
    for _ in dfdata.as_matrix():
```

```
        print('[{}] ====> Tok: [{}]'.format(_, '/'.join (tok(_))))
    # print(ch_vec.vocabulary_)

    return data[:train.shape[0]], data[train.shape[0]:]
```

上面采用了 Python 中广泛使用的 Jieba 分词库来进行中文分词。需要注意的有以下几个地方：

```
1. 训练数据与测试数据必须在同一向量空间中进行向量化，否则特征空间会不一致。
2. 因为是计数的方式，因此参数 binary 为 False，如果使用 BernoulliNB 模型，
   需要设置 binary 为 True。
3. 可以使用 build_tokenizer() 方法来查看最后的分词效果，在调试中很有用。
```

将文本进行向量化后提取出来的特征，就可以使用朴素贝叶斯模型了。

```
def to_bayes(train_vec, target_label, test_vec):
    ''
    采用多项式模型
    ''
    model = MultinomialNB(alpha=0.01)
    model.fit(train_vec, target_label)

    pred_label = model.predict(test_vec)
    pred_label_proba = model.predict_proba(test_vec)

    return pred_label, pred_label_proba
```

在上面的预测中，除了预测每条数据的类别外，还对算法计算出来的每条数据属于各个类的概率进行了输出。

输出每条数据属于每个类别的概率，这在一些情况下非常有用，可能最终使用的结果并非是预测的类别，而会利用各个类型的概率进行下一阶段的决策处理。比如某条数据属于各个类的概率都相同，算法会指定随机取一条数据，但可能并不是用户期望的结果，可能会标记该条数据无法进行类别划分。

将上面两个步骤组合，并给定测试数据与训练数据，从而进行真正的预测：

```
def main():
    train = [(' 在 IT 世界里，数据挖掘与机器学习是未来最为重要的一个方向。
当然需要学好 Linux、Hadoop、Python、Spark 等技术 ',0),
             (' 某明星在电台参加了一个特别的节目，谈到了即将上演的一部电影 ',1),
```

```
            ('明明可以靠脸吃饭，却还要努力地做数据挖掘',2)]
        test = ['小明正在努力地学习 Spark 技术',
                '他在节目中说，下一部电影中会出现数据挖掘相关的内容']

        df_train = pd.DataFrame(train, columns=["raw", 'label'])
        df_test = pd.DataFrame(test, columns=["raw"])
        train_vec, test_vec = to_vec(df_train['raw'], df_test['raw'])

        # 训练与预测，并且输出各类的概率
        pred_label, pred_label_proba = to_bayes(train_vec, df_train
['label'], test_vec)
        for txt, label, prob in zip(test, pred_label, pred_label_proba):
            prob = '|'.join([str(round(_, 3)) for _ in prob])
            print('Text:[{}]  \n\tProb : {} \n\tLabel: {}'.format
(txt, prob, label))

    if __name__ == '__main__':
        main()
```

本示例仅仅是一个 Demo 版本，因此使用了三条训练数据，并且每条数据属于一个类别（假定 0 为科技、1 为娱乐、2 为搞笑）。下面是预测的结果：

```
Text:[小明正在努力地学习 Spark 技术]
    Prob : 0.947|0.0|0.053
    Label: 0
Text:[他在节目中说，下一部电影中会出现数据挖掘相关的内容]
    Prob : 0.0|0.99|0.01
    Label: 1
```

对上面的结果，最重要的信息体现在其中的Prob行，后面用竖线分隔了三个值，分别表示对前面的文本进行预测后，其结果为 0、1、2 三个类别的概率。从第一条文本的结果可以看出，该文本属于类 0（科技）的概率最高，为 0.953，因此对其预测结果为属于科技类。

05 朴素却不傻

通过上面的示例，无法对朴素贝斯算法分类的准确性进行评估，因为只是几条训练数据的一个 Demo。

对于实际工程中的应用，该算法已经很成熟了，尤其是在文本分类中。Spark 的 MLlib 中也提供了两种实现（伯努利与多项式）。

朴素贝叶斯算法，多应用于垃圾邮件识别与网络攻击识别中，算法本身还可以进行自我进化学习。比如，在攻击识别中，一旦一条新的请求被标记为攻击请求，那么，还可以更新模型，这样不断积累，模型识别攻击的能力会越来越强。因为它在积累的过程中，会不断学习新的攻击方式从而更新其概率模型。

因此，该算法有一个说法：你的模型效果越好，就越不能出现误判，一旦误判，后果就会变得很严重。因此，定期进行人工分析与检测预测的结果，对错误的识别进行手动修正也很有必要。

这个世界也很朴素，富人越来越富，穷人越来越穷。富人积累的都是成功的经验，穷人遇到的常常只是失败的案例。

0x64　菩提之树，决策姻缘

01 缘起

佛曰：和有情人，做快乐事，别问是劫还是缘。

要找到有情人，通常是一个漫长的过程，也许会经历很多场相亲活动。时间久了，对相亲也有了更多的认识，并且积累和记录了一些数据，如下表所示。

序号	身高	房子	车子	长相	工作	约否
1	1.80	有	无	6.5	fact	约
2	1.62	有	无	5.5	IT	约
3	1.71	无	有	8.5	bank	约
4	1.58	有	有	6.3	bank	约
5	1.68	无	有	5.1	IT	不约
6	1.63	有	无	5.3	bank	不约
7	1.78	无	无	4.5	IT	不约
8	1.64	无	无	7.8	fact	不约
9	1.65	无	有	6.6	bank	约吗?

前面 8 条数据为过往的相亲记录，最后一个字段为是否愿意继续约会的记录。如前 4 条数据，会愿意继续约会，后面 4 条，直接放弃。将这 8 条记录作为训练集，第 9 条是一条新数据，作为预测，是否要继续约会呢?

对数据进行一些处理，将其中的离散变量（类别变量）进行替换，保存成 CSV 格式，如下表所示。1 表示有，0 表示无，目标值的 -1 表示没有意义，待预测。对于属性“job”列，使用字典 {'IT': 0, 'bank': 1, 'fact':2} 进行映射。

```
height,house,car,handsome,job,is_date
1.80,1,0,6.5,2, 1
1.62,1,0,5.5,0, 1
1.71,0,1,8.5,1, 1
1.58,1,1,6.3,1, 1
1.68,0,1,5.1,0, 0
1.63,1,0,5.3,1, 0
1.78,0,0,4.5,0, 0
1.64,0,0,7.8,2, 0
1.65,0,1,6.6,0,-1
```

02 Orange 演示

Orange 3 中不仅提供了一个决策树的算法，而且还提供了一个决策过程的可视化组件（Classification Tree Viewer），可以方便地查看构建的决策树。

首先，构建一个如下图所示的流程图。

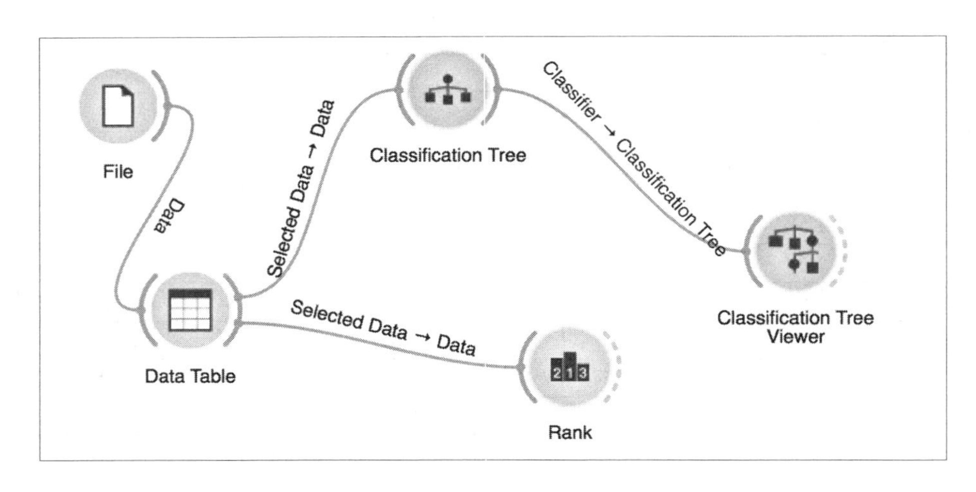

加载前面的 CSV 数据集，需要设置 target 和变量的类型（numeric 与 nominal），设置成如下格式：

1	height	C numeric	feature	
2	house	D nominal	feature	0, 1
3	car	D nominal	feature	0, 1
4	handsome	C numeric	feature	
5	job	D nominal	feature	
6	is_date	D nominal	target	

将数据经过“Data Table”，只选择前面 8 条数据，最后一条数据不参与建模，再依次加载分类决策树与决策树查看器，决策树的参数配置如下图所示。

Classification Tree

Name

Classification Tree

Feature Selection

Gini Index

Pruning

☑ Min. instances in leaves: 1

☐ Stop splitting nodes with less instances than: 5

☑ Limit the depth to: 100

直接双击“Classification Tree Viewer”就可以查看构建的决策树了，如下页图所示。

对这棵决策树的说明如下：

1. 第一个判断条件为 handsome，小于等于 5.4 走右分支，类别为 0.0，不约。
2. 第二个判断条件为 house=0，这是真假 (1,0) 判断，如果为假 (0)，即不是没有房子（否定 house=0 这个条件），走左分支，标签为 1.0，约。否则，走右侧分支。
3. 第三个判断条件为 car=0，同上的逻辑，有车走左分支，约。没有车，走右侧，不约。

自此，通过算法就可以了解前面的相亲决策逻辑了。

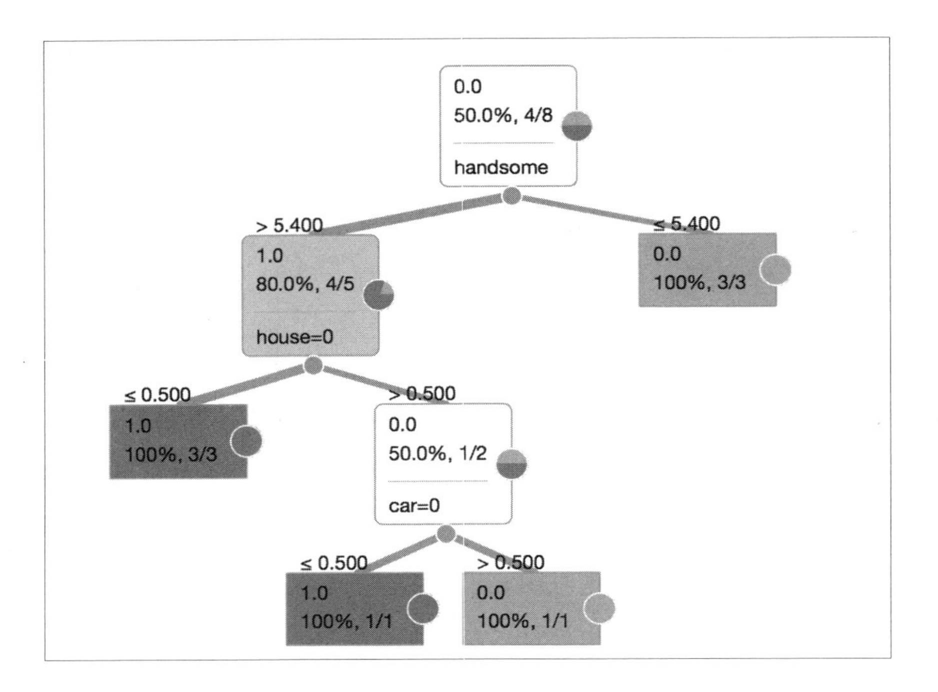

03 scikit-learn 模拟

程序员喜欢用代码说话，喜欢用代码模拟，那么在 scikit-learn 中，如何模拟人类的决策过程呢？代码如下所示：

```
    # sklearn_dt.py
    import pandas as pd
    from sklearn.tree import DecisionTreeClassifier,export_graphviz

    df = pd.read_csv('sklearn_data.csv')
    train,test = df.query("is_date != -1"), df.query("is_date == -1")
    y_train, X_train = train['is_date'],train.drop(['is_date'],
axis=1)
    X_test = test.drop(['is_date'], axis=1)

    model = DecisionTreeClassifier(criterion='gini')
    model.fit(X_train, y_train)
    print(model.predict(X_test))
```

上面的代码使用了 Pandas 加载数据集，然后选择出训练集与测试集，倒数第三行构建了一个决策树模型，全部使用默认参数，最后对测试数据进行预测。

需要注意一个参数，criterion='gini'，这是决策树构建的核心算法，参数“gini”指示了程序使用基尼不纯度来构建决策树。对于分类问题，scikit-learn 还支持使用参数值为“entropy”，表示使用熵的信息增益来构建决策树。对于回归问题，scikit-learn 使用 MSE（均方误差）来构建。

多次运行上面的程序，程序会在某些时刻输出 0，某些时刻输出 1。

04 熵与基尼指数

上面虽然只是用一行代码便构建了一个决策树，但实际上这一行代码做了很多事情，也就是决策树构建的过程。

由前面的图片可以看出，决策树是一棵二叉树，左右两个分支，中间一个条件判断，条件满足走左分支，条件不满足，走右分支。一层层往下，因此可以用递归过程来构建。唯一的问题在当前的节点，应该选择哪个条件来进行分割。

决策树的目的是构建一棵最优的二叉分割树，因此从根节点往下，每一个节点的条件选择都是为了让树结构最简洁。换句话说，就是找出能使当前数据集尽量分开的条件。

用专业术语来说，是使得数据集的不纯度越来越小，即纯度越来越大，使得数据尽可能分开；不纯度也可以理解成数据集的混乱程度（熵），数据越混乱，不纯度越高，熵越大，也即不确定性越大。比如在数据集里面，约会和不约会的概率都是 0.5，那么表示不确定性很多，即不纯度很大，纯度很小。

我们的目的就是找到一个条件进行分割，使得这种不确定性减小，如长相小于等于 5.4 的数据，一定不约，其不纯度为 0，表示完全纯净了，都是不约，没有不确定性。

决策树常用的算法有 ID3、C4.5、C5.0 及 CART，其中前三种都是用熵的信息增益（率）来表示的。最后一个 CART（Classification And Regression Tree)，即分类回归树，scikit-learn 实现的便是这种算法，从名字可知，既能用于分类问题，也能用于回归问题，其中分类问题可以使用基尼（Gini）不纯度和熵的信息增益，回归问题使用了方差降低（Variance Reduction，同 MSE 的均方误差）的算法。

在前面的 Orange 3 环境中，双击“rank”组件可以查看各个特征的熵与信息增益相关的数据，如下图所示。

	#	Inf. gain	Gain Ratio	Gini
C height	C	0.500	0.250	0.125
C handsome	C	0.500	0.250	0.125
D house	2	0.189	0.189	0.062
D job	3	0.061	0.039	0.021
D car	2	0.049	0.051	0.017

维基百科上面有各种算法的数学公式，对分类问题，都是基于各个类别的概率的简单计算。在构建树的时候，算法会尝试在当前数据集的所有特征上进行切分，找到概率计算出来的最优切分，并将当前条件作为切分点。

以上面的数据为例，使用基尼不纯度进行分割，开始数据集的不纯度为 0.5（根节点的 impurity=0.5），在尝试了所有将数据一分为二（比如，切分按是否有房切分，长相大于 7 划分，长相小于 5 划分）的条件后，发现 handsome ≤ 5.4 的划分，是最优的划分。

因此，决策树的构建过程主要分为两个步骤，一是数据二叉划分，不同的实现方法有不同的数据划分。对离散变量，通常是按集合的方法，将数据集划分成两类，比如 {'bank', 'IT', 'fact'} 这个集合，通常会划分成 {'bank'}, {'IT','fact'}；{'IT'},{'bank','fact'}；{'bank','IT'},{'fact'} 这三个。而对于连续型数据，{3.8, 4.5, 7.8} 这样的集合，则会按两个数的平均值进行划分。

数据分割完后，使用一种度量方法来计算当前节点应该选择哪一个条件进行最优切分，选中的条件即为当前的决策。

05 决策过程分析

从上面的算法中可以简单理解为，决策树就是找到当前最优的条件将数据一分为二，最优的条件即为当前的决策。

下面我们使用图表来分析具体的决策过程，在 scikit-learn 程序中，添加如下代码：

```
export_graphviz(model.tree_,
                out_file='tree.dot',
                feature_names=df.columns,
                max_depth=None,
                # 下面几个参数，需要使用最新的 scikit-learn 0.17 版本才能用
                class_names=["is_date:no", "is_date:yes"],
                rounded=True,
                filled=True,
            )
```

运行上面的代码会输出一个 tree.dot 文件，再使用如下命令就会生成决策的过程了：

```
$ sudo apt-get install graphviz   # 需要安装程序
$ dot -Tpng tree.dot -o tree.png
```

决策图如下所示。

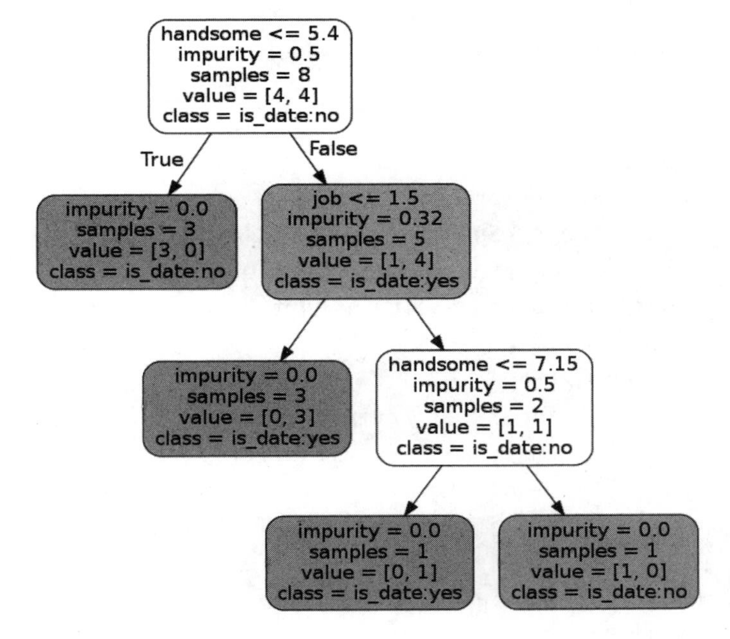

对生成的决策树的说明有以下几点。

- 第一行为决策条件（非叶子节点），比如根节点 handsome ≤ 5.4，条件为真走左边，为假走右边。
- impurity 表示当前数据集的基尼不纯度。

- samples 表示当前数据集的样本数。
- value 表示当前数据集中各个类别（按类别顺序从小到大排序，第 0 类，第 1 类……）的数量，如果 value 中的值相等，当前节点没有着色，为白色。
- class 表示当前数据集中的多数类别，如果 value 中各个值相等，则按顺序取值。

分析图片中的数据，总结出决策规则如下：

- 长相小于等于 5.4 的，一定不约。
- 不满足前面条件，但：有房子的，一定约。
- 不满足前面条件，但：有车，约，没有车的，不约。

对待测数据，使用上面的规则：

- 长相大于 5.4，不满足规则 1，继续下一条。
- 没有房子，不满足规则 2，继续下一条规则。
- 有车，符合第 3 条规则，约。

06 Spark 模拟

如果将上面的决策过程换成简单的程序思维来表达，就是 if-else 的条件判断，使用 Spark 实现的决策树，可以打印出来 if-else 的条件决策过程：

```
    # spark_dt.py
    from pprint import pprint
    from pyspark import SparkContext
    from pyspark.mllib.tree import DecisionTree
    from pyspark.mllib.regression import LabeledPoint

    sc = SparkContext()
    data = sc.textFile('file:///tmp/spark_data.csv'
                ).map(lambda x: x.split(',')
                ).map(lambda x: (float(x[0]), int(x[1]),
int(x[2]), float(x[3]), int(x[4]), int(x[5])))

    train = data.filter(lambda x: x[5]!=-1).map(lambda v:
LabeledPoint(v[-1], v[:-1]))
    test = data.filter(lambda x: x[5]==-1)

    model = DecisionTree.trainClassifier(train,
                                         numClasses=2,
```

```
                          categoricalFeaturesInfo={1:2, 2:2, 4:3},
                                          impurity='gini',
                                          maxDepth=5,
                                    )

print('The predict is:', model.predict(test).collect())
print('The Decision tree is:', model.toDebugString())
```

通过上面的 model.toDebugString()，可打印出决策的过程，如下图所示。

```
The Decision tree is: DecisionTreeModel classifier of depth 3 with 7 nodes
  If (feature 3 <= 5.3)
   Predict: 0.0
  Else (feature 3 > 5.3)
   If (feature 1 in {0.0})
    If (feature 0 <= 1.64)
     Predict: 0.0
    Else (feature 0 > 1.64)
     Predict: 1.0
   Else (feature 1 not in {0.0})
    Predict: 1.0
```

07 结语

上面分别演示了在 scikit-learn 和 Spark 中两种不同的决策树的实现。在演示数据上，输出可能会不同，因为各自的实现是有差别的，主要在于对离散变量的处理和数据的分割上。

决策树还会涉及剪枝的问题，完全生成的决策树会伴随着数据的噪声导致过拟合，实际应用通常使用随机森林来防止过拟合。

0x65 随机之美，随机森林

01 树与森林

在构建决策树的时候，可以让树进行完全生长，也可以通过参数控制树的深度或者叶子节点的数量，通常完全生长的树会带来过拟合问题。过拟合一般由数据中的噪声和离群点导致，一种解决过拟合的方法是进行剪枝，去除树的一些杂乱的枝叶。（你可能需要参考前面“菩提之树，决策姻缘”一节。）

在实际应用中，一般可用随机森林来代替，随机森林在决策树的基础上会有更好的表现，尤其是防止过拟合。随机森林就是由多棵决策树组成的一个“森林”，如下图所示。

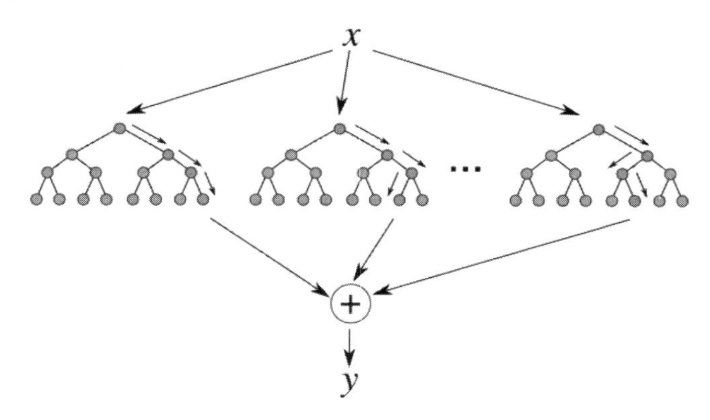

在机器学习算法中，有一类算法比较特别，叫组合算法（Ensemble），即将多个基算法（Base）组合起来使用。每个基算法单独预测，最后的结论由全部基算法进行投票（用于分类问题）或者求平均（包括加权平均，用于回归问题）。

在组合算法中，一类是 Bagging（装袋），另一类是 Boosting（提升），随机森林便是 Bagging 中的代表。使用多棵树进行单独预测，最后的结论由这些树预测结果的组合共同来决定，这也是“森林”名字的来源。每个基分类器可以很弱，但最后组合的结果通常很强。

《统计学习方法》一书的作者李航博士的文章（http://blog.sina.com.cn/s/blog_7ad48fee0102vb9c.html）中说明：“来自 JMLR（Journal of Machine Learning Research，机器学习顶级期刊）杂志的文章，有人让 179 种不同的分类学习算法在 UCI 121 个数据集上进行了“大比武”（UCI 是机器学习公用数据集，每个数据集的规模都不大）。结果发现，Random Forest（随机森林）和 SVM（支持向量机）名列第一名和第二名，但两者差异不大”。英文原文的网址是 http://jmlr.org/papers/v15/delgado14a.html，感兴趣的读者可以参考。

上面所述换一种理解即为：掌握了随机森林算法，基本上可以处理很多常见的机器学习问题。由此可见，组合算法在很多时候，其预测的性能都会优于单独的算法，这也正是随机森林算法的魅力所在。

02 处处随机

多个人组成的团队，是不是一定就强于一个人呢？团队的产出并不能把每个人的力量相加。要让团队的总产出高于单个人的产出，那必须是每个人都有其他人不具备的知识或者能力，如果大家具有完全相同的知识或者能力，在解决难题上并没有好处。假设对一个数据进行预测，大家的结论都是 1，最后组合结论依然是 1，这对预测准确率没有任何提升。

这也是“森林”前面还有“随机”这个修饰词的原因，随机就是让每棵树都不一样，如果都一样，组合后的效果不会有提升。假设每棵树都不一样，单独预测错误率大概都是 40%（够弱了吧，很多时候都会犯错），但三棵树组合后的错误率就变成了 35.2%（至少一半以上同时犯错，即三棵树中有两棵树犯错，结果才会犯错），其计算方法为：

```
3 个全错（一种情况） + 2 个错 1 个对（3 种组合）:
1*0.4³+3*0.4²*(1-0.4)¹ = 0.352
```

因此，在随机森林算法中，“随机”是其核心灵魂，“森林”只是一种简单的组合投票方式而已。随机森林在构建每棵树的时候，为了保证各树之间的独立性，通常会采用两到三层的随机性。

从数据抽样开始，每棵树都随机地在原有数据的基础上进行有放回的抽样。假定训练数据有 10000 条，随机抽取 8000 条数据，因为是有放回的抽样，可能原数据中有 500 条被抽了两次，即最后的 8000 条中有 500 条是重复的数据。每棵树都进行独立的随机抽样，这样保证了每棵树学习到的数据侧重点不一样，保证了树之间的独立性。

抽取了数据，就可以开始构建决策分支了。在每次构建决策分支时，也需要加入随机性，假设数据有 20 个特征（属性），每次只随机取其中的几个来判断决策条件。假设取 4 个特征，从这 4 个特征中决定当前的决策条件，即忽略其他的特征。取特征的个数，通常不能太少，太少会使得单棵树的精度太低，太多会使树之间的相关性加强，独立性减弱。通常取总特征的平方根，或者 log2(特征数)+1，在 scikit-learn 的实现中，支持 sqrt 与 log2，而 Spark 还支持 onethird(1/3)。

在节点进行分裂的时候，除了先随机取固定个特征，然后选择最好的分裂属性这种方式，还有一种方式，就是在最好的几个（依然可以指定 sqrt 与 log2）分裂属性中随机选择一个来进行分裂。在 scikit-learn 中实现了两种随机森林算法，一种是 RandomForest，另外一种是 ExtraTrees，ExtraTrees 就是用这种方式。在某些情况下，会比 RandomForest 精度略高。

总结起来，有三个地方使用随机性：

```
1. 随机有放回地抽取数据，数量可以和原数据相同，也可以略小。
2. 随机选取 N 个特征，选择最好的属性进行分裂。
3. 在 N 个最好的分裂特征中，随机选择一个进行分裂。
```

因此，要理解这几个地方的随机性，以及随机性是为了保证各个基算法模型之间的相互独立，从而提升组合后的精度。当然，还需要保证每个基分类算法不是太弱，至少要强于随机猜测，即错误率不能高于 0.5。

03 sklearn 示例

在 scikit-learn 和 Spark 中都实现了随机森林，但有一些细小的区别。

在 scikit-learn 中，同样只是简单几行代码即可：

```
    # sklearn_rf.py
    import pandas as pd
    from sklearn.ensemble import RandomForestClassifier

    df = pd.read_csv('sklearn_data.csv')
    train, test = df.query("is_date != -1"), df.query("is_date == -1")
    y_train, X_train = train['is_date'], train.drop(['is_date'],
axis=1)
    X_test = test.drop(['is_date'], axis=1)

    model = RandomForestClassifier(n_estimators=50,
                                   criterion='gini',
                                   max_features="sqrt",
                                   min_samples_leaf=1,
                                   n_jobs=4,
                               )
    model.fit(X_train, y_train)
    print(model.predict(X_test))
    print(zip(X_train.columns, model.feature_importances_))
```

调用 RandomForestClassifier 时的参数说明如下。

```
* n_estimators：指定森林中树的棵数，越多越好，只是不要超过内存。
* criterion：指定在分裂时用的决策算法。
* max_features：指定了在分裂时，随机选取的特征数目，sqrt 即为全部特征
  的平均根。
* min_samples_leaf：指定每棵决策树完全生成，即叶子只包含单一的样本。
* n_jobs：指定并行使用的进程数。
```

从前面的随机森林构建过程来看，随机森林中的每棵树之间是独立构建的，而且尽量往独立的方向靠，不依赖其他树的构建，这一特点在当前的大数据环境下尤其被人喜爱，因为它能并行、并行、并行……

04 MLlib 示例

能完全并行的算法，一定会被人们追捧，在资源充足的情况下，可以同时并行构建大量的决策树。scikit-learn 虽然是单机版本，不能做分布式，但也可以利用单机的多核来并行。

在 Spark 中，更能充分发挥分布式的特点了：

```
    # spark_rf.py
    from pyspark import SparkContext
    from pyspark.mllib.tree import RandomForest
    from pyspark.mllib.regression import LabeledPoint

    sc = SparkContext()
    data = sc.textFile('file:///tmp/spark_data.csv'
                  ).map(lambda x: x.split(',')
                  ).map(lambda x: (float(x[0]), int(x[1]),
int(x[2]), float(x[3]), int(x[4]), int(x[5])))

    train = data.filter(lambda x: x[5]!=-1).map(lambda v:
LabeledPoint(v[-1], v[:-1]))
    test = data.filter(lambda x: x[5]==-1)

    model = RandomForest.trainClassifier(train,
                                         numClasses=2,
                                         numTrees=50,
```

```
                              categoricalFeaturesInfo={1:2, 2:2, 4:3},
                                          impurity='gini',
                                          maxDepth=5,
                                       )

print('The predict is:', model.predict(test).collect())
```

和决策树版本相比，唯一的变化就是将 DecistionTree 换成了 RandomForest，另外增加了一个指定树棵数的参数：numTrees=50。

而和 scikit-learn 版本相比，Spark 中通过 categoricalFeaturesInfo={1:2, 2:2, 4:3} 参数指定第 5 个属性（工作属性）具有 3 种不同的类别，因此 Spark 在划分的时候，是按类别变量进行处理的。而在 scikit-learn 中，依然当成连续的变量处理，所以在条件判断的时候，才会有 house ≤ 0.5 这样的条件。

当有多个最优分割的时候，Spark 与 scikit-learn 在选择上也有区别，Spark 会按属性顺序进行选择，而 scikit-learn 会随机选择一个。这也是导致 scikit-learn 在多次运行中会输出 0 和 1 的问题。

在 scikit-learn 中，还可以输出参数重要性，这也是决策树和随机森林的优点之一（目前 PySpark 还不支持输入参数重要性）：

```
# scikit-learn 中
from pprint import pprint
# 组合参数与其重要性
_importance = zip(X_train.columns, model.feature_importances_)
# 按重要性进行排序
print(sorted(_importance, key=lambda v: v[1], reverse=True))

[('handsome', 0.38657142857142857),
 ('height', 0.28798412698412695),
 ('house', 0.1573269841269841 2),
 ('job', 0.11060317460317461),
 ('car', 0.057514285714285726)]
```

05 特点与应用

随机森林基本上继承了决策树的全部优点，只需做很少的数据准备，其他算法往往需要数据归一化。决策树能处理连续变量，还能处理离散变量，当然也能处理多分类问题，多分类问题依然还是二叉树。决策树就是 if-else 语句，区别只是哪些条件写在 if 中，哪些写在 else 中，因此易于理解和解释。

决策树的可解释性强，你可以打印出整棵树，从哪个因素开始决策，一目了然。但随机森林的可解释性较弱。所谓可解释性，就是当你通过各种调参进行训练，得出一个结论，有人来问你，这个结论是怎么得出来的？你说是模型自己训练出来的，人家又问了，举一条具体的数据，你能说一说得出这个结论的过程吗？因为随机森林引入了大量随机因素，而且是由多棵树共同决定的，树一旦多了，很难说清楚得出结论的具体过程。虽然可以打印每棵树的结构，但很难分析。

虽然不好解释，但它解决了决策树的过拟合问题，使模型的稳定性增加，对噪声更加鲁棒，从而使得整体预测精度得以提升。

因为随机森林能计算参数的重要性，因此也可用于对数据的降维，只选取少量几维重要的特征来近似表示原数据。同理，在数据有众多特征时，也可以用于特征选择，选择重要的特征用于算法中。

随机森林还有天生的并行性，可以很好地处理大规模的数据，也可以很容易地在分布式环境中使用。

最后，在大数据环境下，随着森林中树的增加，最后生成的模型可能过大，因为每棵树都是完全生长，存储了用于决策的全部条件信息，导致模型可能达到几 GB 甚至几十 GB。如果用于在线的预测，光把模型加载到内存就需要很长时间，因此比较适合离线处理。

0x66　自编码器，深度之门

01 深度学习

深度学习（Deep Learning），又名无监督特征学习（Unsupervised Feature Learning），大概从 2006 年开始，慢慢地火起来了，到今天已经火得一塌糊涂了。深度学习几乎已经与大数据一样，言必称深度学习，谈必提大数据。

深度学习是在传统的神经网络基础上发展起来的一门技术，算是从神经网络引出来的一个单独分支。其核心还是各种不同类型的神经网络，只是利用了某些手段，使得神经网络的层次能达到更深的层次。

尤其是在图片、语音与自然语言处理领域，深度学习可以说是完全碾压了传统的机器学习算法，究其根本原因，其得益于深度学习的另外一个别名：无监督特征学习。不需要监督地进行特征提取，这是深度学习最具有魅力的地方。

但凡是研究机器学习的高手都知道，各种主流的算法与模型都已经非常成熟了，而面对不同的问题，特征提取是最关键的核心。特征提取是一门艺术，更是一种境界。有一种说法，数据和特征决定了机器学习的上限，而模型和算法只是逼近这个上限而已。

因此，对于图片、语音与自然语言领域，因为其本身保留了 100% 完整的信息，具体能不能识别，就看能否从中提取出有用的特征。而对于一些传统的应用，信息本身就会有丢失。比如，用户发布一条二手车售卖数据，其标价与用户的一些状态有关系，用户当前是否缺钱，身边是否有懂车的朋友等有关，但这些数据根本无法收集到，具体到模型中时，数据是有一定丢失的。而给定一张图片或者一段语音，数据是 100% 完整地给你的，能不能识别出来，就看你使用的技术了。

02 特征学习

深度学习能自动将有用的特征提取出来，从而使得算法能更好地识别出原始信息。对于特征提取，在神经网络中，每一个隐藏层都是原始数据特征的不同表现，如下图所示。

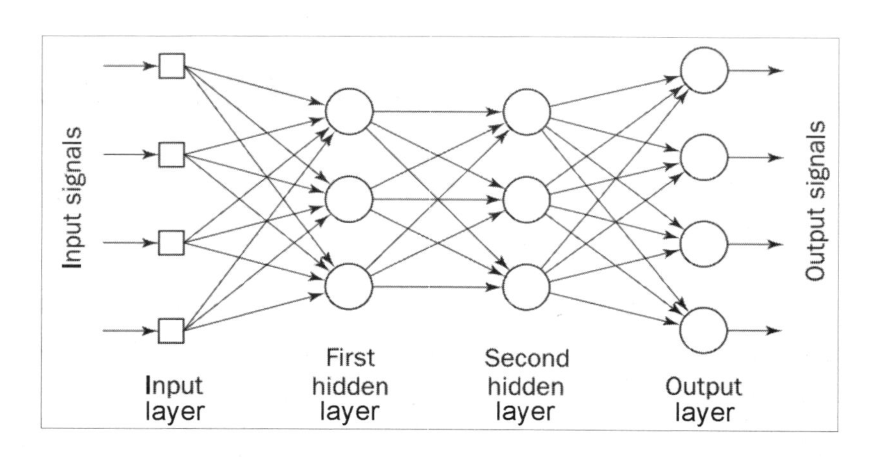

图中的输入层（Input layer）代表原始数据，经过中间两层隐藏层的转换，最后到输出层（Output layer）。而其中的第一个隐藏层（First hidden layer），是通过网络连接与权值数据，从输入层通过简单的数值计算得来的。这第一层就是原始数据特征的不同表现形式。通过对原始特征进行权值转换，就得到了新的特征，且是原始数据特征的不同表现形式。同样的，从第一个隐藏层到第二个隐藏层，也是一种特征转换。

因此，可以这么理解，通过权重与网络的计算，得到了特征的另外一种表现，即完成了特征转换。权重，代表了要怎么做特征转换，即把数据换成另外一种形式来表示。假定原始输入是一张图片，第一个隐藏层是输入的另外一种不同表现形式，第二个隐藏层也同样是输入的另外一种不同的表现形式。虽然我们并不清楚第一个隐藏层和第二个隐藏层分别学习到了原始数据的哪些特征，但将其组合起来，能达到我们的效果。

深度学习的本质就是通过构建多个层次（深）的神经网络，通过一些特殊的训练方式来避免 BP 神经网络训练过程中遇到的问题，从而自动对原始数据的特征进行学习。

而深度学习对传统神经网络最重要的两点突破，其一为预训练（pre-train）技术与正则化技术。逐层（layer-wise）训练是预训练最重要的技术，其理论依据是：如果一次性训练多层达不到效果，那就一层一层地进行训练。将逐层训练的结果作为网络的初始化权重。这样预训练的目的是防止在训练过程中，算法停留在局部最优点。在预训练的基础上再加微调（Fine-tune），能有更高的概率保证算法全局最优。

除了初始化技术，还有很多正则化技术，比如增加 dropout（模拟一些神经元坏掉）、early stopping（提前结束，重复一定次数没有优化就停止）。

因此，最简单的深度学习就是进行两步走的思路。

```
1. pre-train：逐层进行预训练，得到一组初始值。
2. train (fine-tune)：进行最后微调。
```

下面介绍一种最简单的预训练技术。在预训练过程中，经过一层权重计算（特征转换）后，其结果能够代表原始数据的特征。

03 自动编码器

深度学习中最简单的一种预训练技术是自动编码器，自动编辑器是一种非常实用的技术。

如下图所示，本身是一种最简单的神经网络结构，共有三层，中间一层为隐藏层。

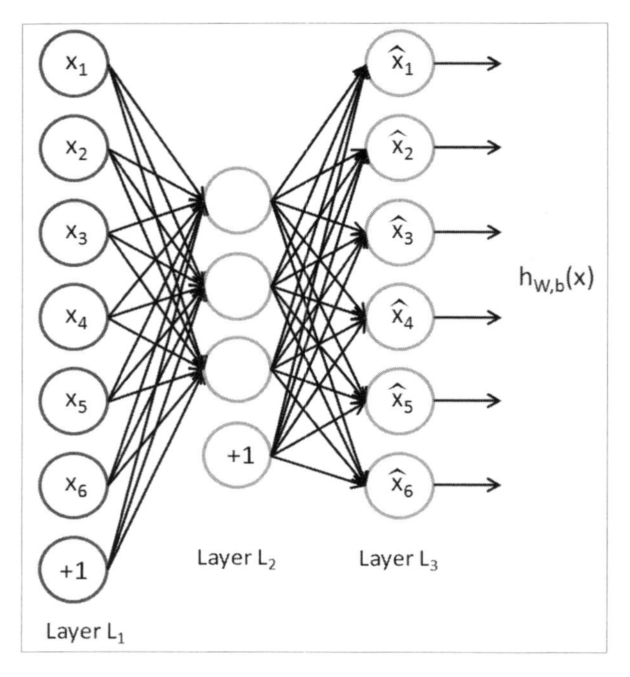

输入层为 Layer L_1，输出层为 Layer L_3，中间的 Layer L_2 为隐藏层，而这个网络结构有一个非常重要的特点，输入层和输出层是一样的。忽略 Layer L_1 中添加的偏置项 +1 外，Layer L_1 与 Layer L_3 的节点是一样的。从 Layer L_1 到 Layer L_2，是编码（Encode）过程，而从 Layer L_2 到 Layer L_3 是解码过程。

编码，就是将原始的数据通过某种方式，转换成另外一种表现形式，数据在编码的过程中是压缩的，即转换后的数据比原来的数据少，在通信领域中，是为方便进行传输。而解码，是将被编码的数据使用和编码技术相反的一种操作，将数据还原的过程。

这也正是自动编码器名称的由来，自动编码器就是将数据进行一次编码（通常会压缩），再将编码的数据还原成原始数据的一种技术。

图中的示例是将原始的 6 个输入特征，通过第一层网络转换，压缩成 3 个特征，再通过第二层网络转换，还原为 6 个原始的输入特征。

自动编码器很有意思吧！像是在做无用功，转换一次，又转换回去了，如此这般折腾，有什么好处呢？

其实，从编码器的原理中，我们可以得到另外一个非常有用的信息：隐藏层 Layer L_2 能够代表输入层 Layer L_1，或者说 Layer L_2 只是 Layer L_1 的另外一种不同的表现形式。

反之，如果 Layer L_2 不能代表 Layer L_1，那么便很难再从 Layer L_2 还原到 Layer L_3（因为 Layer L_1 与 Layer L_3 相同）。孙悟空能有七十二般变化，假定我们难以直接提取孙悟空的特征，当他变成了一个美女后，我们能方便地提取这个美女的特征，那么这个美女就是孙悟空的另外一种表现形式。在她美丽的外表后面，一定含有原来孙悟空的某些本质特征，如果没有，那么这个美女就不能再还原成原来的孙悟空了。

因为训练出来的中间隐藏层还能还原成原始数据，因此这个隐藏层就是原始数据特征的另外一种表现形式，即可以使用某些中间层的特征来表示原始数据。从 Layer L_1 到 Layer L_2 的变换，就是一个有效的特征转换。到此，也完成了一个层次的训练。因此，原来数据中隐藏的信息，利用这个中间层（即是原始特征转换后的特征）特征，可以作为其他算法的输入。利用此特征，可以进行传统的机器学习挖掘，分类和回归算法，任君选择。

必须说明一点，前面说输入层 Layer L_1 和输出层 Layer L_3 是相同的，其实它们并不完全相同。虽然我们的目标是让它们完全相同，但实际上是有一定的误差的，我们的目的是让这个误差最小化。用通俗的话说，还原的数据尽可能和原数据一样。图中为了区别，在节点上使用了不同的名称，如 X_6 与 $\hat{X}_6$ 来区别。

这样一来，我们除了可以使用中间隐藏层的数据，还可以使用输出层的数据，此数据可以用于非监督学习算法中，对于原始数据中的离群点的挖掘很有用。因为中间隐藏层学习的是原始数据中的普通的规律信息，如果其中的 X_3 是离群点，那么其特征规律并不一定能被隐藏层所能完全表达，因此还原后的 $\hat{X}_3$ 就会和原来的 X_3 有较大误差。

由 oxdata.ai 出品的 H2O 框架，其中有一个利用深度学习算法进行异常点挖掘的功能，就是利用了这个原理。

总结起来，自动编码器就是利用三层网络结构，先将数据进行编码，再进行解码，其训练目标是让解码后的数据尽可能和原始数据具有最小的差别。学习出来的中间层特征，便是原始数据的一个压缩特征（实现了降维的功能）表示，此特征可以用于其他监督学习算法，也是逐层训练的一种技术。对于解码后还原的数据，也可以用于对原始数据离群点的挖掘。

04 Keras 代码

Keras 是近年来非常受欢迎的深度学习框架，因为其对底层框架进行了更高级的抽象，因此可以使用类似于 scikit-learn 中的 fit 和 predict 方式来进行深度学习，无须底层复杂的符号处理。

目前，Keras 的底层引擎不仅支持 Theano，还支持 Google 的 TensorFlow，可以自由切换。以其简单易用的 API 形式，也可算是入门深度学习的一个极不错的工具。

Keras 在最初的一些版本中，有一个专门的 AutoEncoder 模型可以直接使用，后来在 1.0 的重构中去掉了，从而需要自已用 API 来实现，但也不算麻烦。

```
from keras.layers import Input, Dense
from keras.models import Model

in_dim = 784
enc_dim = 32
# 输入层
input_vec = Input(shape=(in_dim,))
# 编码层（输入→编码）
encoded = Dense(enc_dim, activation='relu')(input_vec)
# 解码层（编码→输出），输出维度与输入维度相同
decoded = Dense(in_dim, activation='sigmoid')(encoded)

# 编码器
encoder = Model(input=input_vec, output=encoded)

# 自动编码器
ae = Model(input=input_vec, output=decoded)
ae.compile(optimizer='adadelta', loss='binary_crossentropy')
```

```
# 拟合数据，输入数据与输出数据相同，都是 x_train
ae.fit(x_train, x_train,
       nb_epoch=100,
       batch_size=64,
       validation_split=0.1)

# 隐藏层学习到的特征（用于监督学习，分类与回归）
hidden_feature = encoder.predict(x_train)
# 重组后还原的数据（用于原始数据离散点挖掘）
output_reconstruct = ae.predict(x_train)
```

正如上面程序中的注释一样，自动编码器涉及的所有知识点在程序中都有体现了。

05 抗噪编码器

一般情况下，在进行特征工程的时候，我们会把相关的噪声数据清除掉，以免其影响模型的准确性。但有一种情况会专门加入噪声数据来训练模型，使得模型具有更强的泛化能力，也具有更强的抗噪能力。

抗噪自动编码器（Denoising AutoEncoder）就是一种情况。通过在原始数据中加入一定的噪声，但希望模型还是能够将数据尽可能还原成干净的数据。代码片段如下所示：

```
# 在原始数据中添加一些随机噪声
x_train_noise = add_some_random_noise(x_train)

# 拟合数据，输入数据带有噪声，输出数据为 x_train
ae.fit(x_train_noise, x_train,
       nb_epoch=100,
       batch_size=64,
       validation_split=0.1)
```

不同于把噪声数据清除的方式，在正常数据中加入噪声，就是强迫模型去学习数据中最本质、最重要的特征。在训练的时候加入噪声，那么在遇到噪声的时候，它的适应性更强。

在深度学习中，通常使用抗噪自动编码器来代替传统的编码器。

0x7 Spark，唯快不破

0x70 人生苦短，快用 Spark

天下武功，无坚不破，唯快不破。

如何让石头在水上漂浮起来，答案是速度。速度快到一定程度，石头自然能浮在水面上。《孙子兵法》曰：“激水之疾，至于漂石者，势也。”

Spark 现在已经是很多企业标准的大数据分析框架了，在 Hadoop 的强势之下，还能冲破固有思路，突出重围并打出一片自己的天下，确实有其独到之处。

> 人生苦短，快用 Python。
> 技术繁杂，快用 Spark。

很多人说，还没有搞清楚 Hadoop 呢，Spark 又出来了。

是世界变化太快了，还是自己进步太慢了？江山代有才人出，一代新人换旧人。

可是，有必要再多去了解 Spark 吗？

有别于传统的 Map-Reduce 计算模型，基于内存迭代的 Spark 计算框架，已经成为大数据计算框架新一代的事实标准。

Spark 有三个标签，一个是“全栈框架”，一个是“分布式”，另外一个是“内存计算”。全栈是其描述能力，能完成几乎所有的计算任务。分布式是其扩展能力和计算速度的强有力保证。内存计算是描述速度的，快，除了快，还是快。一款功能强、效率高的框架，能不去掌握吗？

因此，心动不如行动，技多不压身。既非风动，亦非幡动，仁者心动。

下面是本章的知识图谱：

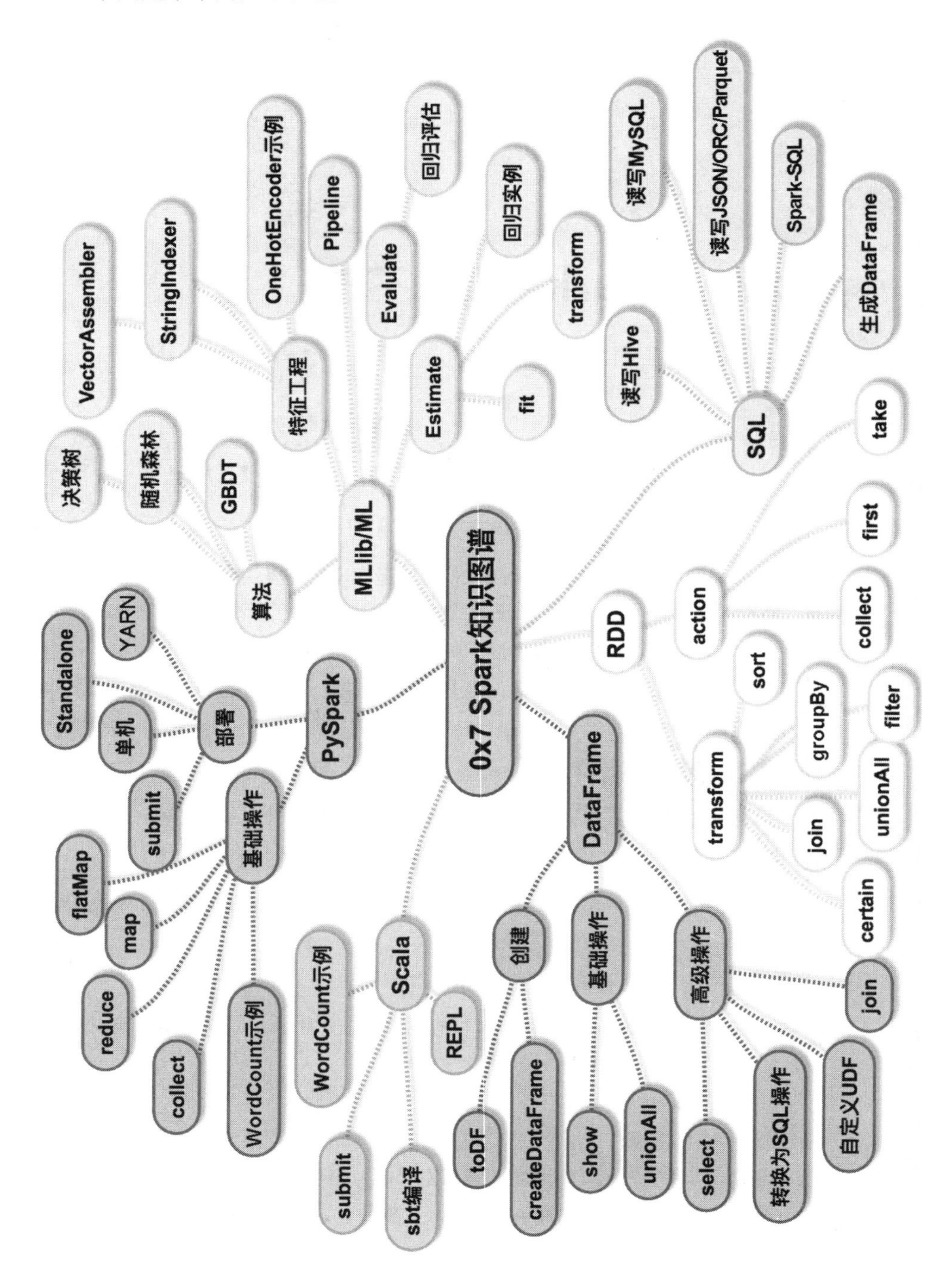

0x7 Spark知识图谱
PySpark
部署
Standalone
YARN
单机
submit
基础操作
flatMap
map
reduce
collect
WordCount示例
Scala
WordCount示例
REPL
submit
sbt编译
MLlib/ML
算法
决策树
随机森林
GBDT
特征工程
VectorAssembler
StringIndexer
OneHotEncoder示例
Pipeline
Evaluate
回归评估
Estimate
fit
transform
回归实例
SQL
读写Hive
读写MySQL
读写JSON/ORC/Parquet
Spark-SQL
生成DataFrame
RDD
action
take
first
collect
transform
sort
groupBy
filter
unionAll
join
certain
DataFrame
创建
toDF
createDataFrame
基础操作
show
unionAll
高级操作
select
转换为SQL操作
自定义UDF
join

0x71 PySpark 之门，强者联盟

01 全栈框架

Spark 由 AMPLab 实验室开发，其本质是基于内存的快速迭代框架，“迭代”是机器学习最大的特点，因此非常适合做机器学习。

框架由 Scala 语言开发，原生提供 4 种 API，Scala、Java、Python 以及最近版本开始支持的 R。Python 不是 Spark 的“亲儿子”，在支持上要略差一些，但基本上常用的接口都支持。得益于在数据科学中强大的表现，Python 语言的粉丝遍布天下，如今又遇上强大的分布式内存计算框架 Spark，两个领域的强者走到一起，自然能碰出更加强大的火花（Spark 可以翻译为火花），因此 PySpark 是本节的主角。

在 Hadoop 发行版中，CDH5 和 HDP2 都已经集成了 Spark，只是集成的版本比官方的版本要略低一些。当前最新的 HDP2.4 已经集成了 1.6.1（官方最新为 2.0），可以看出，Hortonworks 的更新速度非常快，紧跟上游的步伐。

除 Hadoop 的 Map-Reduce 计算框架之外，Spark 能异军突起，而且慢慢地建立自己的全栈生态，那还真得了解下 Spark 到底提供了哪些全栈的技术。Spark 目前主要提供了以下 6 大功能。

```
1. Spark Core: RDD 及其算子。
2. Spark-SQL: DataFrame 与 SQL。
3. Spark ML(MLlib): 机器学习框架。
4. Spark Streaming: 实时计算框架。
5. Spark GraphX: 图计算框架。
6. PySpark(SparkR): Spark 之上的 Python 与 R 框架。
```

从 RDD 的离线计算到 Streaming 的实时计算；从 DataFrame 及 SQL 的支持，到 MLlib 机器学习框架；从 GraphX 的图计算到对统计学家最爱的 R 的支持，可以看出 Spark 在构建自己的全栈数据生态。从当前学术界与工业界的反馈来看，Spark 也已经做到了。

02 环境搭建

是骡子是马，拉出来遛一遛就知道了。要尝试使用 Spark 是非常简单的事情，一台机器就可以做测试和开发了。

访问网站 http://spark.apache.org/downloads.html，下载预编译好的版本，解压即可以使用。选择最新的稳定版本，注意选择“Pre-built”开头的版本，比如当前最新版本是 1.6.1，通常下载 spark-1.6.1-bin-hadoop2.6.tgz 文件，文件名中带“-bin-”即是预编译好的版本，不需要另外安装 Scala 环境，也不需要编译，直接解压到某个目录即可。

假设解压到目录 /opt/spark，那么在 $HOME 目录的 .bashrc 文件中添加一个 PATH：

```
export SPARK_HOME="/opt/spark"
export PATH="${SPARK_HOME}/bin:$PATH"
```

记得 source 一下 .bashrc 文件，让环境变量生效：

```
source ~/.bashrc
# 或者
. ~/.bashrc
```

接着执行命令 pyspark 或者 spark-shell，如果看到了 Spark 那帅帅的文本 Logo 和相应的命令行提示符 >>>，则说明成功进入交互式界面，即配置成功。

pyspark 与 spark-shell 都能支持交互式测试，此时便可以进行测试了。相比于 Hadoop 来说，基本上是零配置即可以开始测试。

spark-shell 测试：

```
$ spark
scala> 1024 * 1024
res0: Int = 1048576
```

pyspark 测试：

```
$ pyspark
>>> 1024 * 1024
1048576
```

03 分布式部署

上面的环境测试成功，证明 Spark 的开发与测试环境已经配置好了。但是说好的分布式呢？我把别人的库都拖下来了，就是想尝试 Spark 的分布式环境，你就给我看这个啊？

上面说的是单机的环境部署，可用于开发与测试，只是 Spark 支持的部署方式的其中一种。这种是 local 方式，好处是用一台笔记本电脑就可以运行程序并在上面进行开发。虽然是单机，但有一个非常有用的特性，那就是可以实现多进程，比如 8 核的机器，只需要运行代码的时候指定 --master local[*]，就可以用 8 个进程的方式运行程序。* 代表使用全部 CPU 核心，也可以使用如 local[4]，意为只使用 4 个核心。

单机的 local 模式写的代码，只需要做少量的修改即可运行在分布式环境中。Spark 的分布式部署支持好几种方式，如下所示。

```
    Standalone：本身自带的集群（方便测试和 Spark 本身框架的推广）。
    Mesos：一个新的资源管理框架。
    YARN：Hadoop 上新生的资源与计算管理框架，可以理解为 Hadoop 的操作系统，
可以支持各种不同的计算框架。
    EC2：亚马逊的机器环境的部署。
```

从难易程度上来说，Standalone 分布式最简单，直接把解压好的包复制到各台机器上去，配置好 master 文件和 slave 文件，指示哪台机器做 master，哪些机器做 salve。然后在 master 机器上，通过自带的脚本启动集群即可。

从使用率上来说，应该是 YARN 被使用得最多，因为通常是直接使用发行版本中的 Spark 集成套件，CDH 和 HDP 中都已经把 Spark 和 YARN 集成了，不用特别关注。

分布式的优势在于多 CPU 与更大的内存，从 CPU 的角度再来看 Spark 的三种方式。

```
    本机单 CPU：“local”，数据文件在本机。
    本机多 CPU：“local[4]”，数据文件在本机。
    Standalone 集群多 CPU：“spark://master-ip:7077”，需要每台机器都能访
问数据文件。
    YARN 集群多 CPU：使用“yarn-client”提交，需要每台机器都能访问到数据文件。
```

交互式环境的部署也与上面的部署有关系，直接使用 spark-shell 或者 pyspark 是 local 的方式启动，如果需要启动单机多核或者集群模式，需要指定 --master 参数，如下所示。

```
# 单机多核
spark-shell --master local[8]
pyspark --master local[*]

# 集群
spark-shell --master yarn-client
pyspark --master yarn-client
```

如果使用 pyspark，并且习惯了 IPython 的交互式风格，还可以加上环境变量来启动 IPython 的交互式，或者使用 IPython 提供的 Notebook：

```
# 前提：机器已经安装 IPython
$ IPYTHON=1 pyspark

# 前提：IPython Notebook 能用
$ IPYTHON_OPTS="notebook --pylab inline" pyspark
```

IPython 风格如下所示：

```
In [1]: 1024 *1024
Out[1]: 1048576
```

04 示例分析

环境部署是新手最头痛的问题，前面环境已经部署好了，接下来才是正题。因为 Scala 较 Python 复杂得多，因此先学习使用 PySpark 来写程序。

Spark 有两个最基础的概念，sc 与 RDD。sc 是 SparkContext 的缩写，顾名思义，就是 Spark 上下文语境，sc 连接到集群并做相应的参数配置，后面所有的操作都在这个上下文语境中进行，是一切 Spark 的基础。在启动交互式界面的时候，注意有一句提示：

```
SparkContext available as sc, HiveContext available as sqlContext.
```

意思是，sc 这个变量代表了 SparkContext 上下文，可以直接使用，在启动交互式的时候，已经初始化好了。

如果是非交互式环境，需要在自己的代码中进行初始化：

```
# SparkContext，Spark 上下文环境
sc = SparkContext("local", "app-name")
```

RDD 是 Resilient Distributed Datasets（弹性分布式数据集）的缩写，是 Spark 中最主要的数据处理对象。生成 RDD 的方式有很多种，其中最主要的一种是通过读取文件来生成：

```
lines = sc.textFile("joy.txt")
```

读取 joy.txt 文件后，就是一个 RDD，此时的 RDD 的内容就是一个字符串，包含了文件的全部内容。

还记得前面使用 Python 来编写的 WordCount 代码吗？通过 Hadoop 的 Streaming 接口提到 Map-Reduce 计算框架上执行，那段代码可不太好理解，现在简单的版本来了。

WordCount 例子的代码如下所示：

```
from operator import add
from pyspark import SparkContext

# 分布式环境 spark-on-yarn 的配置
# sc = SparkContext("yarn-client", "wordjoy")
# lines = sc.textFile("hdfs://master-ip:8020/tmp/joy.txt")

sc = SparkContext("local[4]", "wordjoy")
lines = sc.textFile("joy.txt")

wc = lines.flatMap(lambda x: x.split(' ')
                  ).map(lambda x: (x, 1)
                  ).reduceByKey(add)

for (word, count) in wc.collect():
    print("%s: %i" % (word, count))
```

在上面的代码中，我个人喜欢用括号的闭合来进行分行，而不是在行尾加上续行符。

PySpark 中大量使用了匿名函数 lambda，因为通常都是非常简单的处理。核心代码解读如下。

```
1. flatMap：对 lines 数据中的每行先选择 map（映射）操作，即以空格分割成
   一系列单词形成一个列表。然后执行 flat（展开）操作，将多行的列表展开，形
   成一个大列表。此时的数据结构为：['one','two', 'three',...]。
2. map：对列表中的每个元素生成一个 key-value 对，其中 value 为 1。此时
   的数据结构为：[('one', 1), ('two', 1), ('three',1),...]，其中
   的 'one'、'two'、'three' 这样的 key，可能会出现重复。
3. reduceByKey：将上面列表中的元素按 key 相同的值进行累加，其数据结构为：
   [('one', 3), ('two', 8), ('three', 1), ...]，其中 'one', 'two',
   'three' 这样的 key 不会出现重复。
```

最后使用了 wc.collect() 函数，它告诉 Spark 需要取出所有 wc 中的数据，将取出的结果当成一个包含元组的列表来解析。

相比于用 Python 手动实现的版本，Spark 实现的方式不仅简单，而且很优雅。

05 两类算子

Spark 的基础上下文语境为 sc，基础的数据集为 RDD，剩下的就是对 RDD 所做的操作了。

对 RDD 所做的操作有 transform 与 action，也称为 RDD 的两个基本算子。

transform 是转换、变形的意思，即将 RDD 通过某种形式进行转换，得到另外一个 RDD，比如对列表中的数据使用 map 转换，变成另外一个列表。

当然，Spark 能在 Hadoop 的 Map-Reduce 模型中脱颖而出的一个重要因素就是其强大的算子。Spark 并没有强制将其限定为 Map 和 Reduce 模型，而是提供了更加强大的变换能力，使得其代码简洁而优雅。

下面列出了一些常用的 transform。

```
map(): 映射，类似于 Python 的 map 函数。
filter(): 过滤，类似于 Python 的 filter 函数。
reduceByKey(): 按 key 进行合并。
groupByKey(): 按 key 进行聚合。
```

RDD 一个非常重要的特性是惰性（Lazy）原则。在一个 RDD 上执行一个 transform 后，并不立即运行，而是遇到 action 的时候，才去一层层构建运行的

DAG 图，DAG 图也是 Spark 之所以快的原因。

action 通常是最后需要得出结果，一般为取出里面的数据，常用的 action 如下所示。

```
first()：返回 RDD 里面的第一个值。
take(n)：从 RDD 里面取出前 n 个值。
collect()：返回全部的 RDD 元素。
sum()：求和。
count()：求个数。
```

回到前面的 WordCount 例子，程序只有在遇到 wc.collect() 这个需要取全部数据的 action 时才执行前面 RDD 的各种 transform，通过构建执行依赖的 DAG 图，也保证了运行效率。

06 map 与 reduce

初始的数据为一个列表，列表里面的每一个元素为一个元组，元组包含三个元素，分别代表 id、name、age 字段。RDD 正是对这样的基础且又复杂的数据结构进行处理，因此可以使用 pprint 来打印结果，方便更好地理解数据结构，其代码如下：

```
%pyspark

from pprint import pprint

base = sc.parallelize([(1, 'joy', 25), (2, 'renewjoy', 23), (3,
'joy', 27),  (4, 'yunjie-talk', 30)], 2)
print(type(base))
print('list:', base.collect())

# 使用 map，对年龄字段增加 3
m = base.map(lambda v: (v[0], v[1], v[2]+3))
print(type(m))
print('age +3:', m.collect())

# 计算总的年龄之和
r = base.map(lambda v: v[2]).reduce(lambda x, y: x+y)
```

```
print(type(r))
print('sum age:', r)
```

parallelize 这个算子将一个 Python 的数据结构序列化成一个 RDD，其接受一个列表参数，还支持在序列化的时候将数据分成几个分区（partition）。分区是 Spark 运行时的最小粒度结构，多个分区会在集群中进行分布式并行计算。

使用 Python 的 type 方法打印数据类型，可知 base 为一个 RDD。在此 RDD 之上，使用了一个 map 算子，将 age 增加 3 岁，其他值保持不变。map 是一个高阶函数，其接受一个函数作为参数，将函数应用于每一个元素之上，返回应用函数用后的新元素。此处使用了匿名函数 lambda，其本身接受一个参数 v，将 age 字段 v[2] 增加 3，其他字段原样返回。从结果来看，返回一个 PipelineRDD，其继承自 RDD，可以简单理解成是一个新的 RDD 结构。

要打印 RDD 的结构，必须用一个 action 算子来触发一个作业，此处使用了 collect 来获取其全部的数据。

接下来的操作，先使用 map 取出数据中的 age 字段 v[2]，接着使用一个 reduce 算子来计算所有的年龄之和。reduce 的参数依然为一个函数，此函数必须接受两个参数，分别去迭代 RDD 中的元素，从而聚合出结果。效果与 Python 中的 reduce 相同，最后只返回一个元素，此处使用 x+y 计算其 age 之和，因此返回为一个数值，执行结果如下图所示。

```
<class 'pyspark.rdd.RDD'>
list: [(1, 'joy', 25), (2, 'renewjoy', 23), (3, 'joy', 27), (4, 'yunjie-talk', 30)]
<class 'pyspark.rdd.PipelinedRDD'>
age +3: [(1, 'joy', 28), (2, 'renewjoy', 26), (3, 'joy', 30), (4, 'yunjie-talk', 33)]
<class 'int'>
sum age: 105
```

07 AMPLab 的野心

AMPLab 除了最著名的 Spark 外，他们还希望基于内存构建一套完整的数据分析生态系统，可以参考 https://amplab.cs.berkeley.edu/software/ 上的介绍。

他们的目的就是 BDAS（Berkeley Data Analytics Stack），基于内存的全栈大数据分析。前面介绍过的 Mesos 是集群资源管理器。还有 Tachyon，是基于内存的分布式文件系统，类似于 Hadoop 的 HDFS 文件系统，而 Spark Streaming 则类似于 Storm 实时计算。

强大的全栈式 Spark，撑起了大数据的半壁江山。

0x72 RDD 算子，计算之魂

01 算子之道

前面已经有过相关的介绍，Spark 作为强大的计算框架，其核心是 RDD，即弹性分布式数据集，在其弹性的思想中，最主要的就是其提供了灵活的操作算子。对比 Hadoop 只提供了 map 与 reduce 这两个抽象，Spark 的 RDD 在实际的使用中显得更加灵活。

灵活就会意味着初学时会难以掌握，可一旦掌握，就会得心应手。

RDD 的两类算子，transform 与 action，也是几乎所有计算思想的高级抽象。数据计算，无非是不断地对数据进行变换以及计算最后的结果。变换操作，无论是简单的映射（map），还是进行复杂的 join 或者 groupBy 操作，都只是在原有数据的基础上进行了一定的变形操作。而计算最后的结果，通常只是将数据汇总（reduce）或者直接取其结果（take）而已。

在使用这两类算子时，要非常清楚每个算子的返回值类型，返回值的类型也用于区分 transform 与 action。transform 是一种变形算子，输入一个 RDD，输出还是一个 RDD，只是数据结构变了。而 action 会计算出一个值对象，或者返回一个列表，如 collect、take 操作，或者是返回一个数值，如 reduce、mean 等。由于 Spark 的 Lazy 执行策略，变形只会记录其操作，并不真正执行，只有执行 action 的时候，才真正提交一个作业来计算。

除了返回值，还要注意算子作用的对象，是作用于纯数值类型的序列，还是作用于通用的序列。是只作用于一个 RDD 之上，还是需要另外一个 RDD 作为其参数。如 mean 与 min 这种算子，只能作用于纯数值类型的序列。而 map 与 filter 等这类算子，是可以作用于通用序列之上的。groupBy 是作用于一个 RDD 之上的聚合操作，而 join 与 zip 这样的算子，却是对两个 RDD 进行关联操作。

牢记这些基础的区别点，再去阅读相应的 API 文档，就会发现其实 RDD 的操作虽然灵活，但其核心思想不复杂。如果有 Scala 语言的基础，会发现这些算子基本上是 Scala 语言的组成部分，只是放到 Spark 的分布式环境中而已。

假设读者并不具有 Scala 的基础，因此使用 PySpark 为例来说明。辅助了强大的基于 Web 的交互 Zeppelin 来作为演示环境，只需要在第一行的解析器处添加 %pyspark 即可。

下面介绍一些实际工作中比较有用的算子。

02 获取数据

前面已经使用 collect 取出所有的数据，还有其他一些方法用于取出其中的一部分数据。此处所有取数据的操作都会触发一个作业，因此都是 action 操作。其返回结果不再是 RDD，而要么是一个元素，要么是一个列表。

```
%pyspark

print('all:', base.collect())    # 取所有数据

print('first:', base.first())     # 取一条

print('take two:', base.take(2))      # 取几个

print('age top3 item: ', base.takeOrdered(3, lambda v: -v[2]))

nums = sc.parallelize(range(1, 8))

print('sample1:', nums.takeSample(True, 5))
print('sample2:', nums.takeSample(False, 5))

print('top3 ages:', base.map(lambda v:v[2]).top(3))

f1 = base.map(lambda v: (v[0], (v[1], v[2]))).lookup(2)
print('serch by key: ', f1)
```

执行的结果如下图所示。

```
all: [(1, 'joy', 25), (2, 'renewjoy', 23), (3, 'joy', 27), (4, 'yunjie-talk', 30)]
first: (1, 'joy', 25)
take two: [(1, 'joy', 25), (2, 'renewjoy', 23)]
age top3 item:  [(4, 'yunjie-talk', 30), (3, 'joy', 27), (1, 'joy', 25)]
sample1: [6, 4, 2, 5, 4]
sample2: [6, 1, 4, 5, 7]
top3 ages: [30, 27, 25]
serch by key:  [('renewjoy', 23)]
```

只固定取几个数据，使用一个带参数的 take 算子。按某个字段排序后再取前 *n* 个数据，使用 takeOrdered 算子。除了数据个数外，还支持一个排序函数作为参数，如图中对 age 进行逆序排序，使用 lambda v: -v[2] 函数，年龄大的会排在前面。

如果是纯数值序列，也可以直接使用 top 来取出最大的序列。

除了顺序取数据外，还可以用 takeSample 进行抽样取数据，第一个参数为是否使用放回抽样，放回抽样的结果可能会重复，如上图中 sample1 的结果，数字 4 被抽中了两次。

如果需要按 key 查找某个元素，可以使用 lookup。

03 过滤与排序

sortBy 与 sortByKey 都可以对元素进行排序，sortBy 需要指定一个排序函数，而 sortByKey 直接根据 (key,value) 中的 key 进行排序。

其代码如下所示：

```
%pyspark

srt = base.sortBy(lambda v: v[2], False)
print('sort by id:', srt.collect())

# 必须要 (key,value) 对
srt2 = base.map(lambda v: (v[1], (v[0], v[2]))).sortByKey()
print('sort by name:', srt2.collect())

f2 = base.filter(lambda v: v[2] > 26)
print('filter age>26:', f2.collect())
```

执行结果如下所示。

```
sort by id: [(4, 'yunjie-talk', 30), (3, 'joy', 27), (1, 'joy', 25), (2, 'renewjoy', 23)]
sort by name: [('joy', (1, 25)), ('joy', (3, 27)), ('renewjoy', (2, 23)), ('yunjie-talk', (4, 30))]
filter age>26: [(3, 'joy', 27), (4, 'yunjie-talk', 30)]
```

filter 是常用的数据过滤方法，过滤后依然是一个 RDD，只是其元素可能会比原来的少，其参数为一个返回 Boolean 值的函数。

04 聚合数据

groupByKey 是一个相对复杂的算子，但其思想依然是 SQL 中的 groupBy 思想，即对 key 进行聚合。复杂之处在于聚合后的数据组，其结构为 pyspark.resultiterable.ResultIterable，是一个可迭代的结构，要获取其结果或者在此结果上进行更多的处理，需要配合 mapValues 来使用。mapValues 和 map 几乎一样，只是在 (key,value) 对中，只将 value 作为参数传入。

代码如下所示：

```
%pyspark

def sum_of_age(it):
    id = list()
    sage = 0
    for i in it:
        id.append(i[0])
        sage += i[1]
    return (id, sage)

gpd = base.map(lambda v: (v[1], (v[0], v[2]))).groupByKey()
pprint(gpd.collect())

lst = gpd.mapValues(list)
pprint(lst.collect())

gpd = base.map(lambda v: (v[1], (v[0], v[2]))
        ).groupByKey(
        ).mapValues(lambda l: sum_of_age(l)
        )
```

```
print('sum_of_age: ', gpd.collect())
```

执行结果如下图所示。

```
[('joy', <pyspark.resultiterable.ResultIterable object at 0x7fd351361d68>),
 ('yunjie-talk',
  <pyspark.resultiterable.ResultIterable object at 0x7fd351361908>),
 ('renewjoy', <pyspark.resultiterable.ResultIterable object at 0x7fd351361e48>)]
[('joy', [(3, 27), (1, 25)]),
 ('yunjie-talk', [(4, 30)]),
 ('renewjoy', [(2, 23)])]
sum_of_age:  [('joy', ([1, 3], 52)), ('yunjie-talk', ([4], 30)), ('renewjoy', ([2], 23))]
```

如上图所示，使用 list 作为参数，可以将结果转换为一个 list，其中的元素为所有非 key 的值组成的元组。

要想自定义处理 group 的结果，可以另外写一个函数，如上图所示，sum_of_age 将结果中的 age 进行相加，将 id 形成一个列表返回。从结果可知，只有 key 为 joy 的组有两个及以上的元素，因此其 id 列表为 [1,3]，其年龄相加为 52。

05 join 连接

join 功能与 MySQL 中的 join 完全相同，也支持 4 种 join，分别是内连接（inner join）、左外连接（left outer join）、右外连接（right outer join）和全连接（full outer join）。与 SQL 中唯一的一点区别就是，此处是自动使用 key 作为连接的条件。

代码如下所示：

```
%pyspark

info = sc.parallelize([(1, 'Buddhist'), (2, 'Linuxer'),
(3, 'Pythoner'), (5, 'Writer')])
print('base:', base.collect())
print('info:', info.collect())

ijoin = base.join(info)
print('inner join:', ijoin.collect())

ljoin = base.leftOuterJoin(info)
l_add = ljoin.subtract(ijoin)
print('left add:', l_add.collect())
```

```
rjoin = base.rightOuterJoin(info)
r_add = rjoin.subtract(ijoin)
print('right add:', r_add.collect())

fjoin = base.fullOuterJoin(info)
f_add = fjoin.subtract(ijoin)
print('full  add:', f_add.collect())
```

执行结果如下图所示。

```
base: [(1, 'joy', 25), (2, 'renewjoy', 23), (3, 'joy', 27), (4, 'yunjie-talk', 30)]
info: [(1, 'Buddhist'), (2, 'Linuxer'), (3, 'Pythoner'), (5, 'Writer')]
inner join: [(1, ('joy', 'Buddhist')), (2, ('renewjoy', 'Linuxer')), (3, ('joy', 'Pythoner'))]
left add: [(4, ('yunjie-talk', None))]
right add: [(5, (None, 'Writer'))]
full  add: [(4, ('yunjie-talk', None)), (5, (None, 'Writer'))]
```

图中获取内连接的结果，然后分别将左连接、右连接、全连接的结果与内连接的结果进行 subtract（相减），从结果可以看出其差别，与 SQL 中的差别完全一样。

06 union 与 zip

subtract，是将元素完全相同的减去。还有另外一个 subtractByKey，只要 key 相同的元素都需要减去。

代码如下所示：

```
%pyspark

sb = base.subtractByKey(info)
print('subtract:', sb.take(3))

un = base.union(info)
print('union1:', un.take(3))

zp = base.zip(info)
print('zip: ', zp.take(2))
print('zip with index', base.zipWithIndex().take(2))

ct = base.cartesian(info)
print('cartesian: ', ct.take(2))
```

执行结果如下图所示。

```
subtract: [(4, 'yunjie-talk')]
union1: [(1, 'joy', 25), (2, 'renewjoy', 23), (3, 'joy', 27)]
zip:  [((1, 'joy', 25), (1, 'Buddhist')), ((2, 'renewjoy', 23), (2, 'Linuxer'))]
zip with index [((1, 'joy', 25), 0), ((2, 'renewjoy', 23), 1)]
cartesian:  [((1, 'joy', 25), (1, 'Buddhist')), ((1, 'joy', 25), (2, 'Linuxer'))]
```

与 SQL 中类似的还有一个 union，将两个结果进行合并，但与 SQL 中的不同之处在于，此处并不要求元素具有相同的字段数目。

zip 也是函数式编程语言中常用的功能，用于将两个列表按元素的顺序进行两两配对。zip 操作，顾名思义，类似于衣服的拉链一样，其结果的长度和最短的列表长度相同，长列表中多余的元素会被舍弃。

如果需要给列表加一个从 0 开始的索引，可以将列表与 range(len(lst)) 进行 zip 操作。该功能很常用，故还可以直接使用 zipWithIndex。

要计算两个列表的笛卡儿积，可以直接使用 certesian 算子。笛卡儿积和 SQL 中两个表不加 on 条件进行 join 的效果一样。因其结果集非常庞大，在使用过程中请确保这确实是你的需求。

07 读写文件

读取 txt 或者 CSV 文件是非常常用的功能，Spark 中使用 textFile 读取 HDFS 中的文件或者本地文件。如果在分布式环境中读取本地文件，需要确保每台机器能访问此文件。单机环境下如果需要读取本地文件，可以使用 file:// 强制指定 Spark 读本地文件而非 HDFS 中的文件。

textFile 支持文件名通配符，也支持 gzip 压缩文件，这两个功能都比较实用。如下图所示，通过 hdfs 命令查看通配符 tmp*.*，有三个文件，其中的 tmp_2.csv.gz 为 gzip 压缩文件。使用 cat 或者 zcat 显示了三个文件的内容。

```
%sh

hdfs dfs -ls /tmp/tmp*.*
echo -e '\t 文件1 tmp.csv file'
hdfs dfs -cat /tmp/tmp.csv
echo -e '\t 文件2 gzip file'
hdfs dfs -cat /tmp/tmp_2.csv.gz | zcat
echo -e '\t 文件3 tmp_1.csv'
hdfs dfs -cat /tmp/tmp_1.csv

-rw-r--r--   3 dmply hdfs         23 2016-08-01 17:26 /tmp/tmp.csv
-rw-r--r--   3 dmply hdfs         24 2016-08-01 17:26 /tmp/tmp_1.csv
-rw-r--r--   3 dmply hdfs         61 2016-08-01 17:26 /tmp/tmp_2.csv.gz
         文件1 tmp.csv file
1,joy,23
2,renewjoy,30
         文件2 gzip file
5,another-joy,45
6,yunjie-yun,29
         文件3 tmp_1.csv
3,yunjie,25
4,newjoy,35
Took 15 seconds
```

接下来，使用 textFile('/tmp/tmp*.*') 将这三个文件全部加载进来，通过输出 RDD 的内容可以看到，三个文件共 6 条数据都被加载进来了，如下图所示。

```
文件操作
%pyspark

data = sc.textFile('/tmp/tmp*.*')

print('partitions num:', data.getNumPartitions())
print('all content:', data.collect())

partitions num: 3
all content: ['1,joy,23', '2,renewjoy,30', '3,yunjie,25', '4,newjoy,35', '5,another-joy,45', '6,yunjie-yun,29']
Took 1 seconds
```

另外有一个需要注意的地方是，虽然是一次性把三个文件加载到一个 RDD 中，但 Spark 会默认将其分成三个分区，通过 getNumPartitions 可以查看 RDD 的分区数目。

在获取结果的时候，使用 collect 的方式虽然可以获取数据，但因为 collect 需要将结果数据全部拉回到 Driver 机器，如果结果集太大，需要占用大量的 Driver 机器内存，可能会导致 OOM 发生。

因此，将大结果集保存到 HDFS 文件是更明智的选择。保存到 HDFS 中，常使用 saveAsTextFile 算子，如下图所示。

写入目录

```
%pyspark

data = data.map(lambda v: v.split(',')).filter(lambda v: v[1].find('yun')!=-1)
print('yun item:', data.collect())

data = data.map(lambda v: ','.join(v))
data.saveAsTextFile('/tmp/yun')

yun item: [['3', 'yunjie', '25'], ['6', 'yunjie-yun', '29']]
Took 1 seconds
```

文件中只能写入字符串，所以必须先将元素转换为字符串才能保存。需要注意的是，保存时指定的是目录名，而不是文件名，这点和在 Hive 中导出数据时是指定目录一样。Spark 会自动根据数据集的分区情况，在目录下生成以 part- 开头的文件。如下图所示。

```
%sh

# hdfs dfs -rm -r /tmp/yun
hdfs dfs -ls /tmp/yun
hdfs dfs -cat /tmp/yun/part*

Found 4 items
-rw-r--r--   3 zeppelin hdfs          0 2016-08-01 21:52 /tmp/yun/_SUCCESS
-rw-r--r--   3 zeppelin hdfs          0 2016-08-01 21:52 /tmp/yun/part-00000
-rw-r--r--   3 zeppelin hdfs         12 2016-08-01 21:52 /tmp/yun/part-00001
-rw-r--r--   3 zeppelin hdfs         16 2016-08-01 21:52 /tmp/yun/part-00002
3,yunjie,25
6,yunjie-yun,29
Took 5 seconds
```

因数据集有三个分区，结果生成了三个文件，只是其中一个分区在使用 filter 之后，没有数据了。通过查看所有文件内容后，确实成功写入了 2 条过滤后的数据。

08 结语

Spark 中的 RDD 固然强大灵活，但实质上还是对数据的变形和取结果。核心思想不复杂，而这也正是 SQL 处理数据的基本思路，因此在使用 RDD 的算子时，结合 SQL 的思想来理解，没有太大的难度。

上面只是列出了一些比较常用的操作，还有一些更复杂的算子，可在具体的应用场景下，请再去阅读 Spark 的 API 接口。相信有了上面这些基础的理解后，再阅读其他 API，不会有太大的问题。

0x73 分布式 SQL，蝶恋飞舞

01 SQL 工具

Spark 从 1.0 开始增加了两个重要内容：一个是 SQL，一个是 DataFrame。SQL 是一个强有力的工具，而 DataFrame 是一个强大的数据结构。

Spark-SQL 是官方的解决方案，在此之前，有第三方的解决方案叫 Shark，主要是为了更好地兼容 Hive 的查询。众所周知，在大数据仓库领域，Hive 的占用率是最高的，因为提供了对传统 SQL 的支持，也是最被分析人员接受的工具。Spark 也正是看到了这样的趋势，才推出了自己的 SQL 解决方案。

而 DataFrame 本身是一个二维表格的结构化数据，因为 SQL 就是对二维表格的操作，所以推出 DataFrame 也是为了更好地实现 SQL 的功能。同时，DataFrame 也是 R 和 Pandas 中最基本的数据结构，用户也已经习惯于这样的数据结构了。

SQL 和 DataFrame 是作为一个整体出现在 Spark 中的，但为了问题的简化，先来说说 SQL 工具。

02 命令行 CLI

SQL 工具的命令行接口为 spark-sql，类似于 Hive 中的命令行，这是一个可以读取 Hive 元数据的工具，支持对 Hive 的表数据的读取和存储，并能执行大部分的 Hive 语句，除此之外，命令行接口目前没有别的用途。

在实际使用过程中，一般可以通过 Zeppelin 界面来进行，只需要在第一行写上解释器 %sql 即可，如下图所示，显示全部的表名。

执行常用的查询操作，如下图所示。

另外，在日常使用中，因为Spark缓存的原因，在Hive表结构更新后，可能会因读取不到最新的Hive表元数据而报错。通常会发生在Hive表被删除并新建后，此时需要刷新Hive元数据信息，使用如下命令：

```
refresh table my_table;
```

03 读 Hive 数据

直接使用命令行接口进行常规查询很方便，但面对需要做复杂处理的数据，更多的是使用其API接口。

Spark提供了一个HiveContext的上下文，HiveContext继承于SQLContext，专门用于读取Hive中的数据。

从Hive中读取出来的数据，其结构默认为DataFrame，因此，一旦通过SQL将数据读取到Spark上下文，后续的操作便是对DataFrame的操作了。

在Python的API接口中，直接使用如下图所示的方式。

注意，因为在Zeppelin的交互环境中，系统已经自动生成了一个SparkContext上下文环境sc，不能再次生成，否则会报错。

Spark-SQL支持的语法和Hive差不多，只是少一些。另外，不只可以读取Hive表中的数据，还可以将数据写入Hive表中。

```
%pyspark

# sc = SparkContext()
sqlc = HiveContext(sc)

sqlc.sql("use default")
results = sqlc.sql("select count(1) cnt FROM desc_stat")
print(type(results), results.collect())

sqlc.sql("""select fruit, count(1) cnt from desc_stat
            group by fruit
         """).show()

<class 'pyspark.sql.dataframe.DataFrame'> [Row(cnt=6)]
+------+---+
| fruit|cnt|
+------+---+
|banana|  3|
|orange|  1|
| apple|  2|
+------+---+
```

04 将结果写入 Hive

将 DataFrame 写入 Hive 表时会自动创建表结构，如果 DataFrame 的每列都有名字，则建立的表的列名为 DataFrame 的列名，否则，会以 c_0、c_1 这样的列名建立表，如下图所示。

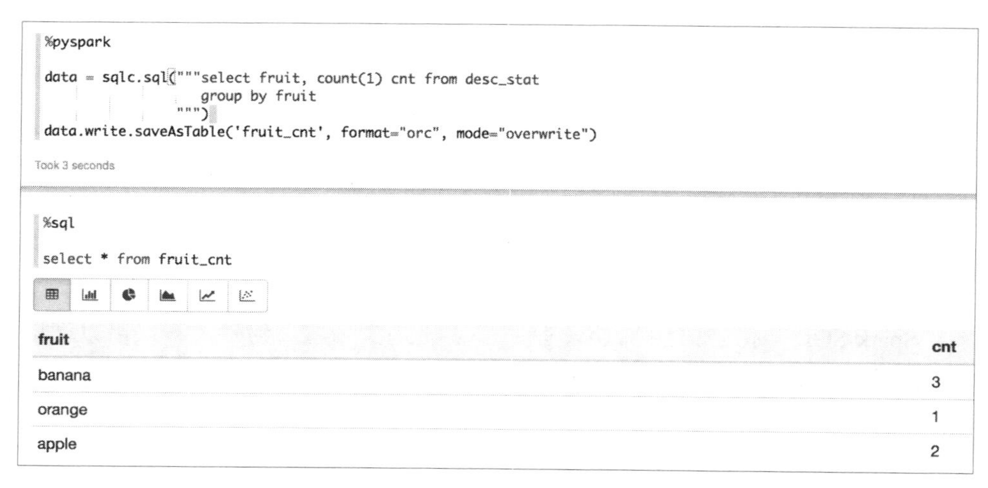

其中，data 是通过查询语句得来的一个 DataFrame，其列名为 fruit 与 cnt，使

用 data.write.saveAsTable 保存成 Hive 的表 fruit_cnt，在保存的时候，还支持指定另外两个参数，如下所示。

```
format: 指定保存的数据格式，支持 textfile、Parquet 和 ORC 格式。
mode: 指定模式，支持 append（追加）、overwrite（覆盖）、error（表存在则报错）
和 ignore（表存在则忽略），默认为 error。
```

将数据保存好后，使用查询语句进行查看，发现数据确实保存成功了。

05 读写 MySQL 数据

除了将 Hive 表作为数据源读取外，SQL 还支持读取 MySQL 和 PostgreSQL 数据库中的数据。对关系数据库的读取，是通过 JDBC 实现的。

在一些分析任务中，通常需要读取一些不太大的 MySQL 数据表，此时 Spark 提供了一种新的实现，直接将 MySQL 表中的数据读取到内存，并转化为 DataFrame 数据结构。

读取 MySQL 表中的数据，并转化为 DataFrame 对象的代码如下所示：

```
# read_mysql.py
# sc = SparkContext()
sqlc = SQLContext(sc)

df = sqlc.read.format('jdbc').options(
    driver="com.mysql.jdbc.Driver",
    url='jdbc:mysql://1.2.3.4/db_name?user=user_name&password=
passwd', dbtable='tab_name'
).load()
df.show()
```

上面的 url 中设置了 4 个参数，ip 地址为 1.2.3.4，数据库名 db_name，用户名为 user_name，密码为 passwd，而表名通过 tab_name 指定，这 5 个参数在实际使用时根据对应的环境进行修改。

因为 Spark 默认没有加载 MySQL 的驱动，需要在命令行执行 spark-submit 提交任务的时候将 MySQL 的驱动 jar 包作为参数进行添加：

```
# 添加 --jars 参数
$ spark-submit --jars "/usr/share/java/mysql-connector-java.
```

```
jar" read_mysql.py
```

将 MySQL 数据加载到 Spark 内存中，其数据表便是一个 Dataframe 结构，后续的所有分析都可以轻松进行了。

除了读取数据，也可以直接将结果写入 MySQL 数据表中，参数语法为：

```
    df.write.options(
        driver="com.mysql.jdbc.Driver"
    ).jdbc(url='jdbc:mysql://1.2.3.4/db_name?user=user_
name&password=passwd',
         table="tab_name",
         mode="overwrite"
         )
```

此处需要注意，如果前面已经通过 sqlc.read 的方式读取过数据，则在写数据到 MySQL 的时候可以不加 options 带上 driver 的参数。否则，需要带上 driver 参数。

06 读写三种文件

前面已经展示了使用 SQL 工具读取 Hive 表数据与 MySQL 表数据，如果数据存放在一些特殊格式的文件中，如 JSON、ORC 或者 Parquet 等，Spark-SQL 工具也能轻松应对。

JSON 是一种应用广泛的数据结构，而 ORC 与 Parquet 这两种格式更是在大数据环境中非常推荐的文件存储格式，不论是文件压缩率还是处理速度，都大大强于 textFile 格式。

相对于 textFile 格式来说，ORC 与 parquet 都是对数据进行分段保存。而在查询的时候，可以根据对应的条件，直接跳过一些不可能包含数据的段，从而加快查询。而且，这两种格式都是列式存储格式，Spark-SQL 会只查询涉及的列，从而忽略其他列的数据。

虽然 JSON 格式可以很容易用工具生成，但 Parquet 与 ORC 文件格式都是专门针对 Hive 等大数据工具的专有数据格式，是普通工具不可读取的二进制格式。为了生成这样的数据格式，可以先将 DataFrame 数据保存成这样的格式，再进行读取，保存的操作如下图所示。

```
%pyspark

data.write.json('/tmp/data.json.d', mode="overwrite")
data.write.parquet('/tmp/data.parquet.d', mode="overwrite")
data.write.orc('/tmp/data.orc.d', mode="overwrite")

data.write.format("json").mode("overwrite").save('/tmp/data.json.d')
data.write.format("orc").mode("overwrite").save('/tmp/data.orc.d')
data.write.format("parquet").mode("overwrite").save('/tmp/data.parquet.d')

Took 14 seconds
```

```
%sh

hdfs dfs -ls -d /tmp/data.*
hdfs dfs -cat /tmp/data.json.d/part-*

drwxr-xr-x   - zeppelin hdfs          0 2016-08-06 16:40 /tmp/data.json.d
drwxr-xr-x   - zeppelin hdfs          0 2016-08-06 16:40 /tmp/data.orc.d
drwxr-xr-x   - zeppelin hdfs          0 2016-08-06 16:40 /tmp/data.parquet.d
{"fruit":"banana","cnt":3}
{"fruit":"orange","cnt":1}
{"fruit":"apple","cnt":2}
```

DataFrame 的 write 对象可以直接调用相应的方法（json、parquet、orc）来将数据保存成对象的格式，在参数中可指定保存的模式。也可以先指定文件的格式，再指定保存的模式，最后使用 save 方法来保存，两种效果完全一样。

注意，保存时指定的是目录名，而非文件名。为了不混淆，特意在路径名后面加了 .d 以表示其是一个目录而非文件。从下面的 hdfs 命令中，也专门使用了一个 ls -d 参数来显示目录名。

JSON 格式是文本格式，可以直接使用 HDFS 的 cat 命令查看内容。

类似于 DataFrame 的 write 对象进行保存文件的操作，也可以使用 read 对象读取文件，如下图所示。

```
%pyspark

d1 = sqlc.read.json('/tmp/data.json.d')
d1_1 = sqlc.read.format('json').load('/tmp/data.json.d')

d2 = sqlc.read.orc('/tmp/data.orc.d')
d2_1 = sqlc.read.format('orc').load('/tmp/data.orc.d')

d3 = sqlc.read.parquet('/tmp/data.parquet.d')
d3_1 = sqlc.read.format('parquet').load('/tmp/data.parquet.d')

print(type(d1), type(d1_1))
print(type(d2), type(d2_1))
print(type(d3), type(d3_1))
```

```
<class 'pyspark.sql.dataframe.DataFrame'> <class 'pyspark.sql.dataframe.DataFrame'>
<class 'pyspark.sql.dataframe.DataFrame'> <class 'pyspark.sql.dataframe.DataFrame'>
<class 'pyspark.sql.dataframe.DataFrame'> <class 'pyspark.sql.dataframe.DataFrame'>
```

本节只是演示了 SQL 这个强大的工具，可以读取各种不同数据源中的数据，读取到的数据，其结构为 DataFrame。读取数据后，分析处理才是最重要的，而且，SQL 与 DataFrame 本来就是一起在 Spark 中出现的，因此请继续关注接下来的 DataFrame 的操作。

0x74 DataFrame，三角之恋

01 DataFrame

Spark 核心的数据结构是 RDD，所有的算子都是作用于 RDD 之上的。RDD 将数据分区（partition），从而进行分布式执行，任何作用于 RDD 上的操作都将被分布式地执行。因此，只要是能分解的任务，都能很容易地使用 RDD 来实现分布式。

Spark 从提供 SQL 工具和 DataFrame 结构开始，其重心已经从 RDD 转变为 DataFrame 了。一朝天子一朝臣，只是天下未变，Spark 心却已变。昔日的原配 RDD，如今已是黄脸婆，Spark 移情于 DataFrame，这风向变了，做数据的自然得顺势而变。因此，弄明白 DataFrame 数据结构，在未来研究 Spark 时才会更加游刃有余。

SQL 工具与 Dataframe 都支持 Python 的 API 接口，而且对于熟悉 Python 中著名的 Pandas 的用户来说，使用 Spark 的 DataFrame，总有种似曾相识的感觉，其中有大量 Pandas 的影子。

在增加 SQL 和 DataFrame 之后，同时涉及以下几个概念。

```
RDD：弹性数据集
SQL：执行 SQL 查询
DataFrame：二维数据结构
Table：二维数据表
```

必须要弄清楚它们之间的关系与区别，以便更好地使用它们。

其中，RDD 是 Spark 中最基础的数据结构，可以执行 transform 和 action。SQL 是一种查询工具，可以读取 Hive 或者 MySQL 的表结构和数据，并使用 Spark 的分布式引擎来执行各种 SQL 语句。SQL 执行的结果通常会生成一个 DataFrame 结构，DataFrame 是和 RDD 并行存在的一种数据结构。

DataFrame 有自己的操作方法，可以将 DataFrame 转换为 RDD，也可以将此 DataFrame 注册成为一个临时表，然后在这个临时表上执行 SQL 查询操作。

02 生成数据框

除了上一节“分布式 SQL，蝶恋飞舞”中介绍的，通过 Spark-SQL 工具读取 Hive 表、MySQL 表或者三种文件生成的 DataFrame 外，还有两种方法可生成数据框。

使用 toDF() 方法，可以将 RDD 转换为 DataFrame，使用方法如下所示：

```
%pyspark

from pyspark.sql import Row

col = Row("id", "fruit", "condit", "price", "sale")
data = sc.textFile('/tmp/desc_stat.csv')
data = data.map(lambda v: v.split(',')
    ).map(lambda v: col(int(v[0]), v[1], v[2], float(v[3]), float(v[4]))
    ).map(lambda v: (v.id, v.fruit, v['price'])
    )

df = data.toDF()
#df = data.toDF(["id", "fruit2","price"])
print(type(data), type(df))
df.show(3)
```

如果 RDD 中的元素已经使用 Row() 方法转换为了 DataFrame 和行对象（pyspark.sql.Row），在使用 toDF() 的时候，可以不加参数，最后生成的 DataFrame 的列名就是 Row 的列名。当然，toDF() 方法也接受一个列表作为每列的列名。如果都没有使用列名，最后生成的 DataFrame 会默认使用 _1、_2、_3 这样的列名。

上面执行的结果，如下图所示。

```
<class 'pyspark.rdd.PipelinedRDD'> <class 'pyspark.sql.dataframe.DataFrame'>
+---+------+---+
| _1|    _2| _3|
+---+------+---+
|  1| apple|1.5|
|  2| apple|0.8|
|  3|orange|2.3|
+---+------+---+
only showing top 3 rows
```

使用 Row() 方法将 RDD 的元素转换为 DataFrame 的行结构还有另外一个好处，就是可以在后面引用每个列数据的时候，直接按字典的方式来取数据，如使用 v.id 或者 v["id"] 来获取第一列数据。

另外，类似于 Pandas 中生成 DataFrame 的用法，在 Spark 中，也可以直接通过 createDataFrame 方法，将列表、元组或者 Row 对象的数据，生成一个 DataFrame 结构。createDataFrame 参数甚至可以是一个 Pandas 的 DataFrame。

生成 DataFrame 的示例如下所示：

```
%pyspark

from pyspark.sql import SQLContext, Row

sqlc = SQLContext(sc)

# 列表
l1 = [(1, "Linux", 100), (2, "Spark", 120)]
df1 = sqlc.createDataFrame(l1, ["id", "language", "score"])
print(type(df1))
df1.show()

# Row 对象
l2 = [Row(id=3, name="Scala", score=200), Row(id=4, name=
"Python", score=80)]
df2 = sqlc.createDataFrame(l2)
print(type(df2))
df2.show()
```

其结果如下图所示。

```
<class 'pyspark.sql.dataframe.DataFrame'>
+---+--------+-----+
| id|language|score|
+---+--------+-----+
|  1|   Linux|  100|
|  2|   Spark|  120|
+---+--------+-----+
<class 'pyspark.sql.dataframe.DataFrame'>
+---+------+-----+
| id|  name|score|
+---+------+-----+
|  3| Scala|  200|
|  4|Python|   80|
+---+------+-----+
```

03 合并与 join

Spark 中的 DataFrame 操作，与 Pandas 中的 DataFrame 操作有很多相似之处，甚至可以认为是 Spark 有意地在兼容着 Pandas 的操作。因此，此处也只简单说几个不太一样的方法。

垂直合并（上下堆叠）两个 DataFrame 结构，在 Pandas 中使用 pd.concat 方法，而在 Spark 中，完全使用了 SQL 的思想，方法为 df1.unionALL(df2)，其本质的操作是执行 SQL 中的 union all 操作。join 方法基本上与 Pandas 中的一样，只是必须指定关联的字段，Pandas 中会默认使用行索引字段。演示代码如下所示：

```
%pyspark

# 垂直合并（上下堆叠）
df3 = df1.unionAll(df2)
df3.show()

# join 操作，how 参数指定了全外连接
df4 = df1.join(df2, df1.id==df2.id, how="outer")
df4.show()
```

其结果如下图所示。

```
+---+--------+-----+
| id|language|score|
+---+--------+-----+
|  1|   Linux|  100|
|  2|   Spark|  120|
|  3|   Scala|  200|
|  4|  Python|   80|
+---+--------+-----+
+----+--------+-----+----+------+-----+
|  id|language|score|  id|  name|score|
+----+--------+-----+----+------+-----+
|   1|   Linux|  100|null|  null| null|
|   2|   Spark|  120|null|  null| null|
|null|    null| null|   3| Scala|  200|
|null|    null| null|   4|Python|   80|
+----+--------+-----+----+------+-----+
```

04 select 操作

虽然有了强大的 SQL 工具，但 DataFrame 自己也提供了很多与 SQL 类似的方法，其中 select 就是最重要的一个。select 方法最简单的用途是查询表中的特定字段。在 Dataframe 中，使用 * 来选择所有字段，要选取特定的字段，需要将参数以列表的形式传入表中。

当然，select 更有用的是可以在列上使用函数，这也是 SQL 强大表达力的一个方面。DataFrame 支持的所有函数方法都在 pyspark.sql.functions 包中，其提供的函数方法种类和用法基本上与一般的 SQL 差不多。

对于查询出来的字段还可以使用别名，别名用 alias 方法来指定，具体的演示代码如下所示：

```
%pyspark

from pyspark.sql.functions import length,log2, sha1

df1.show()

#df5 = df1.select('*')
#df5 = df1.select(['id', 'score'])
# 在查询的基础上，可以使用很多类似于 SQL 中的函数
df5 = df1.select(df1.id,
          df1.language, length(df1.language).alias('lan_len'),
```

```
          sha1(df1.language).alias('lan_sha1'),
          df1.score, log2(df1.score).alias('log_score'))

df5.show()
df5.show(3, truncate=False)
```

其执行结果如下图所示。

```
+---+--------+-----+
| id|language|score|
+---+--------+-----+
|  1|   Linux|  100|
|  2|   Spark|  120|
+---+--------+-----+
+---+--------+-------+--------------------+-----+-----------------+
| id|language|lan_len|            lan_sha1|score|        log_score|
+---+--------+-------+--------------------+-----+-----------------+
|  1|   Linux|      5|83ad8510bbd3f2236...|  100|6.643856189774725|
|  2|   Spark|      5|85f5955f4b27a9a4c...|  120|6.906890595608519|
+---+--------+-------+--------------------+-----+-----------------+
+---+--------+-------+----------------------------------------+-----+-----------------+
|id |language|lan_len|lan_sha1                                |score|log_score        |
+---+--------+-------+----------------------------------------+-----+-----------------+
|1  |Linux   |5      |83ad8510bbd3f22363d068e1c96f82fd0fcccd31|100  |6.643856189774725|
|2  |Spark   |5      |85f5955f4b27a9a4c2aab6ffe5d7189fc298b92c|120  |6.906890595608519|
+---+--------+-------+----------------------------------------+-----+-----------------+
```

另外，在上面的演示中，在 language 字段中使用 sha1 方法后，会发现 lan_sha1 很长，在使用 show 的时候，默认会对超长的列进行截断，要想显示完整的数据，可以将 show 的第二个参数 truncate 置为 false。

05 SQL 操作

如果你还是不太喜欢 DataFrame 的操作方法，而喜欢更直接的 SQL 操作，那也是可以的。只需将 DataFrame 注册成一个临时的表，即可以在此临时表上使用 SQL 语句进行查询。注册临时表的方式有两种，其代码示例如下所示：

```
%pyspark

#sqlc = SQLContext(sc)

df3.registerTempTable("mlearn")
sqlc.registerDataFrameAsTable(df3, "mlearn2")
```

```
sqlc.sql("select * from mlearn limit 1").show()
sqlc.sql("select * from mlearn2 limit 1").show()
```

执行结果都是一样的，如下所示。

```
+---+--------+-----+
| id|language|score|
+---+--------+-----+
|  1|   Linux|  100|
+---+--------+-----+
+---+--------+-----+
| id|language|score|
+---+--------+-----+
|  1|   Linux|  100|
+---+--------+-----+
```

这两种方法从官方的文档来看，是有区别的。

```
registerDataFrameAsTable: Temporary tables exist only during the lifetime of this instance of SQLContext.（临时表在注册此表的SQLContext实例（前面的sqlc）的生命周期内都存在。）
registerTempTable: The lifetime of this temporary table is tied to the SQLContext that was used to create this DataFrame.（临时表在生成此DataFrame的SQLContext实例失效后就会失效）。
```

区别比较细微，如前面的示例，将第一句 sqlc = SQLContext(sc) 取消注释后，就可以理解了。因为此时又重新生成了一个 SQLContext 的实例，覆盖了前面的那个 sqlc，因此，此时虽然能注册 mlearn 表，但在后面无法使用此表。而 mlearn2 表，是在新的 sqlc 实例上注册的，只要在 sqlc 实例的周期内，mlearn2 表都是可用的。

有了将 DataFrame 注册为临时表的能力，所有 SQL 的优势又都可以使用了。

06 自定义 UDF

尽管 DataFrame 和 SQL 已经提供了非常强大的功能和方法，可以满足日常的大部分操作，但各种场景的需求是无穷无尽的，就如同人的欲望一样。

幸好，Spark 中的 SQL 功能与 DataFrame 都可以使用用户自定义函数（UDF）对数据进行处理。DataFrame 中的使用方法，演示代码如下所示：

```
%pyspark
# 实际使用中，尽量不要导入 *，需要什么导入什么
```

```
from pyspark.sql.types import *
from pyspark.sql.functions import udf

def to_grade(score):
    grade = "unknown"
    if score <=100:
        grade = "easy"
    elif score <= 200:
        grade = "hard"

    return grade

to_grade_udf = udf(to_grade, StringType())

# 增加一列等级数据
df4 = df3.withColumn("grade", to_grade_udf(df3['score']))
df4.show()
```

to_grade 只是一个普通的 Python 函数，使用 udf 函数将其注册成一个 UDF 方法，后面对 DataFrame 的操作，便可以直接使用此 udf 了。注册的时候可以指定 udf 的输出（返回）值的类型，示例中指定返回值类型为 String 类型。

withColumn 方法可以直接在 DataFrame 中增加一列数据，指定参数为列名和数据序列。

最后的结果如下图所示。

```
+---+--------+-----+-----+
| id|language|score|grade|
+---+--------+-----+-----+
|  1|   Linux|  100| easy|
|  2|   Spark|  120| hard|
|  3|   Scala|  200| hard|
|  4|  Python|   80| easy|
+---+--------+-----+-----+
```

如果使用的是 SQL 语句，也可以将其注册成一个 SQL 的 udf 函数，代码如下所示：

```
%pyspark

sqlc.registerFunction("sql_to_grade_udf", to_grade, StringType())
```

```
    df5 = sqlc.sql("""select id, language, score, sql_to_grade_
udf(score) grade
                      from mlearn
                     """).show()
```

使用 registerFunction 将函数注册成一个 udf，在后续的 SQL 语句中便可以直接使用此 udf 了。执行结果与前面完全一样。

07 三角之恋

RDD、DataFrame 与 SQL 工具，这三者关系太过紧密，可以相互转化，但相互之间的操作又各不相同。太过灵活，初学者自然很容易弄错，因此对这三者之间的关系进行一个简单的总结。

RDD 与 DataFrame 都是数据结构，而 SQL 是一个工具。完全可以理解成在 Spark 中增加了一种 Table 数据结构，因为 SQL 的操作都是在表之上进行的。无论是 Hive、MySQL 中的表，还是将 DataFrame 注册成的虚拟表，都算一种 Table 结构。

下面简单叙述一下它们之间的关系。

RDD 结构：爱上 Table 结构的简洁，却被 DataFrame 喜欢其表达能力。

```
数据源：{textFile、ORC、Parquet}
操作：transform 和 action
RDD 到 DataFrame: 使用 toDF() 方法转换为 DataFrame
```

Table 结构：无条件为 DataFrame 提供数据，却被 DataFrame 嫌弃其传统守旧。

```
数据源：{Hive、MySQL、JSON、Parquet、ORC}
操作：SQL 查询语句
生成：DataFrame 结构
```

DataFrame 结构：简单的事情找 SQL，复杂的事求 RDD，最后争取有朝一日把这两者都替换掉。

```
数据源：SQL 查询结果，或者使用 CreateDataFrame() 方法创建
操作：select、filter、groupBy 等操作
DataFrame 到 RDD：执行 map()、collect() 等操作，会将 DataFrame 转化为 RDD
特殊操作：使用 registerTempTable() 注册成临时表，使用 SQL 工具
```

RDD、DataFrame 与 SQL 这三者之间的相互关系，共同构建了 Spark 的强大

基石。它们几乎已经覆盖了数据处理的方方面面，使 Spark 的表达能力更加强大，适合的用户与场景也更多。也许从此之后，Hive、Pandas 这些工具将变成浮云，而 Spark 就此一统数据天下。

0x75 神器之父，Scala 入世

01 Spark 与 Scala

Spark 使用 Scala 开发，Scala 也是一种 JVM 语言。有人说，Java 对世界最大的贡献就是 JVM，性能强大且稳定。在开源界，一种技术如果太强大和普及，那么其他后来者都必须要兼容它。近年来，基于 JVM 的语言大量掘起，但在大数据界，最强者恐怕也就非 Scala 莫属了。除了 Spark，机器学习框架 H2O，实时计算框架 Kafka，都是使用 Scala 开发的。

Scala 是一门优雅的语言，也是一门复杂的语言。不仅语法优雅，而且在计算上有很强的表达能力。其完全面向对象，非常擅长大型工程项目的组织；其函数式编程特性又非常擅长数值计算。当然，也有人说，它的复杂性也是在宇宙中唯一超过 C++ 的一门语言。

Spark 的 API 支持得最好的语言是 Scala，有些 API 在 Python 中不支持，或者为实验性支持，但在 Scala 中却已经支持得比较好。因此，使用 Spark 计算框架，不学 Scala，就像是用一只翅膀在飞行，也像是用一只手参加华山论剑（除了单身 16 年的杨过）。

总结起来，学习 Scala 的人有以下几个目的：

```
1. 使用 Spark 的一些功能，比如 GraphX。
2. 使用 Spark 对 Scala 支持更好一些的 API，比如 MLlib、Streaming。
3. 更好地理解 Spark 的一些原理，阅读 Spark 的内核源码。
4. 提升自己函数式编程的能力。
```

可自学一些 Scala 的基础知识，涉及面向对象基础、函数式基础、集合操作、正则与模式匹配，学习了这些知识之后就可以开始写 Spark 程序了。写 Spark 程序

本身不需要太多的 Scala 知识，但完全学会 Scala，对 Spark 的理解会更深入，也有利于后续阅读 Spark 源码。

02 Scala REPL

Scala 支持交互式解释 REPL 风格和 Python 类型，可以直接使用交互式方式进行代码测试。Scala 在 Linux 系统中没有 Python 的默认标配优势，需要自己进行下载安装。

比起某些编程语言的环境，动不动就要下载几个 GB 的安装文件来说，Scala 的安装非常简单，只需要下载压缩包，解压后添加到 PATH 环境变量中即可。下载压缩包 scala-2.10.5.tgz，解压到 /opt/scala 目录，添加 bin 目录到 PATH 即可。

Scala 需要使用 JVM 来运行，因此需要安装 Java 环境的支持，Java 环境的安装不进行介绍了。因为 Spark 是在 2.10.x 下编译的，因此最好安装相应的版本，否则会有不兼容 Spark 的情况出现。

安装步骤如下所示：

```
$ wget http://downloads.lightbend.com/scala/2.11.8/scala-2.10.5.tgz
$ tar xvf scala-2.10.5.tgz
$ mv scala-2.10.5 /opt/
$ ln -sf /opt/scala-2.10.5 /opt/scala

# 添加下面的环境变量到 .bashrc
$ export PATH="/opt/scala/bin:$PATH"
```

安装好后，直接输入 scala 命令，即可打开交互式环境。

```
$ scala
Welcome to Scala version 2.10.5 (Java HotSpot(TM) 64-Bit Server VM, Java 1.8.0_40).
Type in expressions to have them evaluated.
Type :help for more information.

scala>
```

此时，可以查看一下系统的进程：

```
ps aux | grep java
/usr/bin/java -Xmx256M -Xms32M ... -Dscala.home=/opt/scala ...
```

可以看到，Scala 交互式启动的时候，就会启动一个 JVM 虚拟环境。

在交互式环境下可以当成计算器来使用，每个语句执行后，返回的变量都有一个值，其值有变量名，从 res0 开始编号，这个变量可以在后面被引用。

```
scala> 1 + 2
res0: Int = 3

scala> res0 + 10
res1: Int = 13
```

安装好环境后，就可以使用自己喜欢的编辑器来写代码了，默认并不需要任何其他 IDE，使用 Vim 或者 Emacs 都可以写代码。

03 编译 Scala

在 Scala 程序包中还提供了另外三个命令：scalac、scaladoc、scalap，其中使用 scalac 即可以编译代码。

还是以 Hello World 为例子：

```
$ cat hw.scala
// 云戒欢迎你
object HelloWorld{
    def main(args: Array[String]){
        println("Hello World, Scala! 云戒欢迎你来！")
  }
}
```

直接使用 scala 加文件名运行：

```
$ scala hw.scala
Hello World, Scala! 云戒欢迎你来！
```

使用 scalac 进行编译，然后执行类名：

```
# 编译 hw.scala 源文件
$ scalac hw.scala
```

```
# 查看生成的文件
$ ls
HelloWorld$.class  HelloWorld.class   hw.scala
```

使用 scala 加类名来运行：

```
$ scala HelloWorld
Hello World, Scala! 云戒欢迎你来！
```

04 sbt 编译

将 Scala 代码提交到 Spark 的环境中，需要编译成 jar 包。

通过 Spark 官网上的介绍，只需要使用 sbt 编译工具，就可以直接将 Scala 代码编译成 jar 包，而且生成的代码非常小。可以在服务上搭建环境，只需要很简单的几个步骤即可。

sbt 也需要自己安装，和 Scala 的安装相同，下载、解压、添加环境变量，步骤不再赘述。

测试与查看版本，命令如下所示：

```
$ sbt sbt-version
[info] 0.13.11
```

使用 sbt 编译时，需要下载相应的依赖包。信息如下所示，编译的是 Spark 1.6.0 的版本，需要下载大量的环境依赖包：

```
$ sbt package
...
[info] downloading https://repo1.maven.org/maven2/org/apache/
spark/spark-core_2.10/1.6.0/spark-core_2.10-1.6.0.jar ...
[info]    [SUCCESSFUL ] org.apache.spark#spark-core_2.10;1.6.0!
spark-core_2.10.jar (104565ms)
...
```

上面的运行过程，因为网速的原因，可能是一个非常缓慢的过程，初学者甚至很容易放弃这一费时的步骤，导致功亏一篑。有几个方法可以加快这个过程。

sbt 运行时经常需要下载大量的 jar 包，默认连接到 Maven 官网，速度通常比较慢。添加 oschina 的源，在 ~/.sbt/ 下添加一个 repositories 文件，内容如下：

```
    [repositories]
    local
    osc: http://maven.oschina.net/content/groups/public/
    typesafe: http://repo.typesafe.com/typesafe/ivy-releases/,
[organization]/[module]/(scala_[scalaVersion]/)(sbt_[sbtVersion]/)
[revision]/[type]s/[artifact](-[classifier]).[ext], bootOnly
    sonatype-oss-releases
    maven-central
    sonatype-oss-snapshots
```

另外一个方法是从其他现有的机器上，复制相应的缓存目录，或者将自己以前的缓存目录打包备份进行还原。Linux 一般在目录 /home/.ivy2/cache 中，直接打包这个目录，解压到目标服务器即可。如果本地和服务器上是不同的 sbt 版本，相应的依赖版本不一样，还是需要重新下载。

如果必须要从官方网站下载，有条件配置一个可以“观世界”的 VPN 环境那是最好的，因为观过世界才能形成更好的世界观。

05 示例分析

Scala 版本的 WordCount 示例：

```
/* wc.scala */
import org.apache.spark.SparkContext
import org.apache.spark.SparkContext._
import org.apache.spark.SparkConf

object WordCount {
  def main(args: Array[String]) {
    if (args.length < 1) {
      System.err.println("Usage: <file>")
      System.exit(1)
    }

    val conf = new SparkConf()
    val sc = new SparkContext(conf)
    val line = sc.textFile(args(0))
```

```
    line.flatMap(_.split(" ")
      ).map((_, 1)
      ).reduceByKey(_+_).collect(
      ).foreach(println)

    sc.stop()
  }
}
```

上面的程序和 Python 版本的差别并不大，有几个地方需要注意：

```
1. 类名为 WordCount，也就是后面在提交的时候，指定的 --class 参数的名字。
2. 在类中必须要有一个 main 函数，代码从这个 main 函数开始执行。
```

语法上重点是对下画线的理解，在导入的时候，下画线相当于 Python 中的 from something import *。

而在 sc 的上下文中，下画线只是一个占位符。以 map 为例，可以理解成指代 RDD 里面的每一个元素。虽然看起来简单，但其背后是 Scala 函数式编程的思想。以 map((_, 1)) 为例，map 本身是一个函数，而且是高阶函数，调用的时候，实际上是传递了一个匿名函数作为 map 函数的参数。map 的参数是 (_, 1)，其原型为：

```
(e: String) => (e, 1)
```

上面定义了一个匿名函数，参数为 e，是 String 类型的，函数返回为 (e,1)。针对上面的匿名函数，因为 Scala 强大的类型推断系统，可以省略参数的类型，变成如下所示的样子：

```
(e) => (e, 1)
```

因为函数只有一个参数，所以括号也可以省略，变成：

```
e => (e, 1)
```

因为参数 e 在右边只出现一次，因此可以使用 _ 来替换，最后简化成终极版本：

```
(_, 1)
```

理解了这个过程，就对 Scala 的函数式编程有一定的理解了，也对 Spark 的 RDD 中大量使用的 _ 有了深入的认识。

作为对比，还可以看一下 Python 版本的 map 调用：

```
.map(lambda _: (_, 1))
```

通过 lambda 关键字可以知道，同样是给 map 传了一个匿名函数。只是在此 Python 版本中，特意指定了参数的名字为 _，完全可以指定为其他变量，比如 x、y、z 等。

06 编译提交

sbt 环境与 Scala 代码准备好了，接下来便是编译成 jar 包，并提交到 Spark 环境中了。

建立一个测试目录 wc，并按下面的组织结构建立目录与文件：

```
$ find .
.
./src
./src/main
./src/main/scala
./src/main/scala/wc.scala
./wc.sbt
```

其中，文件 wc.sbt 是编译的配置文件，其内容如下所示：

```
$ cat wc.sbt
name := "Word Count"
version := "1.0"
scalaVersion := "2.10.5"
libraryDependencies += "org.apache.spark" %% "spark-core" %
"1.6.0"
```

注意：

1. 其中的 1.6.0 是 Spark 的版本号，因此，在编译的时候，也会下载相应的 Spark 版本库依赖。
2. 最后生成的 jar 包名为 word-count_2.10-1.0.jar，其中的名字和此处配置的三个变量有关：name、version、scalaVersion。

本地提交：

```
# local[4] 提交
$ spark-submit --class 'WordCount' --master local[4] target/
```

```
scala-2.10/word-count_2.10-1.0.jar file:///data/jogpy/scala/wc/1.
txt
```

YARN 集群提交：

```
    # 上传文件到 HDFS
    $ hdfs dfs -put 1.txt /tmp/hdfs_1.txt
    # 使用 yarn-client 提交
    $ spark-submit --class 'WordCount' --master yarn-client
target/scala-2.10/word-count_2.10-1.0.jar /tmp/hdfs_1.txt
```

在上面提交的路径中，本地提交时，文件路径强行使用了 file://，但集群提交却没有强行使用 hdfs://。那是因为在分布式环境中，配置了 HADOOP_CONF_DIR 环境变量，导致 Spark 默认读取文件的路径变成了 hdfs://，在测试本地文件的时候，需要使用 file:// 来强行指定。

0x76 机器之心，ML 套路

01 城市套路深

前面在“sklearn，机器学习”一节中说过，机器学习有三个层次，如果从另外一个角度来说，还可以分为另外三个层次。

```
1. 单机 Demo 版本：用 Orange 构建一个演示环境，有助于理解算法与数据的特点。
2. 单机实用版本：调用 scikit-learn 的 API 并进行参数调优，可以投入使用。
3. 分布式版本：在大数据上，使用 PySpark 的机器学习库 ML/MLlib 实现分布式
   版本。
```

接触过 Spark 的其他部分，你会发现 RDD、SQL、DataFrame 与 Streaming 等，它们更多是工程领域的技术。然而，着手 Spark 的机器学习后，你会发现其难度很大，如果没有机器学习的理论作为支撑，根本就连文档都看不懂。

Spark 机器学习包括两部分内容，框架与算法。框架指的还是 Spark 的基础部分，比如 RDD 与 DataFrame 的使用；而算法部分，依赖于机器学习的理论与相关的数

学功底。

Spark 的机器学习目前有两个版本，一个是 MLlib 库，另一个是 ML 库。MLlib 是基于 RDD 的，而 ML 库，是基于 DataFrame 的。目前，在 Spark 的 2.0 版本中，MLlib 已经进入维护阶段，官方也是建议大家使用 ML 库。

RDD 是一种行结构，而 DataFrame 是一种表结构，DataFrame 也是官方更推荐的一种数据结构。而且，基于表结构，更利于 ML 库在机器学习中对算法与流程做更高一级的抽象。对 Python 用户来说，ML 的处理方式更像 scikit-learn 的方式，提供了 fit 与 transform 方法，也可以使用 Pipeline 的方式将它们串联成一个管道。

ML 库目前支持三种语言接口，Scala、Java 与 Python。在这几种语言中，自然是对 Scala 的支持最完善，对 Python 的支持有一定的滞后，如果要尝试一些新算法，可能只有 Scala 才支持。但 Python 作为机器学习领域最流行的语言，得益于其周边生态环境，自然也有很大的优势。

在应用中需要注意，因为 Python 的接口实现都会依赖 numpy 库，因此需要安装 numpy 环境。

如果把 sklearn 比作机器学习的农村，那么 Spark 的 ML 库就是机器学习的城市。农村发展缓慢，生活很容易。城市发展迅速，要立足却比较困难。刚接触 ML 库时，可能会很怀念 sklearn 那悠闲的农村生活，或许时常会有："城市套路深，我想回农村"的想法。此时千万不要气馁，城市有更多的发展机会，而且农村也不再是那么质朴的农村了。

02 算法与特征工程

ML 与 MLlib 库，对主流的算法基本都支持。目前，本书中涉及的部分经典算法，除了 kNN 与深度学习不支持外，其他几乎都支持。

对分类或回归算法的支持，主要有朴素贝叶斯、逻辑回归、广义线性回归、SVM、决策树、随机森林、梯度提升树与神经网络。对于聚类的支持，有经典的 Kmeans、混合高斯聚类与文本挖掘领域的主题模型（LDA）。对于推荐系统，有最经典的协同过滤（ALS）与频繁项挖掘算法 FP-Growth。对于数据降维，常用的 PCA 与 SVD 都支持。

目前而言，ML 包含的算法不如 MLlib 多，但 MLlib 既然已经进入维护阶段，说明必定不会增加新的算法。官方应该会慢慢将所有 MLlib 中已经实现的算法都迁移到 ML 库中。

当然，机器学习肯定不仅是对算法的支持，还有更重要的特征工程。

说起特征工程，常用的特征提取、特征转换以及特征选择，ML 支持很多，比如提取文本特征的 TF-IDF，离散变量到连续变量的转换 OneHotEncoder 等。

下图是 Spark ML 库的文档对特征工程的说明。

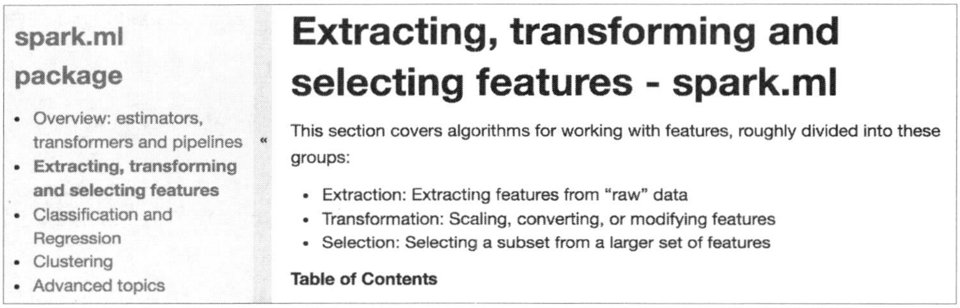

spark.ml package

- Overview: estimators, transformers and pipelines
- **Extracting, transforming and selecting features**
- Classification and Regression
- Clustering
- Advanced topics

Extracting, transforming and selecting features - spark.ml

This section covers algorithms for working with features, roughly divided into these groups:

- Extraction: Extracting features from "raw" data
- Transformation: Scaling, converting, or modifying features
- Selection: Selecting a subset from a larger set of features

Table of Contents

每个机器学习工程师都会花大量的时间在特征的抽取、转换与选择上。ML 提供了多个 Transformer，极大提高了工作效率。像 OneHotEncoder、StringIndexer、PCA、VectorAssembler、SQLTransformer、TF-IDF、Word2Vec 等。

原始数据经过上面的各种特征转换之后就可以放到算法里去训练模型了，这些算法叫 Estimator，得到的模型是 Transformer。

03 管道工作流

ML 相对于 MLlib 来说，最大的变化就是从一个机器学习的库，开始转为构建一个机器学习工作流的系统，ML 把整个机器学习的过程抽象成管道线。

ML 的目的，就是简化组合各种不同的算法的方式，让其形成一个管道或者工作流，而管道的概念，本身就是受 scikit-learn 项目而得到的启发。

其中涉及 4 个主要概念：

```
DataFrame
Transformer
```

```
Estimator
Pipeline
```

DataFrame

即前文说的数据框，是 ML 处理的数据结构。

Transformer

转换器，用于将 DataFrame 转换成另外一种格式的 DataFrame，主要用于特征转换。

Estimator

估计器，拟合数据，机器学习算法就是在训练数据上生成一个估计器，从而产生一个模型。

Pipeline

管道线，将多个 Transformer 和 Estimator 组合起来，形成一个管道流的方式。一个 Pipeline 由多个 Stage 组成，每个 Stage 就是一个 Transformer 或者 Estimator。

在原始数据上进行特征提取、转换等工作，选取出可用的特征，用于机器学习算法来建模，并用于预测。最后使用测试数据来评估模型的性能，并将这些步骤链接成一个管道线，从而形成一个整体的工作流。

04 OneHotEncoder 示例

在“特征转换，量纲伸缩”一节中，我们详细说明了 OneHotEncoder 的用法与在 sklearn 中的使用，现在在 Spark 中使用 ML 的管道线来处理。

假设数据在 Hive 的 fruit 表中，加载相应的库与数据，代码如下所示：

```
%pyspark

from pyspark.sql import HiveContext
from pyspark.ml import Pipeline
from pyspark.ml.feature import OneHotEncoder, StringIndexer,
VectorAssembler

hc = HiveContext(sc)
hc.sql("use default")
```

```
data = hc.sql("select * from default.fruit").limit(100)
data.show()
```

数据如下图所示。

```
+---+------+------+-----+----+
| id| fruit|condit|price|sale|
+---+------+------+-----+----+
|  1| apple|  good|  1.5| 1.3|
|  2| apple|   bad|  0.8| 0.7|
|  3|orange|  good|  2.3| 2.1|
|  4|banana|  good|  2.5| 2.5|
|  5|banana|  best|  3.8| 3.5|
|  6|banana|   bad|  1.7| 1.5|
+---+------+------+-----+----+
```

接下来就是定义相应的 Transformer 了。StringIndexer 转换器将字符串的词频数进行相应的数字编号，按词频高低依次编号为 0，1，2……这样的数字。OneHotEncoder将数字编号转换成多维的独热编码，其结果为向量的稀疏表达方式。最后使用 VectorAssembler 将所有需要的特征组成一个向量，可以进行后续其他操作，其代码如下所示：

```
fruit_str_indx = StringIndexer(inputCol="fruit", outputCol=
"fruit_indx")
fruit_one_hot = OneHotEncoder(inputCol="fruit_indx", outputCol=
"fruit_cont")
condit_str_indx = StringIndexer(inputCol="condit", outputCol=
"condit_indx")
condit_one_hot = OneHotEncoder(inputCol="condit_indx",
outputCol="condit_cont")

# 将多个特征进行组合
assembler = VectorAssembler(inputCols=["fruit_cont", "condit_
cont", "price", "sale"], outputCol="features")

# 使用管道将多个 transformer 串联起来执行
pl = Pipeline(stages=[fruit_str_indx, fruit_one_hot, condit_
str_indx, condit_one_hot, assembler])

# 拟合与转换数据
data = pl.fit(data).transform(data)
data.show(truncate=False)
```

执行结果如下图所示。

id	fruit	condit	price	sale	fruit_indx	fruit_cont	condit_indx	condit_cont	features
1	apple	good	1.5	1.3	1.0	(2,[1],[1.0])	0.0	(2,[0],[1.0])	[0.0,1.0,1.0,0.0,1.5,1.3]
2	apple	bad	0.8	0.7	1.0	(2,[1],[1.0])	1.0	(2,[1],[1.0])	[0.0,1.0,0.0,1.0,0.8,0.7]
3	orange	good	2.3	2.1	2.0	(2,[],[])	0.0	(2,[0],[1.0])	[0.0,0.0,1.0,0.0,2.3,2.1]
4	banana	good	2.5	2.5	0.0	(2,[0],[1.0])	0.0	(2,[0],[1.0])	[1.0,0.0,1.0,0.0,2.5,2.5]
5	banana	best	3.8	3.5	0.0	(2,[0],[1.0])	2.0	(2,[],[])	[1.0,0.0,0.0,0.0,3.8,3.5]
6	banana	bad	1.7	1.5	0.0	(2,[0],[1.0])	1.0	(2,[1],[1.0])	[1.0,0.0,0.0,1.0,1.7,1.5]

05 ML 回归实战

下面我们使用 scikit-learn 中带的波士顿房价数据来进行回归预测。先加载数据，并使用 Pandas 的方式将特征与预测目标值保存成一个 CSV 文件，并上传到 HDFS 文件系统中，以便后续在 Spark 环境中加载数据，其代码如下所示：

```
%pyspark

import pandas as pd
from sklearn.datasets import load_boston

boston = load_boston()
data = pd.DataFrame(boston["data"], columns=boston['feature_
names'])
data.index.name = "id"
data['target'] = boston['target']
data.to_csv("/tmp/boston.csv", header=False)
```

上传到 HDFS 文件系统的代码如下所示：

```
%sh

hdfs dfs -put -f /tmp/boston.csv /tmp/boston.csv
```

加载 HDFS 中的 CSV 文件，并进行简单的解析，解析出其中的 id，后续会以 id 作为主键获取数据。label 作为房价的预测目标值，也单独解析，除此之外，将剩余的列全部解析作为特征，并转换成 Vectors.dense。

解析完成之后，使用 toDF 将 RDD 转换成 DataFrame，这也正是后续 ML 库需要的数据结构，其代码如下所示：

```
%pyspark

from pprint import pprint
from pyspark import SparkContext
from pyspark.ml import Pipeline
from pyspark.mllib.linalg import Vectors
from pyspark.ml.feature import VectorIndexer
from pyspark.ml.evaluation import RegressionEvaluator
from pyspark.ml.regression import RandomForestRegressor, GBTRegressor


data = sc.textFile('/tmp/boston.csv'
                 ).map(lambda l:l.split(',')
                 ).map(lambda v: (int(v[0]), float(v[-1]),
Vectors.dense([_ for _ in v[1:-1]]))
                 ).toDF(["id", "label", "features"])

print(type(data))
data.show(5, truncate=False)
```

执行的结果如下图所示。

```
<class 'pyspark.sql.dataframe.DataFrame'>
+---+-----+-----------------------------------------------------------------------------+
|id |label|features                                                                     |
+---+-----+-----------------------------------------------------------------------------+
|0  |24.0 |[0.00632,18.0,2.31,0.0,0.538,6.575,65.2,4.09,1.0,296.0,15.3,396.9,4.98]      |
|1  |21.6 |[0.02731,0.0,7.07,0.0,0.469,6.421,78.9,4.9671,2.0,242.0,17.8,396.9,9.14]     |
|2  |34.7 |[0.02729,0.0,7.07,0.0,0.469,7.185,61.1,4.9671,2.0,242.0,17.8,392.83,4.03]    |
|3  |33.4 |[0.03237,0.0,2.18,0.0,0.458,6.998,45.8,6.0622,3.0,222.0,18.7,394.63,2.94]    |
|4  |36.2 |[0.06905,0.0,2.18,0.0,0.458,7.147,54.2,6.0622,3.0,222.0,18.7,396.9,5.33]     |
+---+-----+-----------------------------------------------------------------------------+
```

06 特征处理与算法

机器学习中的三个主要步骤如下：

```
特征工程
学习算法
模型评估
```

因为数据中有离散型变量，对其使用 VectorIndexer 进行转换，输入列为

features，输出列为 indexedFeatures，转换器会自动将类别数目小于等于 10 的列进行转换，其代码如下所示：

```
%pyspark

# 自动识别分类变量，类别大于 10 的，直接当成连续变量对待
to_cate = VectorIndexer(inputCol="features",
                        outputCol="indexedFeatures",
                        maxCategories=10
                       )

# 拆分训练数据与测试数据
(train, test) = data.randomSplit([0.8, 0.2])

# 模型与参数（随机森林）
#rf = RandomForestRegressor(featuresCol="indexedFeatures",
#                            numTrees=100)
# 梯度提升树
rf = GBTRegressor(featuresCol="indexedFeatures", maxIter=100)

pl = Pipeline(stages=[to_cate, rf])

print(type(rf), rf)
print(type(pl), pl)
```

处理好了特征，就可以使用机器学习算法了。此处利用了梯度提升树算法，其输入特征为 VectorIndexer 的输出特征 indexedFeatures，并设置最大迭代参数 maxIter 为 100（即迭代构建 100 棵树）。

正如程序中注释的代码一样，如果要使用随机森林进行回归预测，只需要使用 RandomForestRegressor 算法，并设置参数 numTrees 即可，如果不设置，默认使用 20 棵树来构建。

将上面的特征转换与算法模型使用 Pipeline 组合成一个管道流，其中参数 stages 就是这两个模型组成的一个列表，执行一下，结果如下图所示。

```
<class 'pyspark.ml.regression.GBTRegressor'> GBTRegressor_4c149a8838aec6fcd591
<class 'pyspark.ml.pipeline.Pipeline'> Pipeline_45f49778dcfe6714ceac
```

管道流已经形成了，剩下就是拟合数据训练模型和对模型进行评估了。

07 拟合与评估

类似于 sklearn，拟合数据使用 fit 方法，前面已经将多个模型组合成了一个 Pipeline，因此直接在此 Pipeline 上调用 fit 方法，对训练数据进行回归拟合即可，其代码如下所示：

```
%pyspark

model = pl.fit(train)

# 预测，相当于 predict
pred = model.transform(test)
pred.show(3)

evaluator = RegressionEvaluator(labelCol="label",
                                predictionCol="prediction",
                                metricName="rmse")
rmse = evaluator.evaluate(pred)
print("Root Mean Squared Error(RMSE: 均方根误差 ):{}".format(rmse))

# 输出模型的相关信息
rfModel = model.stages[1]
print(rfModel)
```

而使用 transform 方法进行预测，类似于 scikit-learn 中的 predict 方法，对测试数据进行预测，预测的结果作为后续模型评估的依据。

房价预测属于回归模型，因此使用 RegressionEvaluator 来生成一个回归模型评估器，对训练的真实值（label）与预测值（prediction）进行评估，这里使用了 RMSE（均方根误差）的度量方法，执行结果如下图所示。

```
+---+-----+--------------------+--------------------+------------------+
| id|label|            features|     indexedFeatures|        prediction|
+---+-----+--------------------+--------------------+------------------+
|  2| 34.7|[0.02729,0.0,7.07...|[0.02729,0.0,7.07...| 32.65618705836797|
|  7| 27.1|[0.14455,12.5,7.8...|[0.14455,12.5,7.8...|  17.5260523813226|
| 12| 21.7|[0.09378,12.5,7.8...|[0.09378,12.5,7.8...|24.957198346931648|
+---+-----+--------------------+--------------------+------------------+
only showing top 3 rows
Root Mean Squared Error(RMSE:均方根误差):3.3081594705447244
GBTRegressionModel (uid=GBTRegressor_4717bb5f5ec710fff931) with 100 trees
```

从评测结果中可以看出，其RMSE为3.308，均方根误差说明，预测的房价和真实的房价平均相差3.308。

从示例中还可以看出，model由两个stages组成，因此也可以直接输出每个stage的相应参数，图中打印了第二个stage的参数，是一个梯度提升回归模型，迭代使用了100棵决策树。

本例中只是简单地将数据拆分为训练数据与测试数据，在实际工作中，为了更加准确地评估模型和寻找模型最优的超参数，可以使用交叉验证的方式，示例如下所示：

```
from pyspark.ml.evaluation import RegressionEvaluator
from pyspark.ml.tuning import ParamGridBuilder, CrossValidator

evator = RegressionEvaluator(labelCol="label",
                             predictionCol="prediction",
                             metricName="rmse")
# 超参数网格
grid = ParamGridBuilder().addGrid(rf.numTrees, [5, 10]
                         # rf.maxIter, [5, 10, 20]
                         ).addGrid(rf.maxDepth, [4, 5]
                         ).build()

# 5 折交叉验证，寻找最优参数
cv = CrossValidator(estimator=rf, estimatorParamMaps=grid, evaluator=
evator, numFolds=5)

# 保存找到的最好的模型
cv_model = cv.fit(train)
print('最好的模型：', cv_model.bestModel)

rmse = evator.evaluate(cv_model.transform(train))
print("Root Mean Squared Error(RMSE: 均方根误差):{}".format
(rmse))
```

上面的cv_model变量会保存在各种超参数下性能最好的模型中，后续就可以使用该模型进行预测了。

0x8　数据科学，全栈智慧

0x80　才高八斗，共分天下

曹操的儿子曹植（字子建），因一首七步诗而被南朝诗人谢灵运评价为："天下才共一石（dàn，为十斗），子建独占八斗，我得一斗，天下人共分一斗。"

想象一下，如果谢灵运穿越到现在来，并掌握了全栈数据科学，那么他会对其中的一些框架做何评价呢？

下面姑且来臆想一下吧！

谢灵运说：天下操作系统有一石，Linux 独占八斗，Mac 得一斗，其余共分一斗。

谢灵运说：天下编辑神器有一石，Emacs 独占八斗，Vim 得一斗，其余共分一斗。

谢灵运说：天下数据语言有一石，Python 独占八斗，R 得一斗，其余共分一斗。

谢灵运说：天下 Hadoop 生态有一石，Hive 独占八斗，HDFS 得一斗，其余共分一斗。

谢灵运说：天下机器学习有一石，特征工程独占八斗，模型选择与评估得一斗，其余共分一斗。

谢灵运说：天下算法有一石，深度学习独占八斗，组合算法得一斗，其余共分一斗。

谢灵运说：天下数据框架有一石，Spark 独占八斗，Hadoop 得一斗，其余共分一斗。

臆想了这么几条，你对数据科学其中的某些内容或者技术动心了吗？

谢灵运又说：未来 IT 之薪资有一石，数据科学独占八斗，程序开发得一斗，其余共分一斗。

最后，笔者说：天下数据之才有一石，阁下独占八斗，在下得一斗，其余共分一斗。

下面是本章的知识图谱：

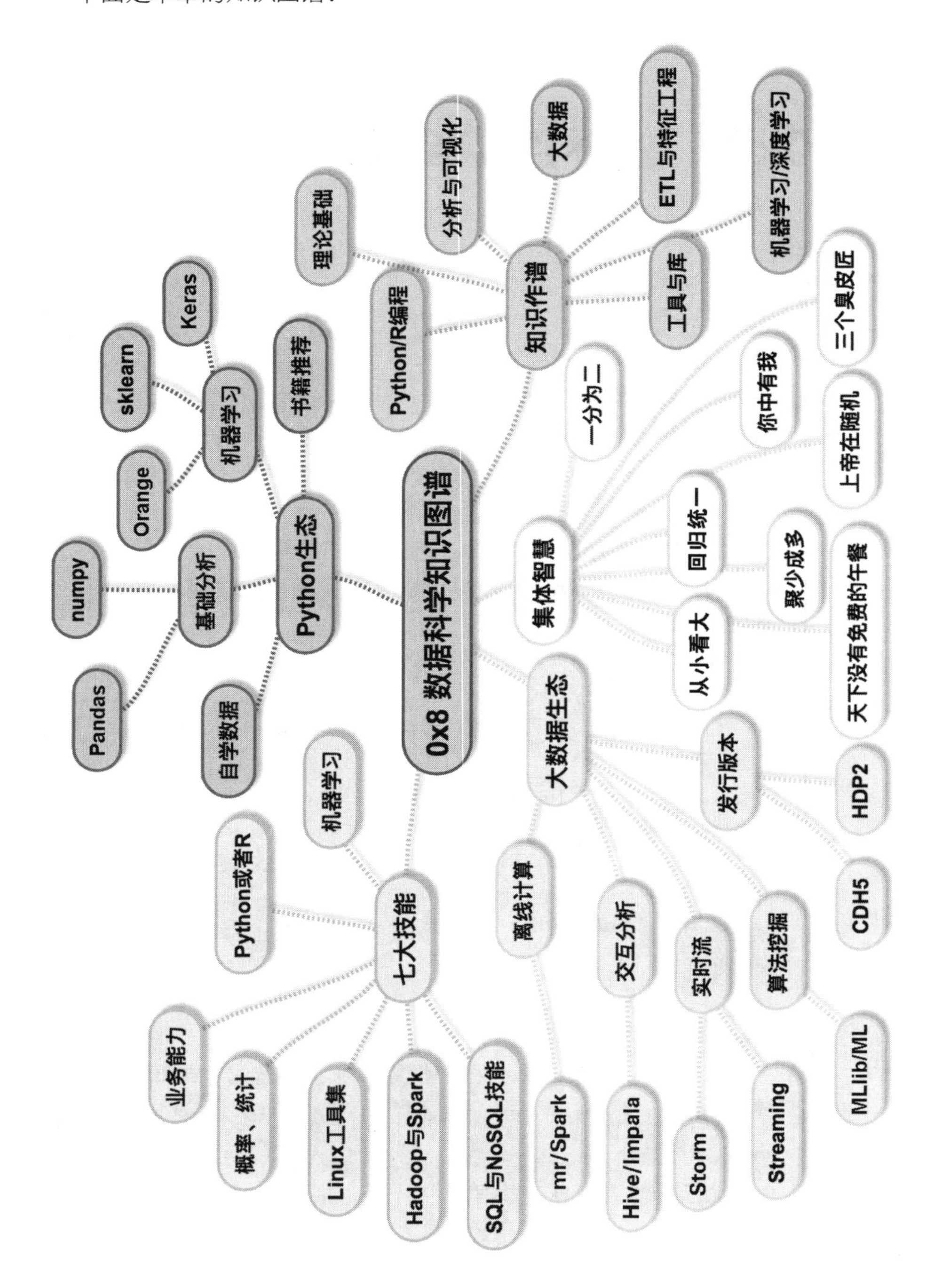

0x8 数据科学知识图谱
Python生态
基础分析
numpy
Pandas
机器学习
Orange
sklearn
Keras
书籍推荐
自学数据
知识作谱
Python/R编程
理论基础
分析与可视化
大数据
ETL与特征工程
工具与库
机器学习/深度学习
集体智慧
一分为二
你中有我
三个臭皮匠
上帝在随机
回归统一
聚少成多
从小看大
天下没有免费的午餐
大数据生态
发行版本
HDP2
CDH5
离线计算
mr/Spark
交互分析
Hive/Impala
实时流
Storm
Streaming
算法挖掘
MLlib/ML
七大技能
机器学习
Python或者R
业务能力
概率、统计
Linux工具集
Hadoop与Spark
SQL与NoSQL技能

0x81　自学数据，神蟒领舞

01 机器学习

接触过一些朋友，在工作中想入门机器学习或者数据科学，但却比较迷茫。有的不知道学习哪些内容，有的找不到好的学习资料，甚至有的人，连从哪儿开始学都不知道。

现实也很好理解，工作过后，再认真抱着书看的人实在太少了。很难抽出完整的时间，也很难静下心来。

世界各个方面都已经被互联网渗入了。快餐式的阅读，不愿意静下心来，如此急功近利，能有效果吗？还是要慢下来，知识是需要积累的，欲速则不达啊！

如果你已经工作，却很多年不学习了，肯定跟不上数据的发展。开车也是需要学的，不然怎么上路？没有人是把工作所需的全部技能学会了才去上班的，但却有人把工作中最开始的几年经验用一辈子。

修行，就是要不断修正自己的行为。天天和数据打交道，不学机器学习是不行的。

互联网创造了无限的可能，所有的资料在网络上都可以找到。互联网就是一个非常大的知识和资源库，包括大量的精华内容。不论做什么，不论在哪行，都应该持续学习。

学习的本质是更好地认识世界，学习机器学习的本质是更好地认识数据。

02 语言领域

每种计算机编程语言似乎都有自己成名或适用的领域。在这个大家都在谈云计算、大数据、深度学习的时代，让我们来看看这些领域里面的代表吧。

以 Docker 为代表的云计算与虚拟化，这是 Go 的天下。据说 Go 还是 C 语言的强力替代者，Go 语言已经完全用自己来编译自己了。

以 Hadoop 为代表的大数据框架，这是 Java 的天下。虽然 Java 这门语言被众多人讨厌和吐槽，但其在大数据端与移动 Android 端，依然有不可动摇的地位。

以 Spark 为代表的内存迭代框架，这是 Scala 的天下。Scala 是另外一门非常擅长进行数据处理的语言，但因其复杂且庞大的语法，多少还是让人有些望而生畏。

以传统的 MySQL 和大数据环境的 Hive 为代表的数据分析，这是 SQL 的天下，虽然 SQL 不算一门编程语言，却在如今的数据分析领域占领着异常重要且不可动摇的地位。尤其是 Spark-SQL 推出后，更是在大数据环境中如鱼得水。

以 Pandas 为代表的数据分析，以 scikit-learn 为代表的机器学习领域，而且还有 PySpark 作为分布式环境的强力支持，从这里开始，便是 Python 的天下。

在数据科学的整个生态领域，如果 Python 称第二，估计没有人敢称第一。如今，Python 俨然已经成为数据科学领域中事实上的标准语言。

且来看看，Python 在数据分析领域的生态圈吧，如果不知道从哪儿开始学习数据科学，那就从 Python 开始吧。

03 Python 数据生态

只要你没有闭关太久，只要曾用眼角的余光了解过数据分析及其相关领域，相信你会有个感觉，怎么处处都有 Python 的踪影啊！是的，蛇都有灵性，蟒蛇（Python）的灵性更强。

与基础数据分析相关的工具有如下一些。

numpy：矩阵计算与其他大多数框架的基础依赖库。

Scipy：科学计算库，提供了很多科学计算工具包和算法。

Matplotlab：专业画图工具，话说这个单词还是真是在 Matlab 之间插入了“plot”形成的。

Pandas：提供类似 R 语言的 DataFrame 操作，在机器学习中与 scikit-learn 配合得很好。

数据挖掘，包括机器学习与深度学习，相关的库有如下一些。

Orange：基于图形界面的数据挖掘与机器学习环境，也可以用 Python 脚本来操作调用。

scikit-learn：前面说了，这是 Python 在机器学习领域里面的代表作，尤其是它的文档，完全可以当成机器学习的参考资料来阅读。
OpenCV：提供图像处理与识别的很多算法与工具。
Theano：深度学习中非常有名的一个框架，也非常具有代表性。
Keras：基于 Theano 或者 TensorFlow 进行了更高级别的抽象，建议入门的人使用这个，像搭积木一样就可以弄出个神经网络来。
Caffe：是一个清晰而高效的深度学习框架。
NLTK：自然语言处理，提供的功能也很强大。
Mxnet：国内出品的 Mxnet，提供 Python 接口。

除了上面一些传统的单机环境，还有很多分布式环境的库，如下所示。

Spark ML/MLlib 环境：提供了 Python 接口的 PySpark。
TensorFlow：由 Google 推出的深度学习环境。
H2O：由 h2o.ai 出品，提供了 Python 接口。
Turi：收费的 Graph Create 的 Python 接口。

也许新的机器学习或深度学习框架，如果不提供 Python 接口的话，恐怕会被认为难以推广。

上面列举的只是其中一部分，还有很多很多。它们很多并非是用 Python 来实现的，但都提供了 Python 接口，甚至好几个都把 Python 当成了头等公民（First-Class）。

在此并非想说 Python 这门语言很强大或者很复杂，而恰恰相反，得益于 Python 的简洁和包容，才让它在数据挖掘领域有如此重要的地位。

这便是生态圈的力量，不以个人意志为转移。

04 相关资料

自学数据科学，入门需要哪些知识？作为进入职场的人来说，很难再有专门的时间坐下来与学生时代一样进行系统性的学习。此时只能自学，一台电脑，一根网线，教你自己吧（Teach Yourself），学完后就可以“无证上岗”了。这与学医形成鲜明的对比，学医需要大量的现实环境进行临床实习，而且需要有人愿意做你的试验品。

单就从学习哪些内容来说，要想真正入门数据科学，必须要熟悉以下内容。

Linux：Linux 系统基础与强大的 Shell 命令工具集。

Python 或者 R：选择一个，个人推荐 Python。

Hadoop 与 Spark：Hadoop 的 HDFS 是 Spark 的基础。

MySQL 与 Hive：MySQL 与传统业务关联紧密，而 Hive 作为大数据分析的标准配置。

Pandas 与 scikit-learn：Pandas 是学习数据框（DataFrame）的环境，在学习 scikit-learn 的时候，必须辅助机器学习理论进行。

Spark ML/MLlib：综合 Spark 与机器学习理解，开发分布式系统，作为进阶学习。

自学的话，看机器学习理论的书籍，不仅有难度，而且比较枯燥，此时最好的学习方式就是看视频教程，因为有人专门花时间来详细给你讲解。美国好多顶级大学的课程都在网上有公开课，可以随时观看。网上找视频、博客、案例来学习，实战操作，不会的地方再继续学习。如此反复，一而再，再而三，直至三生万物。

在看视频的同时，根据自己的需求，还需要补充相应的数学理论知识，尤其是线性代数知识、统计学知识与概率论知识。但不可陷入数学的迷阵中，除非对算法的推导与核心数学原理很感兴趣，作为应用层面并不需要深入的数学知识。

当然，平时也要经常逛一些论坛与博客，比如好东西论坛的机器学习板块会经常推荐一些有深度的文章。如果英文好的话，也可以逛一下 Quora 这个问答网站，与数据挖掘和机器学习相关的话题非常多。

05 书籍推荐

对于想入行数据分析、数据挖掘、机器学习的朋友来说，Python 是你值得投入时间的选择。因为其不仅有强大的工具链生态圈支持，还有众多数据学科从业人员的支持，他们用书籍来进行知识的传播。

下面就推荐一些以 Python 为主的数据科学书籍。

《机器学习系统设计》：主要以 scikit-learn 为例子来讲解。

《机器学习实战》：用 Python 演示了各种算法的实现。

《集体智慧编程》：很经典的一本数据挖掘书籍，用 Python 演示。

《机器学习》：国内教授周志华编写的，内容全面，讲解很详细，是一本非常不错的机器学习理论书籍。

《数据挖掘导论》：一本纯理论方面的大全书籍。

《深入浅出数据分析》：用大量示例通俗地讲述了统计数据分析的基本概念。

《Spark 机器学习》：作者 Nick Pentreath 是 Apache Spark 项目管理委员会成员之一，主要讲述了 Spark MLlib 的使用，尤其是其中的一些特征工程，目前都可以直接在 ML 中使用了，但了解其理论方法很重要。该书最后还包括了一章 Streaming 算法的知识，大部分是 Scala 代码，也穿插了部分 Python 代码。

06 性感的职业

《哈佛商业评论》说：数据科学家是 21 世纪最性感的职业。

真若有心于数据领域，亦或欲从事数据科学职业，请对 Python 有信心，值得你付出时间。想走机器学习之路，scikit-learn 是你最好的选择，一边操作实例，一边阅读文档，再辅助以相关的理论基础，持之数月，则大业可成也！

0x82 数据科学，七大技能

01 七大技能

大数据的概念被吵变味了，用“大数据”来代表很多数据领域的技术，已经不太合理了。目前比较合适的一个词是数据科学（Data Science），做数据科学的人叫数据科学家。当然真正到科学家这个级别，要求是非常高的，数据科学家是具有数据相关的完整理论知识和工程能力的人，自然境界很高。

数据的统计、分析与挖掘，这些概念的侧重点不一样。数据统计，利用统计学的知识，产出数据和报表；数据分析，除了产出数据和报表外，还需要分析其中的原因，最好能找出对应的策略；数据挖掘，需要在数据分析的基础上，发现新的、有价值的知识及潜在的规律。如果只是对原有的数据进行统计分析，而没有对未知的事物进行预测，是不算数据挖掘的。

数据相关的职位各种各样，我们要构建数据场时，应抽取其中的各种技能，组成自己的技能表。最近读到一篇文章——《机器学习职位需要的七个关键技能》。

其英文原文地址：

http://bigdata-madesimple.com/7-key-skills-required-for-machine-learning-jobs/

文章描述了机器学习需要的七个技能，以及需要这些技能的原因，主要技能如下所述：

```
1. 编程语言 (Python/C++/R/Java)
2. 概率与统计
3. 应用数学与算法
4. 分布式计算
5. UNIX/Linux 工具集
6. 高级信号处理技术（特征提取）
7. 大量阅读，适应快速变化，更新自己
```

在这篇文章的基础上，我总结了以下七个方面，用于构建我们自己的数据场技能。

02 SQL 与 NoSQL 技能

在传统的 SQL 工具与大数据环境下的 NoSQL 工具中，以关系型的 MySQL 为代表，以文档型的 MongoDB 为代表，以大数据环境下的 Hive 为代表。这都是数据分析基础而强大的利器，在很多场合下都能快速解决问题。

扩展的，还会有内存型数据库 Redis、图数据库 Neo4j、全文索引的 ElasticSearch 和 Solr，还有 HBase 和 Cassandra，根据具体的业务，选择性地掌握其中一部分。

学到什么程度并无定论，重点是在具体的数据环境下，不至于永远只知道 MySQL 这一个工具，在不同的场景中其他数据库也许能发挥出强大的优势。

总结来说，重点不是工具，而是数据。不仅要能处理结构化数据，还要能处理半结构化数据，不仅能单机处理，还能在集群环境下进行处理。

03 Linux 工具集

Shell、awk、sed、grep 等基本工具集，这是很多数据简单处理的得力助手，包含数据文件编码、数据合并、数据拆分、数据规范、格式验证等。

Linux 脚本能力，简单服务配置能力，正则表达式能力，Vim 或者 Emacs 编辑能力，文件系统常用操作命令，远程登录 SSH 等，这些都能快速处理很多问题。

任何分析或挖掘都会依托于一个系统，而 Linux 是其中最常用的，尤其是在服务器环境。熟悉一个系统，能让自己的数据科学工作事半功倍。

简单的数据收集与处理，很多时候也会依赖于 Linux 系统或者基于其上的一系列工具，比如常用的 Web 服务器引擎 Nginx 及其产生的日志，常用的文件传输工具 scp 或者 rsync，常用的定时任务 crontab 等，这些工具稳定又实用。

04 Python 或者 R 语言生态

掌握一门分析专用语言很有必要，其中以 R 语言和 Python 语言为代表。R 起源于统计学，如今在数据科学领域占有强大的阵地。Python 更是一门完整的编程语言，不论是 Web 开发、自动化运维、云计算，还是数据科学领域，都有众多的用户。两者在数据分析中都有完整的生态圈，而且其他环境对这两者的支持也非常好。

无意于争端，全看个人喜好。本人只熟悉 Python 这块生态，因此只讨论与这一块相关的。最为大众熟悉的一些包为：numpy、Scipy、Pandas、scikit-learn 和 Keras，解决了从数据分析到机器学习和深度学习的几乎所有任务。

05 Hadoop 与 Spark 生态

大数据平台，无疑是以 Hadoop 和 Spark 为代表，无论在线处理还是离线分析。Hadoop 比较适合离线处理，而在线处理中，Storm 是比较有名的。如果需要自己实现 Map-Reduce 或者对接数据之类的开发，编程语言中以 Java 和 Scala 为代表。

在线搜索估计会用前面说过的 ElasticSearch 或者 Solr。当然，区别于 Hadoop 的 Map-Reduce 流程，Spark 提供的弹性数据集 RDD，能作用于 RDD 上的算子非常多，使得数据处理与分析更加方便。除此之外，Spark 还提供了实时处理任务的 Streaming，能实时对数据进行处理与获取结果。还有 Spark-SQL 功能，尤其以其中的 DataFrame 重为重要。另外，ML 与 MLlib 也是分布式机器学习的重要部分。

Spark 是 Hadoop 生态圈中的有力补充，并非替代品，如果要说替代，那也只是替代了 MapReduce 分布式计算框架而已，分布式调试与管理依然用 YARN，文件系统依然会使用 HDFS。

06 概率、统计与线性代数

对数据进行统计与分析，需要统计学的基础知识。另外，很多问题都可以转化为一个概率问题，并不要求完全确定的结果，只要概率满足即可。概率论方面主要是贝叶斯统计、隐马尔可夫模型等，这些都需要深入理解其相关算法。

对数据的运算，很多时候就是直接对矩阵进行运算，而涉及矩阵的各种运算也正是线性代数相关的问题。

机器学习之所以有效，是因为模型对数据的处理最后都会变成一系列数学优化问题，而且主要和凸优化知识相关。机器学习的各种计算都和数学密切相关。除了上面的概率、统计与线性代数，还会和微积分有一定的关系。

当然，除非你深入研究算法的核心原理或者写学术论文，只是应用的话并不需要太高深的数学知识。而且，也并不需要完全把上面这些课程学好了再进行机器学习。计算机基于数学，但应用型的算法，并不需要特别深厚的数学功底。如果以前课程学得不好也没有太大的关系，很多知识到了关键时刻再补一下也不迟。

07 机器学习与深度学习

数据挖掘与人工智能中和算法相关的部分，常用的分类算法中，聚类算法是基础。推广开来，就是监督算法与非监督算法。在监督算法中，除了分类，还有回归。在非监督算法中，除了聚类，还有数据降维，还有用于个性推荐的关联规则。另外，专门处理自然语言的机器学习也即NLP，或者文本数据挖掘，是另外一个侧重方向。

对算法的理解需要统计与概率等数学知识，还需要结合编码能力，最好能自己实现一些演示算法流程的 Demo 程序来辅助理解。在实际应用中，最好以第三方库为准，它们经过大量的测试，无论是性能还是在算法完整性上都会更好，自己实现的程序仅仅用于理解算法流程即可。除非你对算法理解很彻底，并且编码能力也非常强，而且觉得现有的框架不能满足你的需求。

除了算法及其参数调优外，还有另外两个重要的内容，特征提取与模型评估。如何从原始数据中提取出用于算法的特征是很关键的。很多时候，不同算法在性能差异上并不明显，但不同的特征提取方法，却能产生比较大的差距。

在某种特征上应用特定的算法，还需要做的就是模型评估，如何评估一个模型是好还是坏，在一定程度上是机器学习是否有效的依据。在特征提取上，一个比较火热的领域自然是深度学习了。源于多层神经网络，这是一种非监督的特征提取方法，可更好地用于图片、语音与视觉处理。值得一提的是，深度学习在很多地方的性能已经超过传统的机器学习算法。

08 业务及杂项

除了上面介绍的纯技术外，还有一些非技术上的技能。业务理解，商业洞察，沟通与交流能力，尤其以业务的理解能力最为重要。数据是死的，无法更好地理解业务中的问题，也就无法更好地利用现有数据，甚至无法更好地解读其中的结论。

理解业务通常需要一些专业的领域知识，比如做网络安全的，需要安全的一些基础知识；做电商的，需要理解其中各个指标对当前销售的影响；做二手车估值的，需要对二手车残值评估有一定的了解。

除了业务知识外，还需要一定的制作文档与报表的技能，比如 Word、PowerPoint 与 Markdown 工具的使用，只有完整的文档与良好的表达，才能更好地体现数据所展现出来的效果。

另外，英文能力与写作能力同样重要，经常需要阅读一些英文文章。阅读的主要目的是随时更新自己的技能，扩展知识面。而写作，就是知识积累的一种方式，将纸上的东西，变成自己的技能。

09 结语

对于高级信号处理，主要用于特征提取，个人感觉目前可以通过学习神经网络与深度学习来解决，深度学习是专为解决特征提取问题而来的。

七大技能，总结起来就是，熟悉 Linux 系统及其上的常用工具，遇到普通的数据，可以通过 SQL 来做简单分析或者聚合。如果数据量比较大，可以使用 Hadoop 等大数据框架处理。在深入挖掘上，可用 Python 或者 R 语言进行编程，应用以概率统计为支撑的机器学习算法。

要做好数据极客，只有在各种工具与技能基础上，再加强自己的业务兴趣点，配合个人的悟性而修行。果能如此，持之以恒，则天下定有你的天地。

0x83 大无所大，生态框架

01 计算生态

社会越进步，分工越精细。农村自给自足，城市却分工明确。当今的社会，每个人都只能在某个细微的领域里面做到极致。

一个行业与产品发展得好，围绕这个行业与产品的生态就会慢慢发展起来。每个产品都会用于解决一类特定的问题。生态发展好了，产品竞争也更好，对用户而言，既是好事，也是坏事。坏的方面，有太多的技术需要选择与学习；好的方面，有竞争才能有更好的产品。

Hadoop 已经是大数据领域的代名词，其生态的发展，如今也是枝繁叶茂了。

生态环境会紧密地围绕着用户的需求，任何产品只要真正解决了用户需求中的痛点，那就是好产品。在企业数据分析中，使用 Hadoop 及其生态环境来分析与计算，通常会涉及以下四种计算场景：

```
离线计算
交互分析
实时处理
算法挖掘
```

下面分别对每种场景进行任务与工具的介绍。

02 离线计算

离线计算也称为批量处理，是各种复杂的 ETL 任务，或者大量的统计性数据报表，或者是一些离线数据挖掘与机器学习任务。任务执行的时间跨度一般在几分钟到几小时之间，用户对任务的执行时间没有特别的限制，只要在允许的时间范围内得出结果，都能被接受。

这种方式主要是运行复杂且耗费大量 CPU 的任务，比如 map-reduce 任务，或者 Hive-QL 脚本，通常是每天的重复任务，只需定时运行即可，不需要人工干预。产生的结果保存到数据库或者文件中，一般会根据记录的日志，或者结果数据来确定任务是否执行成功。

离线的数据处理主要使用 Hadoop 本身提供的 map-reduce 程序，通常会使用 Java 程序来写。当然，也可以使用其 Streaming 接口来加载任意语言写的程序，只是需要按照 map-reduce 的规范来写。

Hive 是其中用得较多的一个工具，将各种常规的报表统计任务，整理成完整的 Hive-QL 语句放入脚本中，进行定时的调用，Hive-QL 中指定将执行结果写入数据库或者文件。

也可以使用 Pig 对数据进行各种处理，还可以将操作放入脚本中，从而离线执行。另外，强大的 Spark 自然也是可以的，只要是对数据的固定操作，不需要人工干预的程序，都可以用离线计算。

03 交互分析

基于历史数据的交互式查询，任务执行的时间跨度通常在几秒到几分钟之间。

主要是人工分析任务，比如查询某个特定的攻击特征，或者针对特定的攻击特征，挖掘攻击者可能使用的攻击方法。

人工进行交互式的查询，将思路转换成 SQL 语句，执行语句，查看结果。如果结果不是期望的，那么更新语句再查看结果，如此这般进行循环，直至达到目的。

任务执行的时间不能太长，因为分析师在等待数据的执行结果，从而判断当前的分析思路是否正确，是否需要调整分析方案。如果时间太长，会让分析师失去耐性，还会打断很多好的思路。

一旦分析员测试好语句，就可以变成一些常规的离线任务，或者会深入使用算法来进行挖掘。

交互分析，偏向于使用 SQL 语句，因为这是最直观的一种思路，SQL 也是业界最熟悉的一种方式。

基于 Hadoop 大数据生态圈的 SQL 工具越来越多，以 Facebook 推出的 Hive 最为典型。Hive 中的执行引擎默认是 map-reduce，相比一些新的引擎，速度上明显不足。但由于 Hive 的广泛使用，后面出现的其他解决方案几乎都支持 Hive 表的元数据。

著名的 Hadoop 发行版本 CDH，其厂商 Cloudera 牵头推出了 Impala，据称速度要比 Hive 快几十倍。紧接着，另一个著名的 Hadoop 发行版本 HDP（Hortonworks Data Platform）的厂商 Hortonworks 又主导了 Hive 的另外一个计算引擎 Tez，结合了类似于 Spark 的 DAG 技术，对 Hive 进行了大量优化，其速度也比 Hive 的默认 map-reduce 引擎快几十倍。从 Hive 0.13 开始，Tez 计算引擎已经融入到 Hive 的代码中。

接着，强大的计算框架 Spark 也推出了 Spark-SQL 工具，不仅提供了交互式查询，还直接提供了 API 接口，可以在程序中调用 SQL 语句并对结果进行处理。更重要的是，其默认支持对 Hive 元数据的读取，这一举动，似乎完全抢了 Hive 的饭碗。有了 Spark-SQL 和 DataFrame 的支持，另外还有强大的 RDD 操作，对于更偏向于程序的分析员来说，Hive 提供的那些功能似乎都太小儿科了。

Hive 官方似乎也不甘示弱，联合了 Cloudera，加紧对 Hive on Spark 的开发，希望把 Spark 当成与 map-reduce 和 Tez 一样的底层计算引擎。

还有最近比较热的 Kylin，其由国内的团队开源贡献，即将成为 Apache 的顶级项目，其核心思想是利用空间换时间，预先计算好各种 cube 数据，从而大大加快交互查询的时间。

除了 SQL 工具外，还有另外一类工具，全文索引，也可以用于交互式分析，其中最著名的是 Solr 和 ElasticSearch（简称 ES）。Solr 能更好地与 Hadoop 结合，而 ES 通常会结合 Logstash 与 Kibana，作为日志分析的 ELK 组合。

不论如何发展，对用户总是好的，因为它们的竞争，使得交互式分析的等待时间越来越短，功能越来越强，使用越来越方便。

04 实时处理

基于实时数据流的处理，任务执行时间通常要求在毫秒级别。实时计算主要是线上业务使用的分析，比如用户购买某产品后，必须在 1 秒之内推荐出用户可能会购买的其他产品。

另外，实时的报表展示、数据监控，都必须在几秒之内有反馈。主要适用大流量、低延迟的实时分析，尤其是低延迟，为了不影响业务本身的使用，必须保证低延迟。

在实时计算中，最主要的就是流计算。而在流计算中，Storm 算是最火的了，配合好用的消息队列 Kafka，使得延迟能在 300 毫秒之内。

另外，异军突起的 Spark，为用户带来了 Streaming。Streaming 虽然延迟比 Storm 高，但由于 Spark 中的 RDD 的优势，加上 Spark 本身技术栈支持，无论是 SQL，还是 DataFrame，还是机器学习与图计算，Spark 都能很好地支持，也能与 Kafka 等消息队列很好地配合。因此，Streaming 是 Storm 的强敌，也是必须要注意的一个重点。

至于新框架 Flink，在模仿 Spark 之余，带来了增量计算与更好的流计算，也是不可小看的角色。

实时处理，更多的是应用于业务系统中。除了流计算外，还可以把分布式数据库归入实时分析计算。其中最知名的是 HBase 和 Cassandra，各种实时的数据都可以存入这两个数据库中，也能实时地为业务提供服务。

05 算法挖掘

算法挖掘，是大数据的核心灵魂，通常可以归于离线分析，因为在进行算法挖掘的时候，需要进行大量的迭代与调参，还需要对数据库中的几乎所有离线数据进行验证与测试，因此单独算一种计算方式。

比如，依据历史库中的用户购买数据来建立每个用户的属性画像，通过建立好的数据库，再为线上实时用户推荐产品做指导。

再比如，对历史库中的定价与交易数据进行回归分析，从而建立定价与交易量的模型，可以用来指导实时定价。

在算法挖掘中，有大而全的 Mahout。不过，由于 map-reduce 计算模型的局限，并不适合作为算法的迭代计算，因此 Spark 推出 MLlib 后，立即被甩在了后面。但 Mahout 痛定思痛，现今的目标是构建一个更加强大且统一的机器学习环境，其底层支持 Spark、Flink 与 H2O 等框架。

MLlib 支持三种编程语言接口：Scala、Java 与 Python，其支持的算法也越来越完善。得益于 RDD 的弹性以及内存计算的优势，Spark 在机器学习的迭代计算中有明显的优势。

除了机器学习的 MLlib 外，Spark 还提供了 GraphX 的框架用于图计算，用 GraphX 来实现 PageRank 是非常容易的事情。

除了典型的 Spark 支持算法挖掘外，还有 0xData 推出的 H2O 框架，该框架除了提供一些与 MLlib 相同的机器学习算法外，还支持部分深度学习算法，算是一个最大的特色。而且，H2O 提供了构建于 Spark 之上的一个方案，Sparking on Water，用于调用 Spark 的引擎。

另外，还有在 GitHub 上非常受欢迎的 PredictionIO，它可以搭建在 Hadoop 和 Spark 之上，似乎是可以直接构建一个机器学习的整个流程的方案。看文档，其中比较有名的是构建推荐系统。

06 发行版本

Hadoop 的生态工具越来越多，使用也越来越复杂，各种工具的配合使用是一大难题。除了各种计算框架，还有很多数据管理工具，数据访问控制工具，高可用和监控工具等。

最理想的方案是，数据存储在 HDFS 中，然后根据不同的计算特点，调用不同的框架，将数据写入对应的存储系统或者数据库中，从而支持线上业务的使用。

鉴于要让各种组件协调运行，这个过程是非常复杂的，因此，Hadoop 发行版本便应运而生了。目前，有名且有特点的有四个发行版本，分别是 Cloudera 推出的 CDH，Hortonworks 推出的 HDP，MapR 推出的 MapR 和 DataStax 推出的 DSE。

CDH 是最早推出的一个发行版本，目前也是国内用户使用最多的版本。它有免费版本，也有商业版本，免费版本有一些限制。其自己开发的管理与监控程序 Cloudera Manager 非常不错。

Hortonworks 是由 Yahoo 那些最开始搞 Hadoop 的研究人员成立的，据说目前 Hadoop 大约 70% 的代码还是由该公司贡献的，因此可以看出该公司的技术实力与对 Hadoop 的领导能力。其推出的 HDP 是由 100% 开源的框架组成的，其最新版本对 Spark 的集成也是紧随 Spark 的步伐。

MapR 由于对 Hadoop 的内核代码做了大量改进，已经可以算是一个另类的版本了。DataStax 也对 Hadoop 的架构做了重大的调整，由 HDFS 为文件系统的核心变成了由 Cassandra 提供的文件系统 CFS 为核心，其还是使用 Hadoop 1.x 系列。其最大的亮点是因为 Cassandra 是无中心节点的，因此在其上构建的 Hadoop 也是完全无中心节点的，因此完全没有单点故障。

对于中小公司而言，使用一个成熟的发行版本非常重要。也许有人会问，为何不自己搭建集群与各种组件呢？

使用开源社区的原版本，首先是版本很多，有些版本会同时维护 1.x 和 2.x，而它们本身与其他套件的兼容性也会因为版本问题而不一样。因此，要将 Zookeeper、HDFS、map-reduce、YARN、Hive、Sqoop、Pig、Solr、HBase、Spark 等组合起来，没有几个非常厉害的 Hadoop 与 Java 高手，估计是很难配置好的。

因为不仅是版本混乱，甚至还有版本之间的兼容性问题，就算是配置好了各个组件的组合搭配，还得监控与维护集群，处理集群在后续使用中出现的一些问题。

作为普通的中小规模团队，只需要用别人已经封装好的发行版本即可。成熟的套件通常是经过开发团队进行了大量的测试后构建的。只管使用，相应的文档和维护工具都有了，何乐而不为呢？

07 其他工具

除了计算框架外，各发行版本通常都会根据自己的方向与需求，搭配一些相应的工具。比如 Spark 自己提供的内存文件系统 Tachyon，独立的资源管理框架 Mesos，在传统数据库和 HDFS、Hive 和 HBase 之间传输数据的 Sqoop，基于 Web 界面的数据管理工具 Hue，多个工具之间共享元数据的管理工具 Hcatalog，集群协调器 Zookeeper，工作流程管理工具 Oozie，数据采集工具 Flume，环境安装和运维监控环境的 Ambari 等。

目前，只要和大数据相关，就离不开 Hadoop，只要和 Hadoop 相关，就基本上离不开本文介绍的一些生态工具。选择你需要的工具，掌握并应用它们，这是对 Hadoop 生态最好的回报了。

0x84 集体智慧，失控哲学

01 数据是宝

AlphaGo 战胜了韩国最厉害的围棋选手，使得人工智能与深度学习在大众的视线中又火了一把。当今的深度学习领域，对图像、语音、视频的处理已经大大提升，使得数据科学在人类社会中扮演着越来越重要的角色，数据也当之无愧地成为最热门的资源。

看看那些我们耳熟能详的数据挖掘应用案例，从最被人津津乐道的啤酒与尿布的关联销售里面，已经体现出了人类运用集体智慧的思想。由 Amazon 工程师对商品的推荐中发展起来的个性推荐技术，如今已经是所有电商网站的标配功能。

《黑客与画家》一书的作者 Paul Graham 在其书中利用了朴素贝叶斯算法识别垃圾邮件，当今也已经是邮件系统的必备功能。由此引申开来，银行系统对用户欺诈的检测技术，安全分析人员对网络攻击的识别，这些技术的背后都大量使用了数据挖掘的技术。

被微软收购的机票价格预测软件 Farecast，利用大量的机票数据建立模型，可以预测机票的近期价格是涨还是跌。国内正在蓬勃发展的二手车市场，也是通过大量的二手车交易数据，利用机器学习技术建立二手车估价模型，取得了不错的成绩。

开车出门，上路就需要用到的导航，除了提供多条路线规划外，还能实时显示各路线的拥堵信息。刚刚兴起不久的网络约车服务，以全球化的 Uber 为例，其强大的实时调试系统，和根据用户叫车时其区域的实时情况，动态进行溢价，平衡司机的收入与分散用户流量。

自然，这一切智能现象的背后都离不开数据科学，尤其是其核心——数据挖掘技术。

说起数据挖掘，很多外行人觉得很神秘，甚至一部分搞 IT 的人也并不明白真正能从数据中挖掘出什么样的信息。更别谈机器学习了，很多人一听，还以为现在机器已经具有智能了，能进行所谓的“学习”了。

02 一分为二

其实，数据挖掘说简单点，就是找出数据中的规律，从规律中提取出一些对人类有用的信息。再说简单点，有一堆数字，单纯按照一些简单的规则无法将其划分为两个类别，而利用一些数据挖掘的方法，可以很轻松地将其划分到两个不同的类别中，而其中的挖掘方法，就是通过大量其他案例事先研究出来的算法。

对数据进行分类，是数据挖掘最常见的应用。将一个班级中的学生，按性别分成男生、女生，或者将一堆邮件，划分成正常邮件和垃圾邮件，这些都是典型的二分类问题。除了二分类问题，还有多类分类问题，如对一些文章，将它们划分成科技、娱乐、搞笑、政治、军事等，因为每篇的结果可能是多个类中的一个，而不仅限于两个非此即彼的类。

分类问题需要事先给定训练样本，即让机器先“学习”一些数据，就像小朋友学习认识动物一样，先给他看大量的猫与狗的图片，明确告诉他每一张图片上标的是猫还是狗，小朋友经过大量的学习后，形成了一些判断。然后再给他一张没有看过的猫或者狗的图片，他就大概能分辨出是猫还是狗了。

分类问题需要训练数据，是一种有监督的学习算法，监督这个词其实很好理解，就像小孩需要成人进行监督一样。你需要预先告诉他哪些事可以做，哪些事不能做。

具体的分类算法，有常用的 kNN 算法，通过和训练样本最接近（最相似）的样本来判断待测样本的类别。SVM（Support Vector Machine）算法支持向量机，将数据映射到高维空间，再寻找最佳分类边界的支持向量，从而构建一个平面（或者超平面）来分隔数据。朴素贝叶斯算法，利用训练数据构建一个基于特征的概率模型，从而对待测数据中的特征利用贝叶斯公式，计算出属于每个类别的概率，取结果类中概率最大值为预测的类别。

还有 Decision Tree（决策树），通过对训练数据构建完整的 if-else 决策分支，从而将数据分类到对应的类别。Random Forest（随机森林）是一种对决策树中引入随机因素，并利用多棵这样的随机决策树来共同决策数据的算法。人工神经网络（Artificaticl Neural Network，简称 ANN），是一种借用神经网络的概念，对数据不断进行权重更新，从而训练出来的一个权重网络结构图。

03 回归统一

除了分成具体的类别，还有一类数值预测问题。比如公司前年的产品总利润为 1 块钱，去年的产品总利润为 1.5 元，今年的总利润为 1.9 元，那么老总问你：预测一下，明年的销售利润为多少呢？有点常识的人都能大概计算出来，应该是 2.45 到 2.5 元左右。

这便是回归问题，“回归”这个词有点迷惑人，回归的本意是指一系列情况的变动，但最后会趋向于一个合理的值。

对于回归问题，最简单的便是线性回归，类似于公司每年的赢利问题。基于一些训练样本点，拟合出一条最佳直线或者曲线，其 *X* 轴为年份，*Y* 轴为赢利额，构建好曲线后，需要预测哪一年的数值，直接将年份带入曲线公式便可预测该年的赢利额。

回归还有一个最重要的特征：回归问题本质上是分类问题，分类问题的预测值是明确的类别（离散型），而回归问题的预测值是一个实数值（连续型）。理解了这个本质后便可以理解，绝大多数的分类算法基本上都能应用于回归问题。比如 kNN、SVM、决策树、随机森林、神经网络等。

其中，需要注意一点，朴素贝叶斯算法是对特征属于具体哪个类别的一个概率预测，因此不能用于回归问题。而逻辑回归算法，虽然带有“回归”二字，却是应用于分类问题的，因为逻辑就是真和假（即 0 和 1），也是非此即彼的问题，让数据“回归”到其“逻辑”类别上，实质是分类问题。

04 聚少成多

相对于监督学习算法，自然还有另外一类非监督的学习算法。即不需要事先给定训练样本，仅仅通过数据自身的特点，即可以将数据分成多个类别。这其中最有代表性的当属聚类问题了。

例如，给小朋友一张图片，上面有大量各种各样的水果，让他告诉你大概有几种不同的水果，虽然有些水果小朋友未必认识，你也没有告诉他水果是什么。但你告诉他，根据各种水果的颜色、大小来划分，可以分成多少个类，通常 3、4 岁的小朋友都能告诉你准确的数目。这便是聚类问题，聚类问题不需要事先给定训练数据，仅仅根据数据本身的特点，即可进行类别的自动划分。从数据挖掘术语上来说，这叫数据之间的相似性，将相似的数据（颜色、大小）聚成一堆，将不同的数据聚成不同的堆，这样基本上可以保证每堆里面是相同的水果，即聚成的每个类里面的数据相似性很高。

对于聚类问题，自然会以最常用的 Kmeans（K 均值）聚类为代表。随机选取几个样本数据为中心，计算其他样本到这些初始中心的相似性，将其归属到最相似的初始中心类。在每个类里面计算其新的中心，再重复计算其他样本到这些中心的相似性，再归类，这样不断迭代，直达到达最终的条件。

05 你中有我

或许你会觉得，这些都太简单且好理解，能说说某云音乐的工作原理吗？为什么总是能推荐我喜欢的一些歌曲。我在某网站上买了一本书，它还能推荐出我喜欢的其他一些书籍。这个问题就是个性推荐了。

对云音乐，最简单的一种描述是，在听过的歌曲中，你对 10 首歌单击了“喜欢”，而同样另外一个用户单击喜欢了 10 首歌，你们两个的这 10 首歌中有 7 首是相同的，那么此时，系统就可以将那个用户的 10 首歌中你还没有听过的 3 首推荐给你，因为你喜欢这些歌的概率非常高。

因为信息的泛滥，导致用户想找到自己真正感兴趣的东西比较困难。而且很多时候，用户根本不知道还有那么多的东西或者书籍自己会感兴趣。传统的方式是找身边的熟人或者朋友来推荐，而现在流行的个性推荐，是根据更大范围内的“朋友”的使用情况来进行推荐，自然会比传统的方式强大且高效得多。

最实用的也是最简单的，就是你买过一本书，再根据这本书的相应标签（类别、作者、出版社、标题等）来计算出和这本书相似的书籍，从而进行推荐。但更常用和更有效的却是根据其他用户的购买记录，来进行集体智慧的推荐。也正如前面的音乐推荐例子一样，根据大量用户的历史记录的集体智慧来推荐，这也正是社会发展的必然体现。

以个性化定制阅读起家的今日头条，目前已经有好几亿的用户，快要成为微信最强有力的竞争对手了。

06 从小看大

算法是一种更高效的做事方法，其本身就是人类智慧的结晶，而其中更是蕴含着大量的哲学道理。

数据挖掘以统计学作为基础，而统计是对历史经验的积累，将经验总结为知识，将知识提升为智慧。

古语有言：物以类聚，人以群分，这正是纯朴的聚类思想。将相同的人分成一群，将相似的物聚成一堆。

改变网络世界的 PageRank 算法，一个人有越多牛人朋友，他是牛人的概率就越大。还有 kNN 近邻算法，身边的朋友是什么样的人，他也可能是什么样的人。正是“近朱者赤，近墨者黑”思想的完美体现。而朴素贝叶斯算法，是从一个人过去的行为特征来推测当前的身份、地位等。

07 大事化小

Hadoop 的分布式存储与计算，是典型的分治思想，大事化小；将大文件分成小块，存储在多台机器上。也就是不要把鸡蛋放在一个篮子里，保持系统的熵最大化，才能从容面对各种可能的变化，尤其是在硬件故障面前。

世间万物变化莫测，上帝就是在随机掷骰子，请运用好随机之美。如随机森林算法运用了随机因素，它能非常好地解决过拟合问题。随机搜索的优化算法，以及蚁群算法，其中不仅利用了随机因素，还利用了大量个体的集体智慧思想来高效完成目标。

说起群体智慧，还不得不提到模仿自然进化的遗传算法，利用个体基因的突变技术，加上不同个体之间基因杂交，可产生出更适应环境生存的新的基因。以及利用全人类的行为中包含的共同兴趣而进行的协同过滤，让每个人都能共享他人的兴趣爱好。

在 Hadoop 的大数据处理过程中，常常会涉及一种叫作推测式的任务，如果一个人迟迟完不成工作，那就重新找一个人来做，谁先完成任务就使用谁的结果。在公司中也是如此，很少有人是不可替代的，除非你是 Master。另外，搞不定任务，尽早上报老板，尽早想办法，包括重新分配资源，增加人手。

08 少即是多

众人拾柴火焰高，人多力量大。每个人都是一个小个体，但通过群体所表现出来的智慧是无穷的。多个弱小的个体能组成强大的团体，这也是 Bagging 算法的核心思想。

修行，就是不断修正自己的行为。人有悟性，得益于不断的修行。算法能更准确，也得益于不断修正自己，Boosting 算法，每个弱分类器训练不同权重的样本，通过将以往错误的样本的权重加重，来达到算法修正自身的效果。

世间人人生来平等，却由于每个人对社会的贡献不一样，造成了身份与地位的差别。更类似每个股东对公司有不同的决策权一样。通过对原始数据不断进行权重改变，即对数据不断进行特征转换，最后形成的权重网络结构，也正是神经网络与深度学习最坚实的基础。

Less is More，少即是多，简单就是最好的。算法中涉及了太多的哲学思想，无法一一细数，况且每个人都有自己的理解。总之，天下没有免费的午餐（No Free Lunch Therom），没有一个算法能通用于所有的数据。

0x85　一技之长，一生之用

01 一技之长

了解了全栈数据中所涉及的各种技术，总是希望能将其运用到实际中。

下面收集了一些常用的面试题，这些面试题大部分都可以在前面的章节中找到答案。

本书只是一个引子，并非包括下面所有问题的完整答案，意在引出数据科学中的一些问题。

下面是从网上或者自己的经历中收集的一些比较基础的问题，如果都能比较顺利地回答出来，那么至少可以证明你对数据科学已经入门了。

02 数据分析相关

1. 如何使用 sort 与 uniq 来求两个文件的交集、差集和并集？
2. 如何用正则表达式从字符串中提取出所有匹配的子串？
3. 如何使用 awk 进行随机抽样？什么是分层抽样，有什么优势？
4. 在 Linux 中，如何给用户 joy 添加文件 a.txt 的写权限？
5. 要删除表中 age 为空的所有行，SQL 语句如何写？
6. 列一下 SQL 中的聚合函数，都有什么用？
7. 如何将一个 CSV 文件导入到 MySQL 的一张表中？
8. 在 SQL 语句中，内连接和左连接有什么区别？
9. 常用的描述性统计有哪些？
10. 表 A 有三个字段，用户的 id(id)、访问的地址 (url) 和访问的时间 (timestamp)，提取出每个用户最后访问的 url 地址，存入表 B 中。
11. Where 中的条件，与 Having 中的条件有什么区别？
12. 在 MySQL 中，union 有什么限制，与 union all 有什么区别？
13. 如何理解数据分析、数据挖掘与机器学习？
14. 如何计算两列数据的相关性？
15. 在 Linux 中，如何统计历史命令中最常用的 10 个命令。
16. 方差代表什么意义？标准差呢？协方差呢？
17. 正态分布的数据有什么特点？

03 Python 相关

1. 简述 Python 中 map 与 reduce 函数的用法。
2. Python 2 与 Python 3 有哪些区别？
3. 在 Python 的函数中，如何在一个函数里面返回多个值？
4. 在 Python 中，如何在遍历一个列表的时候，同时获取元素的下标？
5. 用 lambda 函数实现求两个数中的最大值。
6. sorted 与 sort 有什么区别？
7. continue 与 break 有什么区别？
8. 在 Python 中，如何对列表中的元素去重？自己实现一个去重的代码。
9. 使用 Python 代码对两个已经排序的列表进行合并，要求其结果还是排序的？
10. 现在有 1000 个数，从里面取出最大的 5 个，怎么做？如果是 1000 亿个数呢？
11. numpy 中的二维数组与 Pandas 中的 DataFrame 有什么区别？
12. 在 Pandas 中，如何遍历每行数据？如何遍历每个元素？
13. 在 Pandas 中，如何按列连接两个 DataFrame ？
14. 在 scikit-learn 里面，哪些模型可以并行？如何持久化训练好的模型？

15. Python 的数据生态圈的库与 R 的有什么区别？
16. scikit-learn 经典的三步是什么？

04 Hadoop 相关

1. NameNode、DataNode，YARN 框架的用途分别是什么？
2. 简述 HDFS 的原理，如何保证数据可用性？
3. 如何向 HDFS 中存入文件与目录？如何获取文件？
4. map-reduce 的原理是什么？
5. WordCount 程序，简单加一个什么功能就可以优化效果？
6. 在 Hive 里面如何自定义 map-reduce ？
7. 在 Hive 里面，如何统计某列不重复的数据个数？两种方法有什么区别？
8. Hive 中的数据，如何导出成 CSV 文件？
9. 在 HBase 里面，同样的 key，插入不同的值，它们会以什么样的形式存在？
10. 如何使用 Hive 来分析 HBase 中的数据？
11 在 Hive 中，如何进行多表插入？多表插入有什么好处？
12. 描述一下用过的 Hadoop 生态中的其他工具。
13. 如何将 MySQL 中的数据导入到 Hive 表？
14. Parquet 与 ORC 文件格式，相比于 textFile 有什么优势？
15. 在 Hive 中如何进行分区，分区有什么优势？
16. 在 Hive 中，orderby 和 sortby 有什么区别？
17. 在 group by 中，选取非 group by 字段，MySQL 和 Hive 有什么区别？两者还有其他哪些区别？
18. 在 Hive 中，有一个大表和一个小表，要进行 join 操作，用哪种方式最好？如何关闭自动的 mapjoin ？
19. 有 100GB 数据，如何实现排序？
20. Hadoop 中的 Streaming 接口有什么用？

05 Spark 相关

1. Spark 与 Hadoop 有什么本质的区别？
2. Spark 中有哪两个常用算子？
3. 用 spark-submit 提交作业时，可以设置哪些参数？都有什么用处？
4. 假设一个数据文件只有 100MB，但却需要非常大量的计算资源，如何在 Spark 中进行分布式计算？
5. ML 与 MLlib 库有什么区别？ML 中的 Pipeline 怎么用？
6. Spark 如何读取 Hive 表的内容？
7. 如何将 Spark 的 RDD 保存到 Hive 的表中？

8. 如何从 Spark 中读取 MySQL 的表数据？如何将数据写入 MySQL？
9. Spark 中，coalesce 与 repartition 有什么区别？
10. 在 Spark 中，缓存与广播变量分别有什么用？
11. RDD 和 DataFrame 如何转换？
12. 在 Spark 中，有哪些特征转换方法，列举几个并说明用法。
13. Spark 支持哪些编程语言，各自有什么优势？
14. zip、zipWithIndex、zipWithUniqueId 分别有什么用途？
15. 在 PySpark 中如何导入自己的库？

06 模型相关

1. cross validation 是什么？有什么用处？
2. 通过什么变换，能使一列数据的均值为零；通过什么样的变换，能使其方差为 1？
3. 特征变换，如果只对特征进行 log 处理，不对目标进行 log 处理，有什么问题？
4. 缺失值处理，有哪些填充方法？与模型有关系吗？哪些模型对缺失值不敏感？
5. 标准化与归一化的方法，Z 分数，公式是什么？
6. 有哪些相似性判断方法？如何计算离散变量的相似性？
7. 分类算法的模型评估方法和聚类算法的模型评估方法都有哪些？
8. 欠拟合与过拟合，怎么产生，如何防止？
9. 说一下 ROC 曲线的用途？
10. 如何提取文本的特征？如何将其向量化？如何计算文本的相似性？
11. 有哪些特征工程的方法？特征选择、特征提取、特征转换各有哪些？
12. 为什么不要把鸡蛋放在一个篮子里面，如何从数据挖掘模型上来理解？
13. 在机器学习中，验证数据与测试数据有什么区别？
14. TF-IDF 是如何工作的？为什么要这样做？
15. 在数据挖掘中，怎么理解天下没有免费的午餐？

07 算法相关

1. 监督算法与非监督算法有什么区别？
2. 谈谈朴素贝叶斯算法的步骤。
3. 简单描述决策树的构建过程。
4. Boosting 和 Bagging 算法有哪些？它们有什么区别？
5. 随机森林算法的原理是什么？与决策树相比，有哪些优势？
6. kNN 算法的思想是什么，kNN 能用于回归吗？
7. 简述频繁项挖掘的算法，另外，FP-growth 与 Apriori 算法相比，有什么优势？
8. 分类与回归的区别是什么？
9. 你了解过哪些推荐算法？在推荐系统中，冷启动如何解决？

10. 描述一下 Kmeans 的过程。
11. 有哪些分类算法可以用于多分类任务？
12. 你了解过哪些优化算法？遗传算法是如何实现并行化思想的？
13. 线性回归或者神经网络中的偏置项有什么作用，如果不加又如何？
14. AutoEncoder 的原理是什么，有什么用途？
15. 深度学习有哪些特点？深度学习与传统层神经网络有什么区别？“深度”体现在哪些地方？有哪些激活函数，如果中间层的激活函数全部用线性函数，效果如何？

08 一生之用

上面并没有列出 Linux 相关的面试题，因为专门面试这一内容的，更多的是运维方面。但 Linux 在实际的数据科学中也占据了很重要的地位，比如要安装一个 Hadoop 集群，要配置 opencv 和 caffe 的环境，这些都必须要以 Linux 作为基础。

而且，如果学会了 Linux 及其命令工具集，在实际的工作中会有很大帮助。

0x86 知识作谱，数据为栈

01 知识作谱

数据科学的范围非常广泛，前面各章从不同的方面介绍了相应的技术点，以期给读者一个窥探数据全栈之机缘。涉及的内容比较宽泛，但其深度却只谈及数据科学十分之一二，要想把握好当今数据时代的浪潮，还须将其内容融会贯通，勤加练习，方能有所成就。

下面是对本书的一个总结，以一些细小的知识点串起数据这个“全栈”的概念，以便能更好地把握主题。

02 理论基础

序号	知识点	说明
1	矩阵和线性代数	以 numpy 为代表

续表

序号	知识点	说明
2	数据结构	列表、树、图
3	二维表格型数据	以 Excell、DataFrame 为代表
4	CRUD	数据库基础，以 MySQL 为例
5	Join，Group by	数据库 SQL 基础
6	Linux 环境基础	以 Shell、Vim、find 和 awk 为代表
7	正则表达式	Python 中的 re 库，以 grep、sed 为代表
8	描述性统计	均值、中位数、百分位数、极差、方差与标准差
9	概率与贝叶斯理论	朴素贝叶斯算法
10	分布	正态分布、泊松分布、高斯分布、二项分布
11	卡方检验	机器学习中用于特征选择
12	方差	方差、标准差、协方差与协方差矩阵
13	相关性	相关性分析，皮尔逊相关系数

03 Python/R 编程

序号	知识点	说明
1	数据基础	list、tuple、dict
2	环境配置	R Studio 环境配置
3	R 基础	R 基础语法
4	变量、表达式	变量与表达式
5	数组与矩阵	numpy 中的 array，矩阵的基本运算
6	列表，数组	Python 中的 list、tuple
6	数据框与序列	以 R、Pandas 中的 DataFrame 为代表
8	函数与类	函数、类
9	函数式编程	map、reduce、lambda 和闭包
10	第三方包安装	以 pip 为例
11	Python 2 与 3	2 与 3 代码转换

04 分析与可视化

序号	知识点	说明
1	数据探索	数据格式、数据分布等
2	变量类型	单变量、双变量
3	可视化工具	D3.js、Matplotlib、R、Excel
4	Histograms	直方图
5	Pie	饼状图
6	散点图	双变量的散点图
7	线型图	双变量的趋势图
8	Timeline	时间线，时序图
9	树可视化	决策树的可视化
10	数据抽样	随机抽样、分层抽样
11	ANOVA	方差分析
12	OLAP	在线联机分析，各种复杂的需求分析
13	报表	报表、商业智能、数据分析

05 大数据

序号	知识点	说明
1	Hadoop 基础	HDFS，map-reduce 原理
2	NameNode，DataNode	元数据节点与数据节点
3	Job & Task Tracker	作业控制与任务控制，YARN 调度
4	集群安装	搭建 Hadoop 环境（CDH5/HDP2）
5	M/R 编程	Java 接口，在 Python 中调用 Streaming 接口
6	Sqoop	数据库（如 MySQL）与 HDFS 或者 Hive 数据迁移工具
7	Flume、Scribe	非结构化数据采集
8	数据仓库	Hive、Impala、Tez
9	流处理	Storm、Spark Streaming
10	NoSQL 数据库	MongoDB、Redis、Neo4j
11	Cassandra、HBase	分布式 key-value 数据库

续表

序号	知识点	说明
12	CAP 理论	一致性、可用性、分区容错性
13	Spark	RDD、DataFrame、ML/MLlib

06 ETL 与特征工程

序号	知识点	说明
1	爬虫框架	Nutch、Scrapy
2	数据采集	Flume、Scribe
3	数据整合	整合多个数据源，统一数据格式
4	变量	数值变量（连续变量）、类别变量（离散变量）
5	特征变换	log 变换，增加新特征
6	标准化	标准化与归一化数据
7	数据清洗	去掉异常数据，噪声数据
8	处理缺失值	去掉，填充
9	特征提取	文本特征提取
10	特征处理	连续数据到离散数据的分箱处理，OneHotEncoder
11	主成分分析	数据降维与可视化
12	ETL	数据抽取、转换、加载
13	CSV、Json	CSV 处理、Json 处理，以 Pandas 中的 read_csv 为例

07 机器学习与深度学习

序号	知识点	说明
1	数据集	Iris、Boston、Mnist、ImageNet 数据集
2	监督学习	分类、回归
3	非监督学习	聚类、降维
4	交叉验证	训练数据、测试数据、验证数据
5	训练与预测	train、test、validation、predict
6	模型分析	欠拟合与过拟合，偏差与方差
7	分类算法	kNN、朴素贝叶斯、逻辑回归

续表

序号	知识点	说明
8	回归算法	线性回归、决策树
9	聚类	Kmeans 聚类、层次聚类
10	集成算法	随机森林，GBDT
11	推荐系统	关联规则，协同过滤
12	向量化	词袋模型，词频与权重（TF-IDF）
13	文本挖掘	使用 Python 的 NLTK 库
14	神经网络	感知机、神经网络、深度学习

08 工具与库

序号	知识点	说明
1	grep、sed、awk	文本处理
2	Anaconda	支持 Python 2 与 Python 3 的集成套件
3	Jupyter Notebook	交互式的 Python 实验环境
4	Zeppelin	Spark 的交互式实验环境
5	Beaker Notebook	支持多种语言（Java、Scala、Python、R 等），数据科学实验环境
6	Hive	大数据查询引擎
7	Sqoop	数据库与集群间的数据迁移工具
8	Spark	全栈型数据科学平台
9	Pandas	Python 的数据处理库
10	Orange 3	可视化的数据挖掘工具
11	sklearn	几乎全功能的机器学习库
12	Keras	基于 TensorFlow 或 Theano 的深度学习库
13	MxNet	分布式、多 GPU 支持的深度学习库

09 全栈为用

上面通过以点带面的方式总结了基础的知识点，但并非需要全部掌握。在实际工作中，每个人只会涉及其中的一部分。比如有的人只专注于 NLP 部分，有的人只专注于 BigData 部分，有的人则专注于深度学习部分。

常在数据这条河边走，哪能不偶尔涉及其他相关的知识点呢？此所谓全栈之意义是也。